家庭资产选择的财富效应

以行为金融学为视角

赵翠霞　著

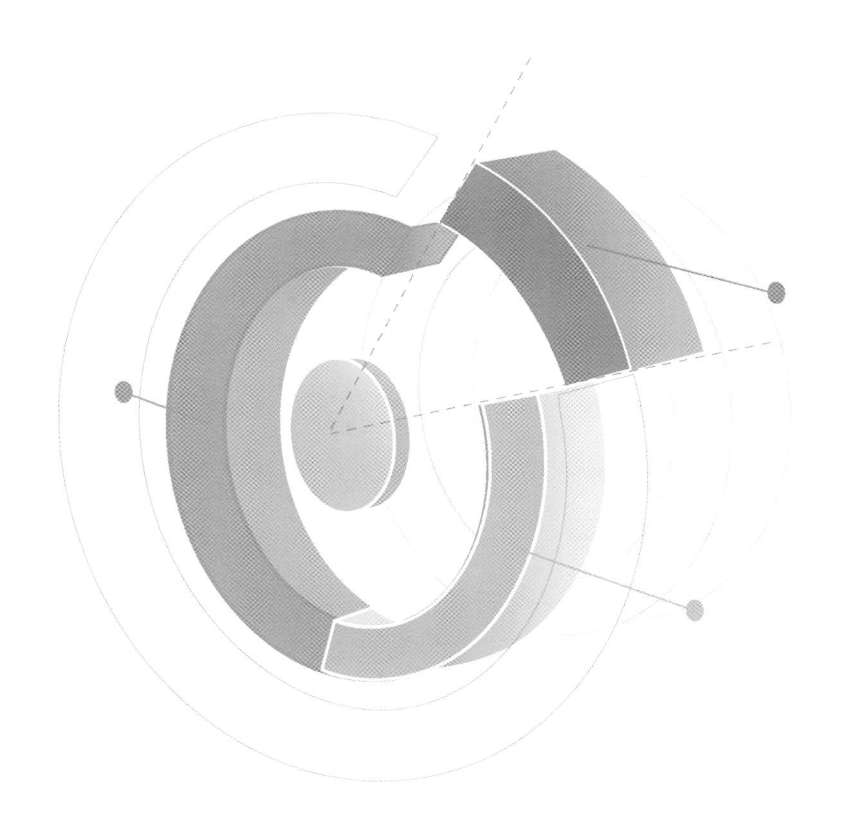

中国社会科学出版社

图书在版编目（CIP）数据

家庭资产选择的财富效应：以行为金融学为视角/赵翠霞著．
—北京：中国社会科学出版社，2023.7
ISBN 978-7-5227-2452-2

Ⅰ.①家…　Ⅱ.①赵…　Ⅲ.①家庭—金融资产—配置—研究—中国　Ⅳ.①TS976.15

中国国家版本馆 CIP 数据核字(2023)第 155153 号

出 版 人　赵剑英
责任编辑　李庆红
责任校对　冯英爽
责任印制　王　超

出　　版　中国社会科学出版社
社　　址　北京鼓楼西大街甲 158 号
邮　　编　100720
网　　址　http://www.csspw.cn
发 行 部　010-84083685
门 市 部　010-84029450
经　　销　新华书店及其他书店

印　　刷　北京君升印刷有限公司
装　　订　廊坊市广阳区广增装订厂
版　　次　2023 年 7 月第 1 版
印　　次　2023 年 7 月第 1 次印刷

开　　本　710×1000　1/16
印　　张　17.5
字　　数　286 千字
定　　价　89.00 元

目　录

导　论

第一节　家庭资产选择中存在的问题与财富效应

现实生活中有一种现象，高收入的家庭持有股票、基金等高风险资产的比例较高，而低收入家庭通常会选择一些比较稳健的低风险资产。这种现象在学术界被称作“家庭资产选择的财富效应”。一般来说，风险较高的资产其收益也偏高，而稳健的资产普遍收益较低，这就使不同财富阶层的家庭在财产性收入上出现了差距，最终导致贫富差距越拉越大。贫富差距的扩大对政治、经济都是巨大挑战。因此，深入了解制约居民参与风险金融资产的因素，揭示引起家庭资产选择财富效应的原因、心理机制，对提高居民群体理财能力、缩小贫富差距，具有深刻的理论和现实意义。当前家庭资产选择和家庭资产选择的财富效应已引起诸多学者的关注，并积累了较为丰富的研究成果。因家庭资产选择方面的研究起步较晚，且中国有自己的特殊性，因此仍有以下因素影响居民的家庭资产选择并产生财富效应却没有得到足够重视。

一　城乡二元结构和居民的家庭资产选择

（一）城乡二元结构影响居民的家庭资产选择

计划经济体制下，国家实行城乡二元管理制度。随着经济体制不断改革，城乡二元结构问题日益突出，传统城镇化道路没有充分实现农村人口向城镇落户的市民化，部分新生代农民工实现了市民身份的确认即外在资格的市民化，但内生性市民化问题明显。且二元结构下的城乡差异和不均衡发展的区域差异，对居民金融资产选择也具有重要影响。东部地区的经济发展较快、西部地区的经济发展较慢，城市经济发展较充分，乡村经济发展较滞后，这些均导致区域经济的不平衡和城乡经济的明显差异。在这个过程中，区域政策和制度的不同对经济的区域差异产生重要影响。经济区域差异使居民的收入差距扩大，城市家庭和农村家庭在家庭资产选择上亦有明显不同。税收收入的调节作用由于城乡二元结构和区域差异也存在不同。收入是家庭最重要的抗风险因素之一，因而，税收会对收入分配产生影响，家庭资产选择同样会产生波动。城乡二元结构以及区域差异是中国长期以来必须面对的客观问题，同一政策因区域不同而表现出不同效应，即使在同一经济区域内也有差异。因此在做相关政策调整时，应结合不同区域的实际情况，因地制宜地开展相关工作。

（二）不同群体家庭资产选择的财富效应研究匮乏

城乡二元结构带来了农民与市民的异质化。再加上最近30年伴随城市扩张出现的新群体——被征地农民，构成了中国独有的三类不同群体。三类群体不但收入差距较大，而且在受教育水平、金融素养、社会保障、房产、金融知识获得等方面均有较大差异。这些差异导致三类群体在家庭资产选择中表现出不同特点，存在不同效应，其中最典型、最引人关注的是财富效应的不同。但以往研究中鲜有研究者对这三类群体不同的财富效应做出对比研究。本书将尝试填补这一重要空白。

二　可支配收入增加促进家庭资产选择参与度和更优配置

（一）居民可支配收入促进其家庭资产选择的参与度

经过40多年的改革开放，我国居民家庭收入水平不断提高，城镇居民人均可支配收入已从2014年的28843.9元增加到2021年的47412元，加之我国资本市场的不断发展和改革，使得金融业逐渐完善，金融产品日趋多样化和复杂化，面对家庭资产选择时，人们已不再热衷于储蓄存款这种资产形式，股票、债券、基金和保险等多种资产配置方式受到越来越多居民的偏爱。近年来，居民对风险性金融资产的需求日益增加，对如何有效配置各类家庭资产越来越重视（邹红、喻开志，2010）。

（二）双循环促进家庭资产选择的更优配置

我国提出构建双循环新发展格局，积极扩大消费需求，恢复市场信心，推动经济高质量发展，重点在于扩大居民的有效投资，并提高其消费水平，因此政策制定者也越来越重视居民的家庭资产选择行为。研究居民家庭资产行为，从宏观上有助于深化市场改革，增强国民经济活力，提升市场效率，促进国民经济增长，引导居民进行合理的投资和消费，缩小贫富差距；从微观上，居民家庭资产选择行为还有利于更好地增加城镇居民收入，提升财富水平，营造理性的投资氛围，合理进行资产分配。鉴于此，研究居民的家庭资产选择行为具有重要的现实意义。

三　居民家庭资产管理处于亚健康状态

（一）居民家庭资产配置不合理

随着经济的增长及人们生活水平的不断提高，我国家庭金融配置由一元化逐渐发展到多元化，但是资产配置仍不合理。整体来看，我国家庭资产管理处于亚健康状态。《2020 年全球财富报告》指出，截至 2019 年底，中国家庭总财富位列世界第二，已增至 78.08 万亿美元（陈瑾瑜、罗荷花，2022）。并且中国国内生产总值（GDP）在 2019 年已接近 100 万亿元，人均国民收入突破 1 万美元。即便家庭总财富以及人均国民收入在快速增长，现金、银行存款、自有房屋等收益较低的无风险资产在居民家庭金融资产中仍占据了很大比重，而股票、基金、外汇、期货等收益较高的风险资产比例较低。家庭金融资产的配置不合理既不利于居民收入的增加，也不利于资本市场的完善发展。

（二）房产对高风险金融资产有明显的“挤出效应”

2017 年中国家庭金融调查（CHFS2017）数据显示，城市家庭资产中房产资产“一枝独大”，在家庭总资产中的比例为 73.6%，而金融资产却非常“弱小”，占比仅为 11.3%（喻言、徐鑫，2021）。房产对于大多数家庭都是重要的金融资产，具有其他投资品所不具备的特性，它既是投资品又是消费品，作为投资品，它具有低流动性、交易成本高等特点；作为消费品，房产具有居住特性。随着住房商品化进程的快速发展，居民的房产配置比重逐年上升。我国投资者随着年龄的增长，积累的财富不断增加，但是首先考虑的大多是购买房产，故房产是我国居民家庭最主要的资产配置形式，它会对其他的资产产生较大的挤出作用，即由于房产的金额较大，在购买房产之后，大量资产流出，降低了投资者对其他风险资产的需求，从而采取更加稳健的投资方式。有研究者发现拥有房产的家庭需要应对房价波动的风险，因此更倾向于购买安全的金融资产（Fratantoni，2001）。Cocco（2005）的研究也发现房产对股票投资的“挤出效应”，这种现象在年轻群体中更为常见，一套房常常要掏空“六个钱包”，消耗了居民家庭的金融财富，进而减少他们对金融市场的参与度。

四　资本市场和实体经济的发展，需要居民合理配置家庭资产

目前，中国资本市场已得到部分发展并初具规模，金融市场规模规范性进一步加强，为城镇居民进行金融资产配置提供了良好的外部条件。我国多层次市场改革以及改革开放不断深化，金融市场得以稳步发展。同时，国家围绕内需和促进消费在不断进行战略布局。并且，随着我国经济的蓬勃发展，投资者为实现财富增值，扩大财产性收入，对金融产品类型的需求也越来越丰富，并逐步与国际接轨。部分金融素养较高的家庭甚至能够构建和优化包含股票、债券和金融衍生品的风险投资组合。家庭经济的金融活动越来越活跃，作为整体经济金融活动的重要组成部分，对促进我国金融市场完善起着越来越重要的作用。因此，从家庭资产选择视角，分析城镇居民的金融资产配置是一项十分有价值的工作。

尽管经济的蓬勃发展显著提高了城镇居民的家庭可支配收入，但居民家庭参加金融市场的行为仍然存在不合理现象。房产的挤出效应会促使人们降低对风险金融资产的选择，更多地选择稳健的投资方式。这种不合理现象不利于家庭财富的积累和金融市场的发展，因此研究居民家庭资产选择行为既是热点，同时可提高各类居民投资风险意识，使居民家庭资产配置得到优化。

五　家庭资产选择的财富效应会扩大贫富差距

自改革开放以来，我国在经济建设方面取得了卓越的成绩并持续保持良好的发展势头，近十年经济总量稳居全球第二。但在经济发展态势良好的背景下，居民收入的“马太效应”问题日益凸显。根据国家统计局公开发布的最新数据，2019 年我国基尼系数为 0.465，2020 年为 0.468，远远超过了国际警戒线 0.4 且呈逐年递增趋势。贫富差距问题的长期存在打破了社会公平和良性发展，不仅与实现“共同富裕”的目标相悖，而且容易引发社会矛盾，对经济、政治都是巨大挑战。引发贫富差距的原因一直是经济学界讨论的热点。有学者认为，贫富差距一方面由工薪收入差距扩大导致，另一方面是由其他收入造成（迟巍、蔡许许，2012）。随着生活水平和教育水平的提升，越来越多的居民通过购买股票、基金等产品获取财产性收入，而且与工薪收入差距相比，财产性收入差距的扩大速度及影响水平更大。因此，财产性收入差距逐渐成为贫富两极分化的主要推动力，成为抑制中国内需、增加“中等收入陷阱”风险的重大隐患（王文涛、谢家智，2017）。

六 不同群体中的家庭资产选择财富效应不同

由于财产性收入作为一种衍生收入，不同财富阶层的财产性收入在数量和结构上存在差别，高收入家庭财产性收入来源相对广泛，而低收入家庭主要依靠房屋出租和利息收入（宁光杰等，2016），所以出现“富者愈富，穷者愈穷”马太效应的概率很大。许多学者通过实证分析得出这种经济效应可能使得贫富差距进一步加剧。因此，家庭财产性收入日渐成为学术界关注的热点问题。为了发挥家庭财产性收入的正面作用，避免其产生负面效果，学者们纷纷对财产性收入差距的成因展开研究。有研究发现，资产投资收益对财产性收入差距的影响最大（迟巍、蔡许许，2012）。相对来说，高收入家庭在金融投资的认知能力和风险态度方面会更理性，信息搜寻能力与学习能力也普遍更强，通常会持有更多高收益的风险资产（Calvet et al.，2014）。而低收入家庭倾向于安全性高但收益低的资产。不同财富阶层，由于投资理念、教育水平等方面存在差异，家庭资产结构分布明显不同，财产性收入必然存在差距。

因此，形成科学的投资理念，学会合理恰当投资，是减小财产性收入差距，进而缩小贫富差距的关键。控制贫富差距的扩大，限制富有群体财富的增加并不是长久之计，提高低收入群体财产性收入，促进其向中等收入群体的流动才是实现总体收入差距缩小的关键，也是实现共同富裕的要求。因此，研究不同财富阶层的家庭资产选择行为，并根据研究结果对低收入群体提出合理投资建议，对于缩小财产性收入差距，进而控制贫富差距的扩大具有重要意义。

七 本书的研究目的与意义

（一）研究目的

本书针对我国居民家庭金融资产配置存在的问题，特别是配置选择问题，基于中国家庭金融调查数据和作者收集的被征地农民家庭资产选择数据，探索新形势下三类居民（农民、被征地农民和市民）家庭金融资产配置的现状、影响因素及存在的财富效应，进而进一步揭示产生财富效应的心理机制和打破路径，以期为优化居民家庭金融资产配置、增加财产性收入、缩小贫富差距提供有实证的参考和更具可行性的政策建议。

本书的目标包括：①研究农民、被征地农民和市民家庭资产配置的结构和特征。②分析三类居民家庭资产选择的影响因素。③揭示三类居民家庭资产选择中存在的财富效应。④通过行为实验揭示产生财富效应的心理机制。⑤通过助推实验范式探索打破财富效应的有效路径，为缩小贫富差距提供实证参考。⑥提出相关建议，合理引导和优化三类居民的家庭资产选择。

（二）研究意义

1. 理论意义

本书旨在通过问卷调查和行为实验等多种研究方法，探索不同类型居民家庭资产选择的影响因素、财富效应的特点和心理机制，进而为相关家庭资产选择理论——心理账户理论和稀缺理论提供支持性证据，并质疑完全理性假说下的相关家庭资产选择理论，从个体行为视角扩展家庭资产选择的研究边界。

2. 实践意义

增加居民收入。提高居民收入和生活水平一直以来都是政府工作重点和社会发展的核心目标。随着经济生活水平的提高，家庭的投资性需求和资产配置需求日益凸显，党的十九届五中全会也指出要通过多渠道增加城乡居民财产性收入、优化家庭金融资产配置、扩大财产性收入占家庭总收入的比重，并完善农村投资配套设施、风险管理体系以及推动农村金融体系的建设与完善。使财产性收入成为居民收入的重要组成部分，对维持社会的稳定、健康和持续发展具有重要的实践意义。

缩小居民收入差距。本书通过对家庭资产选择和影响因素的研究，发现不同类型的居民中均存在明显的财富效应，收入差距在持续扩大。通过对财富效应心理机制的探讨，本书发现了从个体层面干预家庭资产选择和财产性收入的有效路径，为更好地引导不同类型的居民进行理性投资，避免财产损失，增加财产性收入，缩小收入差距提供参考。

第二节　家庭资产选择财富效应研究的学术史和研究动态

家庭金融近年来成为金融领域的研究热点，而家庭资产选择及其影响因素是家庭金融研究的核心问题之一（马双等，2014）。有关家庭资产选择的研究源于早期的消费理论，其中最具代表性的是凯恩斯的财富效应思想，该理论认为影响短期消费倾向变化的最重要因素是金融资产价值的实际变化（Keynes，1936）。随着现代资产组合理论的发展，基于马科维茨的资产组合思想，学者们普遍认识到家庭金融资产可以在多种金融工具中进行灵活配置，以实现其收益性和风险性的匹配，进而实现资产的保值和增值（王聪、田存志，2012）。同时，尤其值得关注的是家庭资产选择的财富效应，与此相关的研究工作主要集中在家庭资产选择财富效应的特征和内部机制等方面，并取得较为丰富的研究成果。

一　家庭资产选择的影响因素

（一）国外家庭资产选择综述

1. 年龄、健康、婚姻和收入对居民家庭资产选择的影响

众多研究表明居民家庭资产选择存在明显的“年龄效应”（Poterba & Samwick，2003）。Yoo（1994）基于1962年、1983年、1986年消费者金融调查的三个独立年份的截面数据分析资产配置中的年龄效应，发现在职业生涯中，家庭资产选择中的股票投资比例逐年增加，但在退休后显著下降，产生驼峰形状。Heaton和Lucas（2000）基于1989年、1992年、1995年消费者金融调查截面数据，分析家庭资产选择行为，发现随着消费者年龄的增加，股票资产的投资占比逐步下降。Bertaut和Starr-McCluer（2000）研究美国公民的家庭资产选择，其回归分析发现年龄对公民是否持有风险性金融资产有显著预测作用，但是对于持有风险性金融资产的比例没有显著预测作用。Bodie和Crane（1997）基于1996年截面调查数据，发现年龄越大的居民持股比例越低。

Brunetti和Torricelli（2010）结合意大利10年间的家庭数据，分析年龄对家庭资产选择的影响，结果显示年龄显著影响风险资产持有比例。具体来说，在投资决策者整个生命周期内，风险资产占比呈先升后降趋势，即决策者在人生的中年阶段更倾向于风险资产。Love（2010）研究发现婚姻状况对家庭资产配置会有一定影响，丧偶者对股票等风险资产的投资倾向明显下降，而且女性更加明显；而离婚男性在家庭资产选择上会表现得更加激进，而女性偏保守。

身体健康状况是影响居民家庭资产选择的重要影响因素（Rosen & Wu，2004；Edwards，2008）。研究表明，身体健康状况的变化显著影响居民家庭资产选择中的金融资产选择，且健康状况对家庭金融资产和非金融资产的影响是不均衡的，确诊新疾病将降低居民金融资产和非金融

资产的占比，且对前者的影响更大（Berkowitz & Qiu，2006）。Anjini Kochar（2004）研究发现，在巴基斯坦农村家庭里，成人健康状况和储蓄显著影响其投资决策行为：当居民预期未来会出现不良健康状态时，会增加整体储蓄，减少生产资料投资。Rosen 和 Wu（2004）发现，健康状况不好的户主，更愿意选择稳健性资产，且不会进行风险系数较高的金融资产配置。Rosen 和 Wu（2004）对美国家庭研究后发现健康情况与风险资产投资呈正相关，健康情况堪忧的家庭选择风险资产的概率和比重都更低。原因可能在于健康状况欠佳的家庭，医疗支出较大，收入风险更大，所以更倾向于低风险资产。

性别（Poterba & Samwick，2003）和婚姻状况（Bertocchi et al.，2011）对家庭资产选择亦有影响。Agnew 等（2003）研究发现，年龄、性别、婚姻状况、工资和工作期限均显著影响居民的家庭资产选择。Faig 和 Shum（2006）基于消费者金融调查 1992—2001 年的数据，揭示财富、年龄、投资期限会显著影响股票资产配置。Guiso 和 Jappelli（2001）发现，意大利的家庭资产组合与财富水平密切相关，金融资产在总资产中的比例与财富水平负相关，即越富裕的居民其金融资产在总资产中的比例越低；同时，越富裕的家庭越倾向于参与风险资产；年龄与房地产和企业股票投资占比呈正相关。Tokuo Iwaisako（2009）对日本家庭的股票投资进行研究，发现年龄、收入、财富、教育程度均显著影响股市参与率，房产显著影响日本家庭的股票占比。

2. 受教育程度和财富水平对家庭资产选择的影响

Vissing-Jorgensen（2002）研究指出，受教育水平越高，其理解股票知识的能力就越强，从而更可能参与股票市场。Achury 等（2012）研究发现，富裕家庭投资于风险资产的比重更高，而低财富家庭倾向于投资相对稳健的资产。

教育水平更高的居民，更可能参与股市（Vissing-Jorgensen，2002）；随着居民收入的增加和资产的积累，使其更有能力支付股票投资的固定成本从而推动其股市参与（Vissing-Jorgensen，2002）。Shum 和 Faig（2006）基于 1992—2001 年美国消费者资产调查数据，研究结果表明，财产、年龄、退休金以及来自投资的建议等方面显著正向影响股票参与率和投资占比。

3. 房产投资对资产选择的影响

房地产投资对股票市场存在“挤出效应”或称“替代效应”（Vissing-Jorgensen，2002；Hu，2005）。Yamashita（2006）发现在房产投资和股票投资之间显著相关，房产投资越多的家庭金融资产投资占比越低。Fratantoni（1998）基于美国消费者金融数据，Robst 等（1999）基于 PSID 数据讨论了房产的作用，发现房产持有状况显著影响其他风险资产的持有。Quigley（2006）以欧洲为例进行分析后认为，在发达国家有房产的居民更容易进行资产积累，不管在中国（赵人伟，2005），还是在美国（Kullmann & Siegel，2003），房产投资都是居民最重要的资产配置方式，股票投资是对房产投资的有益补充。Cocco（2000）发现房产排挤了投资者（特别是年轻的投资者）持有股票。Campbell 和 Cocco（2007），Hu（2005）等也对房产等资产选择进行了研究。众多文献提示，房产的持有排挤了风险资产的占比。

4. 市场不完全对资产选择的影响

借贷限制和交易摩擦影响居民的资产选择。Deaton（1991）发现存在借贷限制时，为避免收入波动风险，居民会增加储蓄和资产积累。Constantinides（1986），Davis 和 Norman（1990）考察了变动性交易成本对风险金融资产的影响，发现交易成本阻碍了股票持有，并降低了投资者的交易频次。Heaton 和 Lucas（1997）发现，交易成本会影响家庭资产的组合比例，使居民选择较低交易成本的投资组合。Tobin（1958）认为，由于存在进入股市的固定成本，因此贫穷的家庭不参与股票投资是明智之举。Haliassos 和 Bertaut（1995）发现高风险厌恶水平和较低水平的信息成本降低股票持有率。

5. 风险态度、主观幸福感、认知能力和社会互动等因素对家庭资产选择的影响

Barasinska 等（2010）结合德国的微观数据分析风险态度对家庭资产选择的影响，发现风险厌恶水平越高的居民，越容易选择风险资产比重大的资产组合；Guven（2012）研究发现幸福感高的人，更愿意维持目前生活状态，从而不愿意选择股票等风险性偏高的理财产品；Christelis 等（2010）研究认知能力对居民家庭参与股市的影响，发现认知能力越高的家庭，越倾向于参与股票市场，即认知能力对股票参与具有促进作用；Hong 等（2004）认为社会互动通过口头交流等方式减小了获取金融信息

的成本，因此可以促使家庭选择进入金融市场。

6. 家庭投资组合之谜

众多研究者对家庭金融市场参与决策（Mankiw & Zeldes，1991；Haliassos & Bertaut，1995；Heaton & Lucas，2000），投资组合决策（Blume & Friend，1975；Kind & Leape，1998；Polkovnichenko，2005），投资组合的财富效应（Ameriks & Zeldes，2004；Guiso & Jappelli，2002）、金融知识（Van Rooij et al.，2011；Stango & Zinman，2009；Dohmen et al.，2009）和投资经验（List & Millimet，2005）等进行实证研究，发现居民倾向于分散投资风险的组合投资策略（Blume & Friend，1975；Kind & Leape，1998）。受访者金融知识的缺乏大大制约了其股票市场的参与度（Van Rooij et al.，2011）。金融知识越多的人可能越偏好风险资产（Dohmen，2009）；市场经验有助于个体投资行为变得更加理性（List & Millimet，2005）。

（二）国内家庭资产选择的影响因素

1. 人口学变量对居民资产选择的影响

王聪和田存志（2012）的实证研究发现：年龄、收入和教育程度越高的居民股市参与率越高，同时，风险态度、社会互动、房产比例、职业风险等因素显著影响股市参与率；其中，信贷约束和社会互动是影响居民股市参与率和参与占比的重要影响因素。王琎和吴卫星（2014）考察了婚姻对家庭资产选择的影响，结果表明与单身女性相比，已婚女性决策者更倾向于投资高风险资产和股票，在决定是否投资风险资产以及风险资产的配置比重时，中等收入或财富水平家庭的决策者更易受婚姻状况的影响。雷晓燕、周月刚（2010）基于中国健康与养老追踪调查数据，研究决定中国居民家庭资产组合的因素，发现健康状况对城镇居民的投资决策有显著影响，健康状况变差时会使其减少金融资产，尤其是风险资产的持有，同时将资产配置向安全性较高的生产性资产和房产转移。史代敏和宋艳（2005）研究发现，越富有的居民家庭，资产选择越丰富多样，且股票所占份额随着财富增加而上升。受教育水平高的居民股票投资比例更高，且更注重投资多样性。

2. 认知、环境、风险态度、投资经验等变量对家庭资产选择的影响

李涛（2006）研究发现社会互动和信任对居民家庭的股市参与意愿有推动和促进作用，为中国居民在进行金融资产投资时存在基于行为偏

见的参与惯性提供了支持性证据。吴卫星和齐天翔（2007）考察了影响中国居民股市参与和投资组合的年龄因素。李涛和郭杰（2009）通过实证研究发现，居民风险态度对其股票投资参与率没有显著影响，并从社会互动的角度对此结果尝试做出新的理论解释。谭松涛、陈玉宇（2012）的研究表明，随着投资者投资经验的增加，对股票真实价格的估计错误越来越少，投资过程中的非理性行为也显著降低，他们可通过选股能力和择时能力的提升而改善投资收益。尹志超、宋全云和吴雨（2014）就金融知识和投资经验对家庭资产选择的影响进行实证研究，发现随着金融知识的增加会推动家庭参与金融市场，并增加家庭在风险资产尤其是股票资产上的配置。家庭参与金融市场后，随着投资经验的积累，风险性金融资产尤其是股票资产的投资占比会显著提高，并且投资经验对家庭在股票市场上的盈利有明显的促进作用。胡振和臧日宏（2016）把风险态度作为关键变量，研究其对家庭资产选择的影响，结果发现，风险厌恶每增加一个单位，居民参与股票市场的概率会下降10.5%。

二　财富效应相关研究

国外学者对财富效应的研究起步较早，而我国自20世纪90年代才开始财富效应的研究。研究内容主要集中在财富效应的存在性检验以及与其他财富效应的对比研究上。其中股市财富效应和房地产市场财富效应是学者们研究的焦点。

（一）财富效应的存在性检验

1. 股市财富效应

有关股市财富效应的存在性问题，国外学者结论相对一致，即股市财富效应是存在的。Ludvigson（2004）以美国资本市场为研究对象，探究股票价值变动对消费的影响，发现股票价值变动正向影响消费；Funke和Norbert（2004）对新兴市场经济国家进行研究，利用了16个国家的截面数据，构建模型进行分析，认为财富效应在新兴经济国家的股票市场上十分明显；Cho（2006）基于韩国经济数据进行实证研究，认为股市财富效应不仅存在，而且非常强。

国内学术界对股市财富效应是否存在有较大分歧：一部分学者认为股市财富效应是存在的。俞静和徐斌（2009）采用2005—2008年数据进行实证研究，得出我国股市财富效应随着股市的发展越来越显著的结论。杜明月和杨国歌（2019）以2008—2017年的时间序列数据为样本，证实了我国股市确实存在财富效应，而且日常生活方面的消费支出受股票价格变动的影响更大。而另一部分学者得出相反的结论：李振明（2001）基于1998—1999年的数据，探查股市的财富效应，发现中国股市不存在财富效应；刘轶和马赢（2015）借助协整检验等方法对数据进行检验分析，认为我国股票市场短期内不存在财富效应；韦博洋和何俊勇（2016）在前景理论框架下，通过对2001—2014年的季度数据进行研究后发现我国股市财富效应并不显著。

有关股市财富效应的存在性问题，国外学者结论相对一致，即存在股市财富效应。但国内学者在此问题上存在争议，需要进一步的深入研究。

2. 房地产市场财富效应

在房地产市场财富效应的存在性方面，国内外学者尚未形成统一结论，存在两种不同观点。

第一，财富效应存在的相关研究。Boone（2002）对G7房产价值变动是否会影响消费进行了探究，得出肯定结论，即房地产市场财富效应存在，但研究同时指出德国是例外，德国房产价值变动对消费影响并不明显。Campbell和Cocco（2007）把英国家庭作为研究对象，验证其房地产财富效应的存在性，结果表明，住房价值的上升可以促进消费，房地产市场财富效应存在。Kengne等（2015）对美国各个时段房地产财富效应进行研究，发现各个时期美国房产价值的变动都正向影响着消费。宋勃（2007）以1998—2006年的季度数据为样本，研究发现，通货膨胀条件下，我国房地产市场财富效应明显。陈伟和陈淮（2013）基于生命周期理论，综合运用各种模型构建、检验方法进行实证研究，研究表明，消费支出随着房价的增加而增加。张浩等（2017）利用2010年和2012年两次的CFPS数据研究我国城镇居民消费情况，得出结论：房地产存在明显的财富效应。

第二，财富效应不存在的相关研究。Elliot（1980）基于持久收入模型率先展开房地产财富效应的研究，并没有发现包括房地产在内的实物资产对消费的影响，得出财富效应不存在的结论。Calomiris等（2009）在控制了房价的内生性后，结合Case等（2005）研究中的数据对房地产财富效应进行验证，得出了房地产财富效应不存在的结论。李涛和陈斌开（2014）基于2009年我国城镇家庭微观数据，探究房地产的财富效应，发现居民的消费支出并没有因为房产价格的上升而有所增加。

（二）股市和房地产市场财富效应比较研究

股市和房地产投资是中国居民的两大投资方式，学者常对两者的财富效应进行比较研究，大部分学者认为房地产市场财富效应比股市财富效应更强。Case 等（2001，2003）结合欧美地区十余个国家的股票、房产市场经济数据展开实证研究，最后在股票、房地产市场均发现了财富效应的存在，且股票市场财富效应明显小于房地产市场财富效应。Carroll 等（2006）运用协整模型比较美国房地产和股票市场财富效应，发现股票财富的增加给消费带来的影响仅仅是房产财富增加的二分之一。

三 家庭资产选择财富效应相关研究

（一）家庭资产选择财富效应的存在性检验

虽然研究者在股市、房地产市场财富效应的研究上有结论相左的情况，但综观国内外文献，在家庭资产选择的财富效应研究上，研究者们的结论非常一致。Bertaut 和 Starr-Mccluer（2000）针对美国家庭展开研究，结果表明投资者进行股票投资的可能性受其家庭财富水平影响，财富水平越高，进入股市的概率就越大，而且在家庭进入股市以后，也会随着家庭财富的积累加大风险资产的投入。Guiso 和 Jappelli（2002）以意大利家庭为分析对象，发现财富规模对居民的家庭资产选择来说至关重要，财富规模越大，其家庭资产组合中风险资产所占的比重就越大，而且随着财富规模的继续扩大，家庭也会配置更多的金融资产。Campbell（2006）研究发现，不同财富阶层在风险金融资产的持有上存在一定差异，相对来说，高财富水平的家庭往往持有更多的风险金融资产，而财富水平较低的家庭更愿意参与无风险金融市场。Broer（2017）利用美国家庭调查数据研究发现，居民投资股票的份额和概率都会随着金融财富的增加而上升。尽管这方面的研究，我国起步较晚，相对来说比较缺乏，但也有不少学者做出了有益探索。史代敏和宋艳（2005）研究表明，在家庭资产选择种类上富裕家庭与贫穷家庭差异显著，越富裕的居民，其资产选择的种类越多样，且股票所占比例随着财富增加而上升。吴卫星等（2010）也发现，财富量对居民家庭资产选择的影响是非常显著的，除期货外，家庭在所有风险资产上的参与率都会由于财富量的增加而提高，但对于现金、存款一类风险较低的资产，居民的参与率往往是先下降再上升，呈倒 U 形结构。尹志超等（2014）利用中国家庭金融调查数据展开研究，得出结论：家庭资产的积聚以及收入的增加都会促使居民进入金融市场而且投资风险资产。吴远远和李婧（2019）借助截面门限回归模型分析了财富对居民家庭资产选择的门限效应，发现高财富水平的中青年群体更偏好选择风险程度较高的资产。

（二）家庭资产选择财富效应的内在机制

那么，为什么财富水平会影响投资理财？家庭资产选择财富效应的影响机制是什么？到目前为止，研究者们提出以下理论对此问题进行揭示：

1. 财富的风险厌恶理论

根据 Cohn 等（1975）、Peress（2004）等学者的研究，风险厌恶水平在家庭财富规模和家庭资产选择行为间起中介作用，即家庭财富规模的变动影响投资者的风险厌恶水平，风险厌恶水平进而影响其家庭资产选择行为。Cohn 等（1975）提出个体的相对风险厌恶程度是财富的减函数，因此随着家庭财富的增多，家庭风险资产的投资份额也会逐渐上升；Peress（2004）则认为高财富水平的家庭不仅拥有较低的绝对风险厌恶，而且不易受获取信息所付出的成本影响，因此，参与金融市场以及配置风险资产的概率更大。

2. 交易摩擦

不完全市场条件下的股市参与往往存在各种交易摩擦，例如不准卖空、买卖证券存在交易成本和税收等，这些交易摩擦的存在一定程度上限制了居民的家庭资产选择行为。Guiso 等（2002）在研究中提出，居民进入股票市场需要一定的固定成本，其中财富水平较高的居民在进行股票投资后获得的收益更容易冲抵这部分固定成本，所以他们投资股票的概率更大。Vissing-Jorgensen（2002）则对参与股市的成本做了进一步的划分，大致可分为三类：固定交易成本、可变交易成本以及各期交易参与成本，其中固定交易成本是影响居民家庭是否进入股票市场的主要原因。由于交易摩擦的存在，风险资产投资中各种交易成本的制约，使一部分家庭（尤其是财富水平较低的家庭）不进入风险金融市场（尹志超、黄倩，2013）。

3. 稀缺理论

稀缺理论可以从心理学视角为家庭资产选择财富效应的影响机制提供解释。该理论认为，个体的稀缺感会产生“稀缺心态”，即面临资源稀缺时，个体产生匮乏感，会将其注意力集中到当前的资源紧缺状态上，从而忽略其他可能更重要的相关信息，形成“管窥视野”（Shah et al.，2012；Mullainathan & Shafir，2013；Chemin et al.，2013）。稀缺心态会对个体的思维方式和决策过程产生影响（Shah et al.，2012；Mullainathan & Shafir，2013；Norris et al.，2019）。个体长期生活在资源缺乏的环境中，这种稀缺会引发“稀缺心态”，“稀缺心态”会使得个体在决策过程中短视，极度关注当下，局限于眼前的利益而忽视长远利益，难以做出合理的投资决策。比如不愿意买保险；不关心子女教育，对子女的教育投资和发展规划较少等。Haushofer 和 Fehr（2014）发表在 *Science* 的文章也证实了稀缺环境下所引起的压力和消极情绪会限制个体的注意力资源，从而导致短视行为，弱化决策者采取高风险高收益风险行为的意愿。

四　文献述评

通过以上相关研究发现，关于家庭资产选择的研究，主要是基于家庭资产选择理论对其影响因素进行分析探讨。影响因素主要分为两大类，一类是客观因素，如人口特征变量，包括年龄、受教育水平、财富水平、健康状况等；另一类是主观因素，包括风险态度、主观幸福感、认知能力和社会互动等。

关于财富效应的研究主要是从经济学角度出发，对各种类型财富效应的存在性进行检验以及与其他类型财富效应进行比较。其中股市、房地产市场财富效应是学者们研究的焦点。国外学者对股市财富效应的存在性结论比较一致，但国内学者由于数据使用、模型构建等因素并没有形成一致结论；对于房地产市场财富效应是否存在，国内外学者观点不一、尚无定论。在股票市场和房地产市场财富效应的研究中，大部分学者认为股市财富效应要小于房地产市场财富效应。

对家庭资产选择财富效应的研究主要集中在两个方面，即存在性检验和内在机制。存在性检验主要是从经济学角度出发，利用宏微观数据，建构模型进行检验分析，国内外学者得出的结论大体一致，即家庭资产选择财富效应存在。内在机制大致分为三类：财富的风险厌恶理论、交易摩擦以及从心理学角度出发的稀缺理论。稀缺理论为解释家庭资产选择财富效应的存在提供了心理学依据，近年来广受关注。

通过对已有文献的分析总结发现，以往关于家庭资产选择财富效应的研究，大部分是从经济学角度出发，将财富水平作为变量，通过构建模型实证研究，对财富效应的存在性进行检验分析。但对家庭资产选择财富效应的心理机制、打破路径缺乏深入探讨和研究。而明确其直接原因，了解其心理机制，从而找到有效路径去打破家庭资产选择中存在的这种财富效应，对缩小贫富差距，实现共同富裕有深远意义。因此，本书将基于心理学视角，对家庭资产选择财富效应的直接原因、心理机制和打破路径进行更深入、科学的研究。

第三节 家庭资产选择财富效应的总体研究框架

对以往家庭资产选择财富效应的研究进行分析，发现成果颇丰并取得很多有价值的研究结论，但仍有如下局限。第一，以往主要从宏观视角研究居民的家庭资产选择财富效应，来自微观的选择行为研究相对较少，因此难以揭示影响居民家庭资产选择的个体行为因素。第二，主要从客观因素研究居民家庭资产选择中的财富效应，如房产、社会保障、社会网络与社会互动等对财富效应的影响，个体的主观因素鲜少涉及，因此难以揭示家庭资产选择财富效应中的个体心理机制。第三，因没有针对个体心理因素进行深入研究，难以把握影响个体投资决策的关键变量，使很多家庭资产选择的政策建议流于表面，难以真正得到落实。

为弥补以往关于家庭资产选择财富效应研究的局限，本书将从微观视角研究市民的家庭资产选择行为及其财富效应。并通过行为实验等有效研究手段深入揭示影响市民家庭资产选择的主观心理因素，并探究其影响作用的内部机制，以期为引导市民进行理性家庭资产选择提供低成本策略和有实证的参考。本书主要由五部分构成，第一，对家庭资产选择的相关理论进行了系统梳理，然后把居民分为农民、被征地农民和市民三类，分别揭示他们在家庭资产选择中的现状与特征。第二，对家庭资产选择的影响因素与心理机制进行深入探究，揭示三类居民在家庭资产选择上的异质因素及类似的心理机制。第三，发现家庭资产选择中确实存在明显的财富效应，且不同类型的居民财富效应的表现不同。第四，通过现场调查构建中介效应模型，揭示财富效应的心理机制。第五，通过行为实验探索打破家庭资产选择财富效应的有效路径。

一　家庭资产选择理论、文献综述与研究现状

第一章主要介绍了家庭资产选择的主要理论，包括无限理性理论、西蒙的有限理性说、预期理论、心理账户理论和行为资产组合理论等。第二章对农民、被征地农民和市民的家庭资产选择研究发展动态进行系统梳理，对研究现状进行述评，并澄清了相关核心概念。第三章系统介绍农民、被征地农民和市民的家庭资产选择现状。

二　家庭资产选择的影响因素与心理机制

第四章主要介绍农民、被征地农民和市民家庭资产选择的影响因素，揭示不同群体的异质性。第五章揭示所有居民在家庭资产选择中存在的保守与冒险并存现象的心理机制，及羊群效应的心理机制。

三　家庭资产选择中的财富效应

第六章首先对家庭资产选择财富效应的相关文献进行梳理，然后分别描述农民、被征地农民和市民家庭资产选择中的财富效应，以及财富与幸福感的关系。第七章深入揭示家庭的社会资源和金融资源对农民、被征地农民和市民收入的影响，探求财富效应的客观原因。

四　家庭资产选择财富效应的心理机制

第八章首先介绍了产生家庭资产选择财富效应的直接内部原因，然后揭示家庭资产选择中产生财富效应的深层内部原因——心理机制。

五　家庭资产选择财富效应的打破路径

第九章首先以被征地农民为例揭示导致财富多寡的深层原因；其次通过行为实验揭示个体的稀缺感与财富的因果关系；最后采用助推实验范式探索打破财富效应的路径。

第四节　本书的主要创新点

一　把影响财富效应的外部因素拓展到内部心理因素

本书在前人研究的基础上，通过对相关概念、主流决策理论和研究现状的分析，发现以往研究主要关注影响财富效应的外部因素，内部因素较少涉及。尤其是个体心理因素对家庭资产选择的影响及在财富效应中的作用机制尚属空白。因此，本书从行为金融视角探索个体心理因素对家庭资产选择财富效应的影响、心理机制及打破路径，以期填补相关

研究空白，为相关理论提供支持性证据，并为提出更具针对性、可行性的低成本资产配置策略提供实证参考。

二　从行为决策视角揭示家庭资产选择财富效应之谜

以往家庭资产选择财富效应的相关研究主要基于无限理性或有限理性理论，通过宏观数据揭示其影响因素并提出相应建议。但在个体主义崛起的时代，每个人都是独立的决策者，都有自己的决策依据和逻辑。因此基于宏观数据的资产配置建议很难对个体的资产配置提供针对性建议。行为决策的兴起为研究个体资产配置决策提供了理论和方法学基础。本书将从行为决策视角，通过现场调查和行为实验等多种研究手段揭示家庭资产选择财富效应之谜，为相关研究提供一种新范式，并扩展本领域的研究边界。

三　首次关注到不同群体在家庭资产选择财富效应上的独特性

中国的城乡二元结构及最近30年的城镇化，产生了生活环境不同的三类群体：农民、被征地农民和市民。他们在家庭资产选择财富效应上仍表现出不同的异质性。而以往研究鲜少把三类群体放在一起比较他们的异同。这种比较有利于我们更好地理解不同群体在家庭资产选择财富效应上的特征和原因，为提出更具针对性的政策建议提供实证依据。本书将弥补相关研究的这一重要局限。

四　为家庭资产选择财富效应的打破路径提供新思路

以往研究主要关注财富效应的影响因素，以及财富效应对贫富分化的负效应，但对如何打破财富效应，缩小贫富差距的系统研究尚属空白。本书认为家庭资产选择的财富效应是导致贫富差距持续扩大的主要原因之一。故以此为切入点，通过科学的助推实验范式，探究打破财富效应的有效路径，为缩小贫富差距，提高低财富居民的财产性收入献计献策。

第一章　家庭资产选择的相关理论

选择即决策，人们如何在风险和不确定条件下做选择一直是经济学和心理学界的未解之谜。但对此问题的探究却由来已久，前人基于前提假设的不同建构出不同的决策理论。虽然理论众多，学派林立，但众多决策理论争论的焦点在于“人是无限理性还是有限理性?”此种争论衍生出两类立论基础不同的决策理论。

第一节　无限理性投资决策理论

一　无限理性说的缘起

在经济领域对投资者行为的研究由来已久，亚当·斯密（Adam Smith）理性经济人假设是最早关于投资行为的研究，他认为人是无限理性的，在经济行为中能对所有信息进行整合，选择以最小的成本实现最大的收益选项，即人的经济行为的最终目标是追求自身利益的最大化。

新古典经济学家继承并发扬了古典经济学家理性人的假设，认为人们可以充分利用掌握的信息来实现自身利益的最大化，理性人假设成为传统经济学等理论分析经济行为的基本假设。在以法玛（Fama，1970）有效市场假说（EMH）为代表的现代金融学理论范畴内，金融投资决策行为的分析基础就是理性预期理论。新古典经济学家继承和发展了古典经济学家的理性人假定。在新古典经济学的分析框架内，一个理性经济人应该具有完全的充分有序偏好（在其可行的行为结果范围内）、完备的信息和无懈可击的计算能力，在经过深思熟虑之后，他会选择那些比其他行为能更好地满足自己偏好（或至少不会比现在更坏）的行为（苏治，2011）。

二　期望价值理论

1654 年两位法国数学家 Pascal 和 Fermat 创立了期望价值理论（EV）。

这一模型假定人们在面对众多选择时，会根据每个选项的实现概率和金钱价值，选择期望价值最大化的选项，其数学表达式为：

$$EV = \sum_{i} pi \cdot xi \tag{1-1}$$

其中，pi 和 xi 分别代表客观概率和客观金钱值。随后的近一百年，期望价值理论成为投资领域的主流决策理论。

三 期望效用理论

期望价值理论问世后受到广大经济学家的推崇，成为决策领域的主流理论。但在其辉煌近半个世纪后，面临诸多挑战，其中最著名的是 Nicholas Bernoulli 提出的 St. Petersburg 悖论。这一悖论证明，如果人们基于某种期望值的最大化进行风险决策，那么这个期望值绝不是 EV。为了解释这一悖论，Daniel Bernoulli（1954）主张用主观效用代替客观金钱价值，并提出边际效用递减的概念。Neumann 和 Morgenstern（1947）在此基础上提出了期望效用理论（EU）。其数学表达式为：

$$EU = \sum_{i} pi \cdot u(xi) \tag{1-2}$$

这里，$u(xi)$ 代表效用，该理论认为，人们在面对选择时会选择期望效用最大的选项。Neumann 和 Morgenstern（1947）的期望效用理论是对期望价值理论的修正，但它们都是基于人是无限理性的假设，相信决策者只要愿意，就能对所有信息进行评估、判断、整合和计算。

四 无限理性假设下的经典资产选择理论

均值—方差理论。Markowitz（1952）提出了均值—方差模型，认为应该从资产投资收益的均值和方差判断是否应该投资，开创了现代家庭资产选择理论的先河。该理论认为投资者的目标是追求收益最大化或者风险最小化，在证券市场是有效市场、投资者是厌恶风险的、收益服从正态分布的三大假设前提下，提出了投资的最优组合原则：在风险一定前提下，选择预期收益最高的组合；或者在收益率水平一致时，选择风险最小的组合。同时，该理论建议投资者分散化投资，因为分散化投资可以对冲风险，是在确定性条件下的最优选择。

两基金分离定理。托宾（1958）将无风险资产引入均值—方差模型，研究投资者在做资产选择时如何将有限的资产配置到风险资产以及无风险资产之中，丰富了资产组合选择理论。托宾指出个体在进行投资时，需要选择具有一定比例风险资产的资产组合，也就是说，既要投资部分具有高收益的风险资产，也要投资一些低收益的无风险资产。这样才能提高投资组合的效用，使投资者收益最大化。同时，托宾认为，投资者由于风险偏好不一致，所以资产组合存在明显差异，风险厌恶程度较低的投资者，其资产组合中风险资产所占的比重就较大。

五　其他无限理性投资决策理论

法玛（Fama，1970）的有效市场假说（Efficient Market Hypothesis，EMH）、夏普（Sharpe，1964）等的资本资产定价模型（Capital Asset Pricing Model，CAPM）、罗斯（Ross，1976）的套利定价模型（Arbitrage Pricing Theory，APT）、布莱克（Black，1986）与斯科尔茨（Scholes，1972）的期权定价模型（Option Pricing Theory，OPT）等理论兴起于20世纪50年代以后，构成现代金融学的核心框架。这些理论的共同之处是以无限理性、市场完善、投资者追求效用最大化为前提，着重研究理性假设条件下的价格发生机制与金融市场效率问题，特别是投资者在最优投资组合决策和资本市场均衡状态下各种证券价格如何决定的问题（苏治，2011）。

六　无限理性投资决策理论的贡献与局限

在经济领域，基于无限理性假设的投资决策理论一直占据主流地位，即决策者不受知识、精力和能力的限制，具有惊人的计算能力并能追求个人收益最大化，并在此假设基础上创立了各种以精确计算为特征的最优决策模型，为应用数学方法解决金融决策问题提供了理论基础。但此种理论的假设前提受到越来越多学者的质疑，第一，市场完善的前提条件在现实世界几乎不可能满足；第二，人的认知限度使决策者几乎不可能对所有信息进行精确计算；第三，投资者由于客观环境和机会成本等因素，并非总是追求效用最大化。正是基于以上三点，有限理性假设前提下的相关决策理论逐步进入研究者的视野。

第二节　西蒙的有限理性说

一　有限理性说的缘起

随着行为科学的发展，“无限理性”假定不断地受到各方面学者的批判与修正。首先用行为实验的方法对无限理性做出批判的学者是诺贝尔经济学奖得主西蒙（Herbert Simon，1978 年获得诺贝尔经济学奖）。他认为人们的能力是有限的，不可能收集到所有的决策信息，更不可能对所有决策信息进行精确计算。同时提出有限理性的概念，所谓有限理性是指受到较多限制的理性（邓汉慧，2004），主要有如下三种限制：第一，实际生活中，人们对决策结果的认识是有限的；第二，人们对决策结果实现可能性的预期准确性是有限的；第三，人们在决策时考虑的备选方案是有限的。

二　有限理性假说与满意准则

人类的理性之所以有限，源自人的知识不完备和行为局限。由于人类知识的不完备性，决策者不可能根据以往的经历准确推断将来要发生的事情，由于行为局限性，决策者不可能实现理想的最优决策方案。因此西蒙认为，人的基本生理限制必须在建构相关决策理论时予以重视，这些限制包括认知限制、动机限制及其相互影响的限制（张杰，2009；邓汉慧，2004）。

在无限理性前提下，所有的投资决策都遵循“最优”准则，即在投资决策过程中，会对所有方案进行权衡，选择自己获益最大的选项。但在西蒙看来，人的理性有诸多限制，根本不可能搜集到所有投资信息，更没有能力对所有投资信息进行精确计算与权衡。因此，西蒙认为人们在决策过程中寻找的并非是“最大”或“最优”方案，而是“满意”方案。西蒙提出以有限理性的管理人代替无限理性的经济人，两者的差别在于经济人寻求最优，而管理人只寻求满意（张杰，2009）。西蒙的有限理性和满意准则两个概念，修正了新古典经济学无限理性理论的偏激，使决策理论更符合现实生活实际。

三　有限理性说的贡献

西蒙的“有限理性说”具有开创性的意义，一是它第一个较系统地论证了无限理性理论的不足；二是它突破传统限制，用新的方法和视角对无限理性理论做了更贴合实际的修正。这为后来把心理学引入经济学，进而发展出行为金融学打下了基础。

第三节　预期理论——行为金融学的兴起

诺贝尔经济学奖是公认的经济学界最高奖项。继 1978 年首位心理学家西蒙（Simon）教授获得这项殊荣之后，2002 年又有一位心理学家重新登上最高奖的宝座，他就是美国普林斯顿大学的丹尼尔·卡尼曼（D. Kahneman）教授，两位心理学家的研究虽然不同，但一脉相承，都是成功地将心理学分析与经济学研究相结合，研究人的行为决策。自此开创了一个新的经济学研究领域——行为经济学或行为金融学。

一　对期望效用理论的批判

期望效用曾一度成为经济领域的主流决策理论，后来的很多研究结果表明期望效用理论被违背了。其中，最著名的是阿莱悖论（Allais，1953）。卡尼曼和特维斯基（Tversky）在阿莱悖论（Allais Pardaxo）的基础上对传统的期望效用理论进行了拓展性的实验研究，从这些实验中还发现了三个效应：第一，确定性效应；第二，反射效应；第三，分离效应。这些效应动摇了期望效用的基础——完备性公理和偏好可传递性公理。据此，卡尼曼和特维斯基指出传统的期望效用理论无法完全描述个人在不确定下的决策行为，并在此基础上他们提出了预期理论（张杰，2009）。

二　预期理论的主要观点

预期理论或前景理论（prospect theory）由 Kahneman 和 Tversky（1979）提出，并成为当前决策领域中最具影响力的理论。预期理论在传统期望效用理论的逻辑框架下提出，并对其作了如下修正：（1）预期理论认为决定选项价值的不是其最终财富量，而是相对于某个参照点的损失（loss）和获益（gain）；（2）主张取消概率，改用决策权重（decision weight）；（3）认为对决策问题的加工有三个阶段："框定"（framing）、"编辑"（editing）和"评估"（evaluation）（汪祚军、李纾，2010）。预期理论的数学表达式为：

$$V = \sum_{i} \pi(p_i) \cdot v(x_i) \tag{1-3}$$

其中，$\pi(p_i)$ 表示决策权重，是对客观概率的非线性转换，是一倒

S形函数。$\pi(p_i)$ 高估小概率而低估大、中概率。$v(x_i)$ 表示效用函数，是一个S形函数，在参照点以上为凹（concave）形，在参照点以下为凸（convex）形。为了将原始预期理论（Kahneman & Tversky，1979，OPT）应用、延伸到多个结果的决策问题以及不确定情境中去，Tversky和Kahneman（1992）在其原始预期理论的基础上进一步发展了累积预期理论（Cumulative Prospect Theory，CPT）。累积预期理论采用了更为复杂的权重函数，即认为决策权重不仅与概率有关，而且与结果的大小顺序有关（汪祚军、李纾，2010）。预期理论（Kahneman & Tversky，1979）及其后继者累积预期理论（Tversky & Kahneman，1992）逐渐取代期望效用理论成为居统治地位的主流行为决策模型。

与传统经济学领域的投资理论不同，预期理论价值函数强调与参照点相比投资者的损益，而不是财富或消费的绝对水平，投资者不是基于资产组合而是基于主观感觉来判断选项的损益，并决定投资选择。

三 决策中的非理性心理偏差或效应

美国心理学家Daniel Kahneman将来自心理研究领域的综合洞察力应用在经济学当中，发现了人类投资决策中的非理性心理偏差，非理性因素包括很多方面如直觉、灵感、情绪、潜意识等，即发现人类的投资决策常常与经典经济学理论作出的预测大相径庭。而这些心理偏差会导致投资者的决策方案偏离“最优”。因此我们需要了解自身心理行为过程，就可以很好地控制这些心理偏差和陷阱，从而做出更好的投资决策。卡尼曼和特维斯基在研究的过程中发现了“框架效应”和“启发式效应”。所谓框架效应是指，同一个问题的两种逻辑相似的表达，会引起人们选择不同的选项（Kahneman，1986）。启发式效应包括代表性启发（representativeness）、可得性启发（availability）、锚定启发（anchoring），是指决策者在面对选择问题时，往往受代表性样本、熟悉信息和最初信息的影响。

四 预期理论的贡献

卡尼曼在西蒙“有限理性”的基础上，对期望效用理论进行修正，并将心理学的研究方法引入经济学，对不确定情形下人类的决策行为进行深入研究，提出了极具影响力的预期理论，从而构建了行为金融学的一套完整理论体系。行为金融学将心理学研究方法融入其中，不仅提高了经济理论的预测力，动摇传统经济学的投资理论，而且极大地发展了

“有限理性”说，改变了投资理论的研究走向，成为目前最具影响力的投资理论之一。

第四节　心理账户理论

继预期理论之后又一颇具影响力的投资决策理论是心理账户理论，该理论以行为实验的研究结果为依据，对投资心理和投资决策进行了更具生态性的描述。该理论的提出者萨勒（Richard Thaler）于2017年获得诺贝尔经济学奖，成为获此殊荣的第三位心理学家。

一　心理账户

芝加哥大学著名行为金融和行为经济学家理查德·萨勒（Richard Thaler）于1980年首次提出“Psychic Accounting”（心理账户）的概念，用于解释个体在消费决策时为什么会受到“沉没成本效应”（sunk costeffect）的影响。萨勒认为，人们在消费行为中之所以受到“沉没成本”的影响，一种可能的解释是卡尼曼教授等提出的“前景理论”，另一种可能的解释就是推测个体潜意识中存在的“心理账户系统”（Psychic Accounting system）。人们在消费决策时把过去的投入和现在的付出加在一起作为总成本，把过去的产出和现在的获益作为总收益，用总成本和总收益的比值来衡量决策后果。这种对金钱分门别类的分账管理和预算的心理过程就是“心理账户”的估价过程。1981年，丹尼尔·卡尼曼和特维斯基在对“演出实验”的分析中使用“心理账户”概念，表明消费者在决策时会根据不同的决策任务形成不同的心理账户。卡尼曼进一步对心理账户进行界定，认为心理账户是人们在心理上对结果（尤其是经济结果）的分类记账、编码、估价和预算等过程（李爱梅，2007）。

二　心理账户理论

1985年，萨勒教授正式提出“心理账户”理论，系统地分析了心理账户现象，以及心理账户如何导致个体违背最简单的经济规律。萨勒认为，小到个体、家庭，大到企业集团，都有或明确或潜在的心理账户系统。在做经济决策时，这种心理账户系统就会发挥作用，它们常常遵循一种与经济学的运算规律相矛盾的潜在心理运算规则，其心理记账方式与经济学和数学的运算方式显著不同。因此经常以非预期的方式影响着决策，使个体的决策违背最简单的理性经济法则（李爱梅，2007）。

心理账户具有“非替代性”特征。按照传统经济学理论，金钱具有替代性（fungibility），但很多基于投资行为的研究表明，人们不会把所有的财富放在一个整体账户进行管理，使每一元钱之间可以相互替换与转移。相反，人们根据财富来源与支出划分成不同性质的多个分账户，每个分账户有单独的预算和支配规则，金钱很难从一个账户转移到另一个账户（李爱梅，2007）。萨勒将这种金钱不能轻易转移、不能完全替换的特点称为“非替代性”（Thaler，1985）。Tversky（1969）提出，心理账户本质上是一种认知幻觉，使投资者们失去对价格的理性关注，从而产生非理性投资行为，进而影响金融市场。Kivetz（1999）认为，所谓心理账户是人们根据财富的来源不同进行编码和分类的心理过程，在这一编码和分类过程中“重要性—非重要性”是人们考虑的重要维度。有学者认为心理账户是个人或家庭用来管理、评估和记录经济活动的一套认知操作系统，这套认知操作系统导致一系列非理性的“心理账户”，并容易产生决策误区。

1999 年，萨勒对近 20 年的“心理账户”研究进行总结，发表“Mental Accounting Matters”一文（Thaler，1999）。文中指出：心理账户理论分三部分，第一部分是对于决策结果的感知和评价，心理账户系统提供了决策前后的损失——获益分析；第二部分是对特定账户的分类，资金根据来源和支出划分成不同的类别（住房、食物等），消费有时会受制于明确或不明确的特定账户预算；第三部分是账户评估频率和选择框架，账户可以是以每天、每周或每年的频率进行权衡，时间限定可宽可窄。因此，“心理账户”是人们在心理上对结果（尤其是经济结果）的编码、分类和估价的过程，它揭示了人们在进行（资金）财富决策时的心理认知过程（李爱梅等，2007）。

三　心理账户理论的贡献

心理账户理论在预期理论的基础上对消费者的购买决策和个体的投资决策进行行为实验研究，并以行为实验的研究结果，对投资心理和投资决策进行了更具生态性的描述。进一步扩展了投资决策的研究边界，并使更多学者认识到心理因素对投资决策的重要作用，促进了投资决策研究的深化和生态化。

第五节　行为资产组合理论

一　行为资产组合理论（BPT）的缘起

心理账户理论在金融投资决策领域最广泛的应用是投资组合结构的运用。根据理性投资组合理论，投资者应该只关心他们整体投资组合的期望收益，而不应该关注某个投资的实际收益。可事实相反，投资者倾向于把他们的资金分成安全账户（保障他们的基本生活和财富水平）和风险账户（试图做风险投资并获得财富增值）。Fisher 和 Statman（1997）认为人们在投资时会把资金分别放在不同的投资账户中以分散投资风险，即使是基金公司也建议投资者建立一个资产投资的金字塔，把现金放在金字塔的最底层，把基金放在中间层，把股票放在最高层。在此基础上，于 2000 年，Shefrin 和 Statman 提出了行为资产组合理论（Behavioral Portfolio Theory，BPT−MA）。

二　行为资产组合理论

行为资产组合理论是建立在卡尼曼和特维斯基的预期理论和心理账户理论之上的一个框架体系。该理论认为投资者的资产结构应该是金字塔式的分层结构（这里的层本质上就是心理账户），投资者对其资产分层进行管理，每一层对应投资者的一个目标。底层是投资者为避免贫穷而设立的，所以，其投资对象通常是短期国债、货币基金、大额可转让存单等有稳定收益、风险小的资产；高层是为使其富有而设立的，其投资对象通常是外国股票、成长性股票、彩票等高风险、高收益资产。

Shefrin 和 Statman 设计了投资者只有一个心理账户和两个心理账户的不同行为资产组合模型，并给出了模型的最优解。当投资者有两个心理账户时，他们分别在低期望水平和高期望水平两个心理账户建立投资模型，并在两个账户之间进行资金分配。

巴比雷斯和黄明于 2001 年提出了一个较为完整的、具体的刻画投资者心态的投资模型（Barberis & Ming Huang，2001），并研究了在两种心理账户下公司股票的均衡回报：一种是投资者只对所持有的个别股票价格波动进行损失规避；另一种是投资者对所持有的证券组合价格波动进行损失规避。该模型在结合心理学、信息学和社会学研究成果的基础上，对投资者与外部信息之间的互动关系做了崭新的诠释，对投资者的心态及其决策过程做了具体的刻画，为人们对投资决策的研究和资产定价的研究提供了新思路（李爱梅，2007）。

三 行为资产组合理论的贡献

心理账户理论及后续发展的行为资产组合理论认为，人们在进行资金管理时，并非把它们统一放入相同账户，而是分成不同的分账户，分类记账、分类管理，各分账户间很少相互替换。该理论以行为实验的研究结果为依据，对投资心理和投资决策进行了更具生态性的描述，对我们更深入理解投资心理和行为、避免投资陷阱提供了理论依据。

总之，有关投资决策的研究大致可根据“无限理性”和“有限理性”假设分为两类。传统经济学领域的投资决策理论一直秉承“无限理性”理念，追求投资决策中的最优解。而心理学领域及行为科学领域认为人是“有限理性”的，并基于行为实验，证明人类的真实决策是追求心理满意解。两类决策理论看似水火不容，实则相互补充。本书试图对这两种理论进行融合，以行为金融学视角的有限理性理论为依据，对农民、被征地农民和市民的真实投资行为进行研究，揭示其投资决策中的心理、影响因素和存在的心理机制。

第二章　家庭资产选择研究发展动态与述评

第一节　农民家庭资产选择研究发展动态与述评

在中国经济发展的重要时期，对农民投资行为的重视也是改革发展的主要内容之一。在中国，农民与其他社会群体相比具有特殊性，其人口已经高达5.6亿。并且随着城镇化、工业化、农业现代化等进程的加快，越来越多的农民选择进城务工。进城务工的群体由于自身节俭吃苦，也能积攒下一定财富。农民进城的主要目的是打工或从事经商活动，以“创业带动就业”的思路对于增加农民收入、缩小城镇收入差距都发挥着积极的作用，同时也成为解决“三农”问题的一种有效手段（朱红根、康兰媛，2013）。无论是进城务工的农民还是想要创业的群体都必须要融入城镇化，遵循作为理性人的假设并作出收益最大化的行为决策。

农民家庭资产选择（The Choice of Farmer’s Family Assets）的主要问题是要最大化地利用现有的资产和财富，优化资产配置，增加家庭收入。农民作为特殊的劳动群体，由于受到自己学历、技能等局限，虽能进城务工获得不少收入，但该收入的投资选择必须慎之又慎。当前，我国农民家庭金融资产存在配置决策和行为单一化的问题，农民金融资产配置缺乏广度和深度（陈治国、陈俭、李成友，2021）。中国家庭金融调查（CHFS）数据显示，我国家庭金融市场参与率整体较低，2019年我国持有股票、基金和债券的家庭占比仅分别为4.4%、1.3%和0.2%（吴雨、李晓，2021）。与此同时，农民家庭风险金融资产的配置比例也显著低于城镇居民家庭资产配置，2013年全国农民家庭风险金融市场的参与率仅为1.12%，2017年提升至3.07%；农民家庭金融资产中，主要以银行存款等无风险资产为主，股票、基金等风险金融资产参与比例很低。农民家庭金融资产配置的特殊性存在多种原因：我国农村地区普遍存在信息不对称、金融交易成本高等问题，这降低了农民参与金融市场资产配置的可能性；但随着农民家庭收入增加以及金融知识的提升，这一现状有所缓解。在该领域早期研究中，研究者主要从人口和个体特征出发，解释农民家庭资产异质性特征，近年的众多文献认为应当把制度因素作为家庭金融研究极其重要的研究方向。对于进城务工的农民而言，家庭资产决策是一个复杂和困难的过程，农民在不同经济与政治环境背景下，如何在收益最大化下配置有限的家庭资产是农民面对的一大难题，这需要众多研究者的进一步研究。

一　国内农民家庭资产选择发展动态与述评

（一）农民家庭资产选择的特征

中国家庭金融调查（CHFS）数据显示，我国家庭金融市场参与率整体较低，2019 年我国持有股票、基金和债券的家庭占比仅分别为 4.4%、1.3%和 0.2%（吴雨、李晓，2021）。与此同时，农民家庭风险金融资产的配置比例也显著低于城镇居民家庭资产配置，2013 年全国农民家庭风险金融市场的参与率仅为 1.12%，2017 年提升至 3.07%；农民家庭金融资产中，主要以银行存款等无风险资产为主，股票、基金等风险金融资产参与比例很低。

（二）农民家庭资产选择的影响因素

齐佳（2016）研究发现在农民家庭资产选择中交通运输起到间接作用，当农民拥有较多的移动电话或者家庭成员中高中以上学历的人数较多时，家庭资产中的风险金融资产比例也会增加。对于被征地农民来说，自身状况对家庭资产配置会产生较大的影响（田庆刚，2016）。同时研究人员一直关注社会网络、农民家庭成员的年龄状况对家庭配置金融资产的影响。柴时军（2016）发现在农村，社会网络关系越紧密就越会促使农民家庭参与民间放贷活动，而这种社会网络能够显著提高家庭资产配置的比例。吴雨等（2016）研究发现在农村地区，家庭成员年龄越大、受教育水平越低，金融知识对家庭财富积累的边际效用就会越大。付琼等（2022）发现了社会资本对农民家庭金融资产的重要影响，他们研究发现，当前我国农民家庭持有股票、基金等风险金融资产的比例、配置深度和广度处于较低水平，社会资本对金融资产配置决策和深度有显著促进作用，但对广度作用不明显。此外，相比于城镇，农村拥有特殊环境和较少的资源，因此他们在进行资产配置时有较大差别。肖忠意等（2016）研究了农民家庭存在的亲子利他性作用，研究发现父母的亲子利他性会影响农民家庭金融市场行为，并且会增加农民家庭的储蓄，负向影响家庭自身住房的需求。

（三）农民家庭资产选择中的财富效应

农民家庭资产选择中表现出明显的财富效应，家庭收入越高的农民家庭越倾向于持有风险金融资产。家庭收入、金融知识和受教育程度对农民风险金融资产选择意愿产生较大的影响（陶亦伟，2017）。魏梦（2013）调查研究贵州山区农民家庭，发现家庭年收入、实物资产总量以及受教育水平会显著影响农民家庭金融资产总量，其中农民家庭收入水平对金融资产持有显著的正向影响。以上研究均表明农民家庭资产选择中存在财富效应。

大多数研究者在研究家庭资产选择时都是以城市家庭投资结构为模板，很少有人关注城乡差异。我们发现在中国农村，农民的家庭资产选择同样存在财富效应，家庭收入越高的农民家庭越可能持有风险金融资产。社会网络推动了民间资本的参与，农民个体金融素养的高低对资产选择有着直接的影响，交通的发展及人口的增长也会提高家庭资产总量，同时也研究了这种效用在城乡之间对资产配置效率的影响差异。此外，农村父母的亲子利他性也对家庭资产分配产生一定的影响。

二　国外农民家庭资产选择发展动态与述评

（一）农民家庭资产选择的影响因素

国外学者也对农民家庭资产选择的影响因素进行了大量的研究：Sarmah（2016）通过研究发现，巴基斯坦地区的部分村庄为保证家庭生计，会非常重视家庭对实物资产的投入。由于家庭需要对未来的不确定性做出反应，因此当把家庭收入划分为不同种类的收入时，调查发现农民家庭资产积累会更多地受到外部汇款的影响（Fatima & Qayyum，2016）。关于资产分配，土地持有的不平等程度最低，其他资产与之相比不平等程度要高得多。Ochmann（2016）研究发现德国家庭资产选择和资产配置会受到差别所得税的影响。Fafchamps 和 Quisumbing（2003）研究影响夫妻间分配生产性资产控制权方式的因素，发现婚姻状况会影响家庭资产的选择。Bertaut 和 Starr-MeCluer（2002）对美国的资产配置模式进行研究，回归分析发现，年龄在决定是否持有风险性资产方面有显著预测作用，但是对于持有风险资产的比例方面没有显著预测作用。Pauline Shum 和 Miquel Faig（2006）基于 1992—2001 年美国消费者资产调查数据，研究结果表明，股票持有与财产、年龄、退休金以及来自投资的建议等呈正相关。另外，差别所得税也会对家庭资产配置产生影响，税率较低的家庭更希望拥有税收特权资产。

（二）农民家庭资产选择中的财富效应

国外学者研究发现，农民家庭资产选择中的财富效应确实存在，家庭的整体财富水平越高，其股票资产的参与率越高（Bertaut & Starr-McCluer，2002），这种财富效应在金融市场恶化环境下更为显著。同时，农民家庭消除不确定性的程度会对家庭资产配置产生重要影响。

三　文献评述

通过以上相关研究发现，关于家庭资产选择的研究，主要是基于家庭资产选择理论对其影响因素进行分析探讨。国内外学者从家庭特征、已有资源以及个体心理特征等多个角度对家庭资产选择行为进行相关研究，并探究了影响家庭金融资产选择的主要因素。总体来看，这些研究初步探明了各个维度对家庭金融资产选择行为的影响。国外研究为我们探究居民家庭金融资产配置提供了思路，但可能由于数据来源不同、研究方法以及研究对象存在差异，在发达国家现有的研究中，对家庭金融资产配置行为的研究结论存在不一致的现象。这说明，很多问题仍存在争议，更加需要我们继续深入探索家庭金融资产选择行为。

由于受地理环境因素的影响，中国农村金融业受到长期限制。同时农村社会网络的重要性以及农民家庭个体特征的差异性也决定了中国农民家庭资产配置选择不同于城镇家庭资产配置。而在国内，利用微观调查数据研究农民家庭资产选择行为尚处于萌芽时期。实际上，随着经济的快速发展，我国农民家庭收入以及生活水平大幅提升，居民的各种资产也在迅速增加。农民家庭人均资产明显增加，尤其是金融资产总量迅速提升，导致农村居民资产选择范围逐步扩大，资产结构也不断改变。因此，系统地研究农村居民资产配置行为，对引导农民进行合理的消费和投资，以及增加农民收入、缩小城乡差距具有重要意义。

同时，中国存在地区间差异较大的问题，不同地区由于在经济发展水平以及发展进程等方面存在差异，农民的资产配置行为在不同的地区存在较大差异。而且随着市场化进程的不断推进，农民之间的财富差异逐渐扩大，家庭资产选择也存在明显的决策主体异质性。因此，深入探讨农民家庭金融资产选择行为，不仅能进一步探索家庭金融资产选择的作用机理，而且具有较大的实际意义。

第二节　被征地农民家庭资产选择研究发展动态与述评

被征地农民是指在城镇化过程中，因城乡发展建设征占耕地、园地、林地、牧草及其他农用地等而失去土地集体所有权或经营权的农民群体。被征地存在完全被征地和不完全被征地这两种结果，对于完全被征地的农民群体，在当前政策下可以转为非农业人口，即现在已不是农民。本书为了保证全面地对被征地农民进行调查，被征地农民既包括由于被征占耕地、园地、林地、牧草及其他农用地而产生的已经农转非的原农业人口，也包括目前被占用农用地后仍是农业户籍的人口（鲍海君等，2002）。

一　国外被征地农民问题研究综述

在西方国家首次出现现代意义上的被征地农民问题（王道勇，2008）。农民大规模被征地的情况最早出现在15世纪末至19世纪中叶的欧洲“圈地运动”或“羊吃人运动”中，其中英国的“圈地运动”最具有代表性。它们使用暴力手段大量掠夺农民土地，使其“强制性转移”（王章辉等，2008）。同时在欧美发达国家，农民被征地向城市转移的历程最早始于三四个世纪之前，并在20世纪中叶前后基本完成。美国被征地农民向城市转移，大约用了一个半世纪的时间，其被征地农民转移类型属于自由迁移模式（李庆余等，1994）。西方国家的农民被征地问题，以及他们实现城镇化的背景条件、经济基础等与我国截然不同，因此这些研究成果只可作为对中国被征地农民问题研究的参考。

第二次世界大战以后，拉美国家城镇化进程加快，产生了大量的被征地农民，他们成为无正规工作，政治权利受限的“边缘人”，因此拉美国家被征地农民问题曾成为社会的焦点问题。与此同时，很多发展中国家在农民融入城镇化进程中，也面临着与拉美国家类似的情况，许多农民存在就业创业困难、收入水平不高、生活质量下降等问题。这不仅限制了城镇的发展进程，同时加大了城乡之间的差距，引发各种社会矛盾，甚至冲突。因此我国在城镇化进程中，在处理被征地农民问题上尤其要引以为戒。

19 世纪以后，西方国家采取一些方法对土地所有权的使用做出限制，其中土地征用就是主要的方法之一。大部分国家都立法规定土地征用权是政府权力，强调获取土地的原因是由于公共利益（刘浩，2002）。宋斌文（2004）认为，欧美发达国家对被征地农民的安置有以下三大特征：第一，征用农民土地通常按市场价格进行补偿。在一些国家，为保证被征地农民原有的基本生活水准不下降，法律上对被征地农民的补偿往往高于土地的市场价。第二，一些国家将被征地农民纳入社会保障体系，可以有效化解城乡之间的矛盾，维持社会稳定，同时能够极大降低因被征地而带来的各种风险。第三，加强被征地农民的教育与培训工作，提高被征地农民再就业的能力，使其具有更大的发展空间。

二　国内被征地农民问题研究综述

在计划经济体制下，由于土地征用而离开土地的农民都被国家妥善安置，因此并未造成任何社会问题。但是在市场经济体制下，当土地被征用农民获得了相应的经济补偿后就被推往市场，自己选择就业途径。由于征地补偿办法的不完善，造成被征地农民在物质和精神上产生较大损失。农民的生产和生活即可持续生计成为其首要问题，这也是政府必须要解决的社会问题（叶继红，2008）。学界对被征地农民的研究成果主要集中在以下几个方面：

（一）征地补偿和安置模式

货币补偿型安置是指征用土地时，政府与征用单位按照土地生产受益情况，一次性支付被征地农民的非农业化价值以及土地非农业化后产生的相关级差收益补偿费。被征地农民群体一次性全额领取补偿，之后可以自主创业就业，自行解决养老、医疗等问题（陆艳云等，2007）。但这种补偿方式有三大缺点：一是补偿标准低，分配不合理。二是一次性支付全额补偿，对于被征地农民今后的发展道路并未做出长远的思考，这难以有效解决被征地农民的生存问题，更难以一劳永逸地解决被征地农民的后顾之忧（胡宏伟等，2005）。三是存在支付风险。

就业安置是指通过第二、第三产业即非农产业安置被征地农民，为被征地农民创造就业机会（韩志新，2008）。就业安置方式有两条途径：

一是按国家有关的"谁征地、谁吸劳"的原则，征地企业公司需要对被征地农民的工作安排和生活保障负责；二是将农民推向市场，农民自谋生路，自由择业，但政府要为其提供相应的劳动技能和知识培训。根据第一种途径，被征地农民能够及时获得就业岗位，拥有稳定收入。但现阶段实行难度较大。第二种途径的实施仍然有很多问题，农民往往因文化程度的限制，接受劳动技能培训的主观愿望和客观能力都有限，自谋工作更是难上加难。

集中开发型安置模式是指村集体统一使用土地征用款，将其用作村民们的创业基金。村民自己创办企业公司，可以达到资本增值和资本积累的目的。湖南的"咸嘉模式"、河北省唐山市开平区半壁店和石家庄市槐底村等地区都是较为成功的案例。该安置模式的特点是"三集中、三统一"，即集中对土地进行管理，统一进行拆迁补偿；集中对农民住房进行安置，统一实行综合开发；集中利用征地安置基金，统一安排农民生产生活。该安置模式能够有效地解决被征地农民的就业创业问题，医疗、养老等社会保障问题，和生活方式转变问题。但亦有不足：一是隐藏着潜在的集体财产道德风险；二是潜在的资产风险。一旦集体经济投资出现问题，全体村民将遭受巨大损失（韩志新，2009）。

留地安置模式指在土地征用时，为了保障土地被征用后的农村集体经济组织以及农民的生产生活，规划专门用地来安置农民。深圳特区首次提出了这种安置模式，作为货币安置的一种重要补充，它考虑到土地补偿评估技术的不全面、较多农民在被征用土地后参与劳动力市场的竞争力太差以及物价等因素，因此采用实物补偿的办法，以确保被征地农民获得长期生产生活保障。留地用地的基本方法是，在安置用地上建造标准厂房，之后将其租给企业公司（刘子操，2007）；或者投资置用地，从事商业设施的开发、租赁；又或者在置用地建设多层住宅，使农民家庭将多余的住房租赁出去，获得额外收入以满足日常生活需求。这种安置模式存在多种优势：既能有效减少征地成本，解决国家重点建设以及市政建设过程中征地补偿不足的问题；也有利于集体经济的发展和壮大；对于被征地的农民而言，土地的留置可以保证他们长期稳定的收入，同时也能保证他们的长期生计，消除了后顾之忧。但这种模式并不具有普遍性，仅在经济开发区和城郊接合部等地区适用（韩志新，2009）。

土地入股型安置（潘科等，2005）是指在农民自愿的条件下，被征地农村集体经济组织和用地单位协商，通过征地补偿安置费用入股，或通过建设用地土地使用权作价入股，农村集体经济组织和农民按照合同约定以优先股的方式获得收入。入股分红有多种好处（韩志新，2009），一是如果企业管理得当，每年股息都会增加，那么土地价款或土地使用权入股就可以解决被征地农民基本生活保障问题；二是有可能使农民享受土地未来的收益；三是减轻了企业的资金负担；四是政府工作压力减小，不必再担忧被征地农民的出路。但真正实施时难度很大，无论是企业还是农民都有自身的顾虑。农民们担忧市场竞争中的常胜将军毕竟是极少数人群，一旦企业倒闭、破产，他们的“养命钱”将会化为乌有，即便企业利润较好，也有可能出现编造报表，减少利润，进而降低农民的分红比例，使收入下降。而企业担心的是文化程度不高且不懂经营的农民做股东，难免会插手企业事务，一旦企业发生暂时危机，农民不但不会帮助度过危机，很可能会为个人短期利益要求退股而使企业雪上加霜。

土地换保障型安置（刘海云等，2006）是指在规划区域内的农民把自己所拥有的土地使用权一次性流转给政府委托的土地置换机构，随后土地置换机构按照管理部门的相关政策，规定被征地农民的安置费、土地补偿费以及撤组转户费等费用，由政府部门再根据相关的数据信息，制定出政府、开发单位以及被征地农民都可以接受的社会保障标准，并为符合条件的被征地农民家庭成员统一办理医疗、养老等各项社会保障。土地换保障型安置模式把土地征用补偿与被征地农民的社会保障有机结合，不仅可以降低他们的生活风险，还可以提升非农就业竞争力，促进农民群体就业，这种方式得到了相当一部分学者和政策制定者的支持，甚至有人认为“土地换保障”的方法可以从根源上解决被征地农民问题（黄锫坚，2004）。但实际上，“土地换保障”并不完善，还存在一定局限性。第一，社会保障制度本身就具有大量的风险。第二，保障项目少、保障水平偏低，难以分享改革开放的成果。第三，缴纳保险数额偏高，被征地农民近期生活无法保障（韩志新，2009）。

（二）社会保障

由于土地对农民而言既是生产资料，又是生活来源，因此对于农民来说，失去土地就等同于失去赖以生存的依靠。因此构建被征地农民的社会保障体系是解决被征地农民问题的重要前提（廖小军，2005）。目前很多学者针对被征地农民社会保障问题的研究，主要集中在以下几个方面：

一是保障制度建设。樊平（2004）认为，目前我国农村的社会保障制度尚未建立相应的法律法规，并且在实际操作中还不够完善，因此要尽快把被征地农民纳入城市社会保障体系之中，使其与城镇社会保障系统相衔接。要使农民逐渐自觉、自愿从“土地保障”及“家庭保障”向社会保障转变，尽快建立健全农村社会保障体系，解决被征地农民群体的后顾之忧。高尚全（2006）指出为了更快地解决被征地农民“因病致贫、因病返贫”的问题，必须抓紧时间研究和完善相关的医疗保障制度。从目前被征地农民的自身经济状况来看，当务之急是要尽快建立完善以大病统筹为主的新型农村合作医疗制度。

二是保障内容。宋青锋、左尔钊等学者（2005）认为，结合当前国情和社会情况来看，被征地农民社会保障的内容应涉及养老、医疗、失业社会保险。许勇军（2002）提出被征地农民的社会保障制度应包含被征地农民最低生活收入保障、养老保障、医疗保障、为被征地农民提供受教育和技能培训的机会。

三是保障的资金来源。李敏（2003）建议，应设立土地基金，土地基金采取“双入会”的方式，用地单位以会费的形式入会缴纳补偿金，而土地所有者则以土地为资本入会。土地基金会统一持有土地进行招商融资、开发建设等活动，根据合同协议向村集体支付土地取得金。土地基金实行专项资金管理，通过合同上的价格向农民支付租金，并根据经济和社会发展状况分阶段逐步增高比例，保障农民长期收益。葛永明（2002）和吴刚（2002）提出，国家、集体以及个人三者应共同承担保障资金，国家出资部分在土地出让净收益中列支，国家和集体分担的一次缴纳，纳入社会保障基金，存入社会保障基金财政专户之中，同时应从土地补偿费中拨出一部分成立专门的养老保障基金用于发放被征地农民的养老金，委托社会保险机构管理。鲍海君、吴次芳（2002）提出，被征地农民社会保障基金主要来自征地补偿安置费和土地流转后的增值收入，此外还可能来源于中央和地方政府的财政拨款、被征地农民的社保基金运营收入以及慈善组织的捐赠等。

（三）就业、创业

被征地农民离开土地即意味着失业，如何引导他们重新就业或创业直接关系到被征地农民的生活质量和生活状态。

针对被征地农民的就业研究主要集中在三个方面。一是就业率问题。由于法定安置政策的缺陷，导致了大量的农民既被征地又失业，根据专家估计，被征地农民再次就业率不到20%，由既被征地又失业的农民构成的特殊群体的弱势程度远超城镇弱势群体（万朝林，2003）。二是就业难问题。被征地失业农民中，就业最困难的主要有三类群体：大龄被征地农民；被征地前完全以依赖土地为生的纯农民；生活在偏远地区以及远郊区域的被征地农民（韩志新，2009）。与分布在城乡接合部或经济发达地区的被征地农民相比，这些人的就业机会和选择空间较小，他们的就业思想和择业观念较为保守，因而在被征地后会受到较大的影响（游钧，2005）。被征地农民的就业机会十分有限，很难在失地后顺利就业（姚蕾，2005）。因此需要对被征地农民进行一定的知识和职业技能培训，由于被征地农民很难获得和市民同等的工作机会和地位待遇，更需要努力来提高其就业的能力（常进雄，2004）。三是增加就业的方法。中国学术界对如何实现被征地农民充分就业主要有以下几种思路：重点应放在就业困难人员身上（张时飞，2006），鼓励和支持多渠道就业，以确保职业的可持续性（王文川等，2006；刘晓霞等，2008），实现生产性就业（孙绪民，2007），提供就业保障金（周焕丽等，2007；刘润彩，2008），建立再就业服务机制或体系（周焕丽等，2007；赵兴玲等，2009；刘猛等，2009），即提供就业援助（杨文，2006），建立就业支持体系（冯振东，2007），发展和鼓励从事第三产业等。有较多的学者认识到教育培训对解决被征地农民就业问题的作用，并把教育培训作为解决被征地农民就业问题的基本途径（黄建伟，2011）。

目前，针对当前以解决被征地农民生存为目标的思路受到部分学者的批判，他们认为要想有效解决城镇化带来的被征地农民问题，需要被征地农民自主创业，要从“保障生存”转向“发展经济”（郑风田等，2006；陈晓宏，2005）。有关被征地农民自主创业的研究主要集中在以下两个方面，一是目前创业的发展状况。如王静（2008）调查了北京市部分农村被征地妇女的创业动机、创业意向、培训知识情况、社会期望等情况，结果表明，北京被征地妇女自主创业过程中存在以下问题：综合素养较低不能满足当前市场的需要；自主创业意识淡薄；创业资金不足，担心具有高风险而不敢投入；缺少创业政策指引；市场信息闭塞不畅通；审批程序复杂，对政府的保障制度缺乏信任。二是对策建议研讨。关宏超（2007）就如何建立被征地农民创业的金融支持体系问题进行了深入的论述，认为政府在被征地农民金融体系发展中应有健全的配套机制，即法律、经济和行政这三种手段，交替使用、直接和间接方式相结合的统一体。被征地农民金融体系应当以政府和市场信用相结合的方式，充分体现政府扶持与市场绩效的作用。李祥兴（2007）通过分析我国被征地农民创业的制约因素，提出了相应的解决办法，指出要根据被征地农民创业的实际情况引导鼓励该群体创业要从以下几个方面入手：转变被征地农民的观念、营造和谐的创业氛围；加大对农民知识和技能培训力度，提高创业能力；建立和完善被征地农民创业融资机制；政府出台政策扶持被征地农民创业；建立并完善被征地农民的社会保障制度。

（四）可持续生计

可持续生计的定义。中国社科院社会政策研究中心课题组根据Scoones等（2000）的研究，将可持续生计界定为：个体或家庭群体为改善长期的生活情况所持有的谋生能力、资本和有收入的活动（中国社会科学院社会政策研究中心课题组，2005）。该定义提出后，受到学术界众多学者的认同。

可持续生计的分析框架。最具有代表性的是英国国际发展机构（the UK'S Department for International Develepment，DFID）于2000年建立的可持续生计框架DFID模型。该模型以农民家庭为中心，将维持其生计的资本分成5种类型，即社会资本（S）、人力资本（H）、自然资本（N）、物化资本（P）、金融资本（F）组合构成一个"生计五边形"。成得礼（2008）利用成都和南宁两个地区的调研数据，以变量的描述性统计结果为基础，按照DFID模型中的生计五边形，研究了被征地农民的五种类型生计资本状况及面临的制约条件。黄建伟等（2009）根据成得礼的研究，修正了DFID模型，以被征地农民的脆弱性背景为依据，构建了一个能够反映被征地农民生计资本、生计政策与生计能力这三者之间关系的分析框架。

被征地农民可持续生计存在的问题。张时飞（2006）认为，农民被征土地就意味着他们失去了原有的生计基础，其生计再造亟须解决，即实现非农就业、获得完善的社会保障、确保资产保值增值这三大难题。

王文川和马红莉（2006）指出，在被征地农民城市化进程中，他们的可持续生计问题主要有：一是就业不充分情况突出；二是收入下降，支出逐渐增加；三是缺乏对劳动权益的有效保障。刘润彩指出，目前被征地农民可持续生计面临四个主要问题：一是货币补偿安置效果时期较短；二是土地征用的补偿费用较低；三是缺乏针对性的就业创业以及职业技能培训；四是缺乏必备的社会保障（刘润彩，2008）。于全涛指出，被征地农民可持续生计主要有五个方面：生活困难、就业困难、社会保障不足、缺乏补偿、身份窘境（于全涛，2008）。综上，中国被征地农民可持续生计面临的主要问题可以归纳概括为补偿安置问题、就业创业问题、收支问题、社会保障和权益保障问题、身份窘境问题这五大问题（黄建伟，2011）。

针对被征地农民可持续生计问题，可以采取以下对策：实现充分就业、鼓励自主创业、转换农民角色、落实社会保障、完善补偿机制、积累家庭资产、保护合法权益、创新现有制度、建设内源社区、转变传统观念（黄建伟，2011）。

三　被征地农民的家庭资产选择研究的意义

（一）被征地农民研究中存在的问题

当前，众多学者对被征地农民问题的研究，主要是从土地补偿金及安置模式、社会保障体系、就业创业及可持续生计等方面进行探讨。这些研究为解决被征地农民问题提供了很好的科学指导和可行性建议。但目前对被征地农民的研究尚存以下不足。

1. 可持续生计研究有待深入

被征地农民的可持续生计是当前研究的热点，也是从根本上解决被征地农民问题的关键。但目前有关被征地农民可持续生计的研究还比较表浅，提出的解决建议也多是方向性、指导性建议，缺乏直接可操作性建议。

2. 被征地农民贫富差距问题持续扩大

被征地农民中出现的新问题，如被征地农民间贫富差距的扩大、金融资本浪费等问题还没有引起研究者的足够重视。

3. 被征地农民的家庭资产选择没有引起足够重视

由于近年来土地补偿金的提高，使这部分资金成为被征地农民最重要的资产，如何发挥土地补偿金的作用，合理投资，保值增值，使这部分资金成为继土地之后农民的另一可持续生计来源的研究尚属空白。本书首次关注到被征地农民这一特殊群体，并深入研究此群体在家庭资产选择中的独特性，以期为引导被征地农民进行理性投资、避免资金浪费或无效使用提供实证参考。

（二）被征地农民的家庭资产选择是提高其收入的有效路径

农民被征地后收入能力的提高是解决被征地农民问题的关键。随着近年来土地补偿金的逐年攀升，被征地农民成为手握大量补偿款的新兴市民，如何使用这部分资金，如何进行相应的家庭资产选择，将直接决定被征地农民的家庭收入和未来的生活质量。但江苏省淮安市的一项调查表明：被征地农民土地补偿金正在成为一种资源浪费。手握高额补偿款的被征地农民大都不知道该如何用好这笔钱，尤其是在经商氛围还不浓厚的地区，大量补偿金积淀下来，成为一笔闲置资金。江苏省哲学社会科学规划办公室通过对被征地农民的研究表明，江苏省被征地农民生存状况最差的不是经济较为落后的苏北地区，而是一次性货币补偿水平较高、经济发展水平也较高的大城市郊区的被征地农民[①]。为什么补偿水平较高的大城市郊区被征地农民生存状况最差？显然高额的土地补偿款并没有成为大多数城郊被征地农民的又一收入来源。那么这部分被征地农民如何使用土地补偿金将是揭开谜团的关键。因此对城郊被征地农民家庭资产选择的研究显得尤为迫切和必要。

本书将就合理使用土地补偿金进行研究，以期发现被征地农民在土地补偿金使用中的问题和陷阱，并以投资决策理论为依据，提出合理投资建议，以期为被征地农民开发一个继土地之后的长久生存保障和收入来源。

第三节　市民家庭资产选择研究发展动态与述评

国家统计局数据显示，2021 年城镇居民人均可支配收入为 47412 元，这个数据表明了城镇家庭的生活水平越来越高。在“双循环”新发展格

① 江苏省哲学社会科学规划办公室：《城郊失地农民利益的合理补偿与征地制度改革》，《江苏社会科学》2007 年第 5 期。

局下，市民的收入和生活水平以及消费水平不断提高，参加金融市场的行为也随之不断改变，传统单一的储蓄行为已不再满足家庭的需求，越来越多的家庭参与到金融投资中。因此探讨市民家庭资产选择行为，即家庭如何配置资产，符合时代发展的要求。

“市民”一词在《现代汉语词典》中被解释为城镇居民，泛指住在城市的本国公民。随着经济的快速发展，从身份上看，市民指那些持有城市户籍的人口；从居住的区域来看，市民指那些住在市辖区或者城区的居民；从职业上来讲，众多研究者将市民与农民对照理解，农民指从事农业生产的劳动群体，市民指从事非农牧业的劳动群体，且随着时代的发展不断地变化。总之，市民定义为长期居住在城区，从事非农业产业的群体。而随着中国特色现代化的推进，《关于加强新市民金融服务工作的通知》将城镇化发展过程中出现的“新市民”界定为因个人就业创业、进城务工、子女上学等来到城镇常住，未获得当地户籍或获得当地户籍不满三年的各类人群（巴曙松等，2022）。

一　国外市民家庭资产选择综述

从20世纪60年代开始，国外就已经对居民家庭金融资产合理配置以及影响因素进行研究。一开始对市民家庭金融资产进行建模的思路近似传统微观经济研究，都是以理论为指导。随着研究方法的不断更新，越来越多的研究人员逐渐以数据为指导或建立理论基础上的数据导向型的实证研究模型（何秀红等，2007）。当前欧美发达国家的研究人员对金融资产配置行为的群体已经细分为青年人、老年人、非裔美国人及低收入者等，并进一步拓展到家庭金融财产福利、财务压力、家庭金融教育项目评估等方面（胡振、臧日宏，2016）。

（一）早期的市民家庭资产选择研究（2000年前）

早期家庭资产选择主要是从健康、税收、收入、年龄、性别、学历等客观因素对居民资产配置进行研究（Wolff，1989；Guiso & Jappelli，2002；Campbell，2006）。有研究表明，教育程度较低会降低居民参与金融市场的积极性和兴趣，教育程度高则会使个体偏好风险金融资产投资（Campbell，2006）。Guiso和Jappelli（2002）利用意大利家庭资产调查数据，研究结果表明年龄、收入、家庭资产流动性、受教育程度等因素都会影响家庭金融资产选择。Rosen和Wu（2004）研究发现身体健康状况与金融资产持有存在负相关，身体健康状况较差的家庭往往持有的安全资产比重较高，风险资产比重偏低。Park 和 Suh 经过研究之后发现，家庭收入的增加对家庭资产配置有较大的正向效果，家庭收入比较高的家庭参与金融风险资产市场的可能性较高。随着研究的不断深入，越来越多的研究者开始对主观态度影响家庭资产结构选择行为进行探讨（Rabin，1998；Shefrin，2000；Gollier，2001；Puri Robinson，2007；Keller Siegrist，2006；Shum Faig，2006）。与此同时，2000 年之后，大型问卷调查数据的出现促使家庭金融资产研究飞速进展。西方学者在较早的时候，较多地使用居民资产负债表数据，而在 2000 年后研究者们开始使用微观的问卷调查数据。微观层面的问卷数据研究可以分析主观态度影响投资决策。这些研究对居民家庭金融资产选择具有一定的借鉴意义。

（二）近期的市民家庭资产选择研究（2000 年后）

近年来，家庭资产选择开始聚焦于对财富效应的研究，特别是家庭金融资产组合的有效性，及其在增强居民家庭财富收入、促进社会发展进步以及实现共同富裕中的作用。Flavin 和 Yamashita（2002）构建了一个由国库券、国债以及股票组成的家庭投资组合。Pelizzon 和 Weber（2008）利用意大利家庭投资组合调查数据，在考虑非流动性资产的条件下，检验了家庭投资组合的配置效率，研究发现住房财富在确定一个家庭的投资组合有效性方面起到重要作用。对于拥有房产的家庭，家庭投资组合配置效率低的可能性更大。Grinblatt 等（2011）对芬兰家庭进行调查后发现，智商较高的投资者更倾向于持有共同基金以及大量股票，这样他们的投资组合就更可能以较小的风险获得更高的夏普比率，因此该研究结果表明智商能够显著增强家庭资产组合的有效性。Li 和 Qian（2021）研究发现相比于普通家庭，创业家庭可以获得更多的金融信息，进而提高家庭资产组合的配置效率。Guiso 和 Jappelli（2008）发现家庭金融素养水平与家庭投资组合分散程度呈显著正相关，金融素养水平越高，家庭投资组合分散程度越高。Guo、Wang 和 Yuan（2021）探究数字金融对家庭资产投资组合效率的影响，研究发现数字金融通过金融素养水平以及投资者情绪能够影响家庭投资组合的效率。Bucciol（2003）基于实际情况，考虑到投资机会受到限制的条件，对资产组合的有效性进行了测试检验，研究结果发现在投资机会受到限制与未受到限制这两种情况下资产组合的有效性不同。Capponi 和 Zhang（2020）给出了一种新的方法判断出投资者的风险偏好，然后运用隐含风险偏好来衡量投资组合的效率。通过大量数据实证分析发现投资组合的多元化、夏普比率、投资组合预期收益上升能够明显提高投资组合的效率，收入水平较高和金融素养较高的投资者的投资组合也更加高效。

二　国内市民家庭资产综述

（一）家庭财产与家庭收入对市民家庭资产选择的影响

家庭财富的多少是衡量一个国家经济实力的重要指标之一，同时也可反映出人民生活水平的高低（谭浩，2018）。家庭财产和收入是家庭资产储蓄和风险金融资产配置的先决条件与基础，与居民福利、风险承受能力状况相关。通常情况下，家庭储蓄性资产与风险金融资产的占比和家庭所拥有的财富呈正相关（何维等，2021）。市民家庭资产选择及财产配置会对其家庭收入状况产生较大的影响，其中不同资产组合风险收益的差异是家庭收入差距扩大的主要原因之一。

1. 家庭房产

房产是国内外大多数家庭中最重要的财富形式，由于房地产往往在家庭总财富中的占比最高，并且其流动性较差，从而减少家庭风险资产持有可能性和比例，因此房产对家庭其他资产形成挤出效应。比如吴卫星等（2007）认为房地产投资占有了家庭较大部分的投资资金，因而对股票市场的参与产生了替代作用。朱涛等（2012）研究发现房产对青年家庭风险投资具有挤出效应，由于青年群体总财富较少，而对房产又具有较高的需求，进而使得青年家庭无法有较多的资金用于股票、基金等风险投资。除此之外，房产的挤出效应还与是否拥有房产所有权相关，相比于无房产家庭，拥有房产所有权的家庭参与股市的概率和持有股份的比例都较高（王春瑾等，2017）。总的来讲，在我国，房产与家庭财富之间具有紧密联系，有住房的家庭财富远远高于无住房家庭的财富（邹红，2009）。

2. 家庭收入

家庭收入总体上包括两个维度：收入的数量和稳定性。从收入的货币数量这一维度来看，经典的绝对收入以及相对收入理论、生命周期理论、持久收入理论等多种理论均认为收入多少是影响消费储蓄的主要因素（何维等，2012）。大部分研究结果显示收入与风险金融资产市场的参与程度之间存在显著的正相关，随着居民收入的不断增加，家庭参加金融市场的程度得到了一定提升（Calvet and Sodini，2014；尹志超等，

2015；舒建平等，2021)。邹红（2009）经过调查之后发现居民收入差距所引发的持有无风险以及风险金融资产比例的差距也较大。而有些研究结果认为，收入对居民家庭持有金融资产总量的影响并不显著（史代敏、宋艳，2005)。在家庭收入是否稳定方面，有研究者认为家庭风险金融资产与收入风险之间的关系呈负相关，收入风险高的城镇家庭投资风险金融资产的概率较低（胡振、臧日宏，2016)。另一种观点认为家庭风险金融资产和收入风险呈正相关，即收入风险大的家庭可能持有更多的风险性金融资产（张兵、吴鹏飞，2016)。

（二）信贷约束和住房贷款对家庭资产选择的影响

1. 信贷约束

早年我国还未建立家庭微观数据库时，主要根据宏观数据进行研究分析，何兴强等人侧重于对风险问题的探究，结果发现职业风险与家庭风险资产所占比例存在显著的负相关（何兴强等，2009)。随着国内微观数据库的建立，国内学者开始对家庭异质性进行分析。当家庭存在信贷约束情况时，居民家庭对未来收入的不确定性会增大，进而使家庭更加倾向于储蓄，增加家庭无风险资产的比重（臧日宏、王春燕，2020)。研究发现，信贷约束会增加家庭风险厌恶，降低家庭风险资产的持有。CHFS 数据显示，信贷约束会使家庭规避风险程度上升，进而对家庭各种资产选择产生显著的负向作用。存在信贷约束的城镇家庭较少持有股票，但对家庭股票市值影响并不显著（段军山、崔蒙雪，2016)。信贷约束使家庭的实际消费支出低于理论上的最佳水平，并且受教育水平不高、收入水平低、身体健康状况较差的家庭更容易受到信贷约束（尹志超等，2015)。

2. 住房贷款

家庭是否能够获得住房贷款是信贷约束的表现形式之一。但由于房产价值高、贷款周期长、利率高等，使得居民家庭每期固定还款总额在家庭总收入中的占比较高，势必挤出家庭金融资产投资（何维、王小华，2021)。研究发现，不同负债群体之间的差异引发城镇居民家庭财富分布的差距，且这种差异对家庭资产配置没有普遍性作用（何丽芬、吴卫星，2012)。文献梳理得出，房贷对居民储蓄和风险性金融资产的持有均有较大的负向作用。家庭负债程度越高，就越倾向于持有非风险资产，而风险金融资产持有就越少（王春瑾、王金安，2017)。

（三）社会保障对家庭资产选择的影响

我国家庭的金融资产结构中存款较高，是由于市场经济条件下社会不确定因素，使人们产生了较高的预防性储蓄需求，同时也导致家庭消费倾向持续下降（龙志、周浩明，2000）。我国已有大量文献对社会保障影响家庭资产选择进行研究，第一种观点认为养老保险和家庭储蓄之间具有替代效应，但由于家庭的异质性，替代效应存在显著差异（何立新等，2008）。第二种观点则与第一种观点相反，认为由于退休金体系的推广使得家庭逐渐认识到储蓄对老年生活的重要性，进而提高家庭的边际储蓄倾向，继而增加家庭储蓄，这称为“认知效应”。研究结果表明，养老保险的覆盖范围和缴费水平都显著提升了家庭的存款额度，因此我国养老保险制度改革并未降低储蓄（杨继军、张二震，2013）。第三种观点认为，养老保险对家庭储蓄的影响是不确定或中性的。

关于社会保障与家庭风险性金融资产之间的关系，从理论上讲，社会保险可以降低家庭未来的收入支出风险，进而促进居民家庭对风险金融资产的比重。宗庆庆等（2015）发现，具有社会保障的家庭、持有风险金融资产的可能和比重也会大幅增加，边际效应分别为25%和22%左右，但此情况在农村和城镇之间存在差异。林靖等（2017）研究发现社会保险制度能够同时提高家庭参与风险资产市场的广度和深度，更广泛地参与到风险资本市场中。并且对于风险不确定性较大、风险承受能力更强的家庭会产生更明显的影响。李昂和廖俊平（2016）研究结果也证实了居民家庭社会保障参与和风险金融资产配置的关系呈正相关。

（四）社会网络与社会互动对家庭资产选择的影响

除正式保障制度的社会保障外，作为国内居民家庭对抗风险的非正式保障制度，社会网络也会通过不同的方式来影响居民的家庭资产选择。社会网络是从社会学引入经济学的概念，关于它的概念研究者们并未形成一致的意见。众多研究人员采用 Goodwin（1994）的定义，即社会网络是由行动者和一系列社会关系所构成的相对稳定的社会结构。一般来讲，社会网络通常用行为指标进行代替，比如认识邻居或朋友的数量、拜访邻居以及朋友的频率（Hong et al.，2004）；在政府或医院等单位工作的亲朋数量（张爽等，2007）；亲友间礼品往来的金额数目（马光荣、杨恩艳；2011）；春节间探亲数量（胡枫、陈玉宇，2012）等。中国是一个传统的关系型社会，在没有完善的社会保障体系下，家庭通常会通过社会关系网络来对抗不确定性，因此社会网络会对家庭资产配置选择产生影响。有研究结果显示家庭所具有的社会网络能够使人们互相帮助，社会关系网络越多的家庭在受到风险冲击时更容易获得他人帮助，进而有效地应对风险和冲击（罗浩准，2020）。对于家庭金融资产选择而言，社会网络越发达的家庭，股票市场参与的概率和深度越高，具有显著的正向作用（何维等，2021；柳朝彬，2020）。张明（2022）研究发现，社会网络作为一种非正式的保障机制，可以缓解不确定性和流动性约束，为居民进行多样化资产配置提供了资金支持，并且可以通过社会互动促进家庭进行风险金融资产投资。

社会互动与社会网络存在密切的联系，也属于社会学的范畴。社会互动指个体偏好会受到家庭、邻居、朋友或同事等参考群体成员行为的影响，是通过非市场与群体成员间的互动来产生影响，因此有时也会称为非市场互动（Scheinkman，2005）。社会互动作为人与人之间信息交流传递的一种重要方式，对人们的经济决策有着重要影响。众多研究者认为社会互动推动了家庭金融资产参与，比如有研究表明家庭通常根据社会互动获取的市场信息进行股票买卖决策，社会互动显著推动了股市的参与（Ellison and Fudenberg，1995；吕新军等，2019）。通过社会互动的方式，投资者们可以更加深入地了解股票、债券、基金等风险资产的信息，增加其对风险资产的深入认识，并提高投资者的投资兴趣，更多地参与投资。同时又由于社会成员之间存在普遍的攀比心理现象，因此如果他人通过炒股等方式参与到投资中时，其他的个体也会与之进行比较，为了证实自己的财富收入水平以及市场分析能力而更多地参与到风险金融资产投资活动中（张哲，2020）。

（五）金融素养对家庭资产选择的影响

金融素养一直是众多研究者研究家庭金融领域的重要内容之一。但众多学者对金融素养的具体定义尚未达成一致意见。尹志超等（2014）认为金融素养等同于金融知识。Lusardi 和 Mitchell 认为金融专业素养是指一种能力，拥有较多金融素养的个体能够获取大量金融信息并在此基础上做出决策，进行长期财务战略规划、积累财富。吴玥玥等（2022）则认为对绝大多数个体而言，金融素养表现为对金融市场的参与水平，金融市场的参与水平越高也就意味着人们具有较高的金融素养。尽管这些概念侧重点不同，但进行归纳之后发现，它们都含有对金融知识的认知或应用能力。金融素养是家庭进行金融决策的基础性前提，家庭金融素养越高，它们参与风险金融市场的概率就越大（Lusardi & Mitchell，2014）。罗文颖等（2020）调查发现，金融素养水平较高的家庭更倾向于进行风险投资，参与股市，并且获得股权溢价的可能性也越高（Van et al.，2012）。胡振和臧日宏（2016）指出金融素养越高，越容易产生过度自信，进而增加风险偏好，这对股票市场参与及股票配置比重均产生显著的正向作用。张冀等（2020）研究发现金融素养越高的家庭，家庭金融脆弱性程度越低，这更有利于提高应对风险冲击的能力。Klapper 等（2013）发现金融素养水平低的家庭更容易出现过度负债、产生更高的借贷成本和相关费用。此外，金融素养越高的家庭获得贷款的可能性越高，这有利于降低家庭贷款的利率（吴卫星等，2019）。尹志超等（2014）调查发现随着家庭中金融素养的提高，家庭成员参与金融市场的可能性也在大幅提升。曾志耕等（2015）也强调金融素养显著促进了城镇居民家庭投资组合的多样性，避免单一性。

（六）性别对家庭资产选择的影响

性别也是影响家庭金融资产选择的重要因素之一，通常情况下男性更偏好风险，因此相比于女性群体，男性选择股票的可能性更大，从家庭研究结果出发，即男性户主较女性户主参与股票的概率明显更高（李涛、郭杰，2009）。而从子女性别失衡角度来看，有未婚子女的家庭消费行为具有一定的特殊性，在传统社会里金融市场尚不完备，当时情境下有许多家庭把男孩作为金融产品进而实现资产的跨期配置（陈志武，2019）。根据以上情况，有些父母会考虑儿子购房结婚的情况，因此为了增加家庭储蓄，他们在投资方面持有谨慎的态度，不太愿意选择风险资产（唐珺、朱启贵，2008；蓝嘉俊等，2018），而当前随着房价的上涨，有男孩的家庭会更加抑制消费以积攒收入，并且随着男性年龄的逐步增加，这种对消费的抑制作用也会不断增强（谢洁玉等，2012）。

三 文献述评

国内外对市民的家庭资产选择研究较为丰富，取得很多有价值的研究成果，为本书相关研究提供了理论支撑和方法参考。分析市民家庭资产选择研究仍有如下局限：

第一，主要从宏观视角研究市民的家庭资产选择，来自微观的选择行为研究相对较少，因此难以揭示影响市民家庭资产选择的个体行为因素和内部机制。

第二，主要从客观因素研究市民家庭资产选择，如房产、社会保障、社会网络与社会互动等，主观因素的研究相对较少。目前关注的主观因素主要涉及教育程度、金融素养等相对便于统计和测量的变量，但对更深层次的主观因素鲜少涉及。

第三，主要关注影响家庭资产选择的影响因素，但对这种影响的内部机制的探讨匮乏。如果不揭示影响的内部机制，就难以有的放矢地对市民的家庭资产选择进行有效引导，致使很多政策建议流于表面，难以真正得到落实。

基于以上分析，本书将从微观视角研究市民的家庭资产选择行为及其财富效应。并通过行为实验等有效研究手段深入揭示影响市民家庭资产选择的主观心理因素，并探究其影响作用的内部机制，以期为引导市民进行理性家庭资产选择提供低成本策略和实证参考。

第四节　相关核心概念

一　农民概念界定

农民概念是开展农民问题理论研究和社会实践的逻辑起点。农民作为一个特殊的社会群体在世界各国广泛存在，但由于各国在产业结构、背景条件等方面存在差异，因此农民的社会地位与作用也迥乎不同。目前关于农民的概念还没有达成一致的意见，因此如何正确地认识和了解农民是一个亟须解决的问题。

应从以下几个方面认识中国农民：

（1）作为一个历史上的阶级。从阶级社会角度来看，农民群体主要以土地为生产资料以及以农业为生产方式，相比于其他阶级具有特殊性。而在当今社会，农民群体不仅可以获取生产资料，还能参与到城市化建设中来，与工人阶级一同成为社会主义的劳动者和建设者。

（2）作为一种社会分工。从社会分工来看，在传统意义上，农民主要是指长期从事农业生产活动的群体，他们主要以土地为生产资料，长期或专门从事农业、林业等生产劳动，为社会提供丰富的资源。

（3）作为一种户籍身份。人口户籍管理中主要分为农业户口和非农业户口这两部分，其中拥有农业户口的个体统称为农民。随着经济的发展，国家出台了大量支持、鼓励和引导农民进城务工的政策，在农民群体中掀起了进城务工的浪潮。但在一定程度上户籍仍对鉴别农民身份产生重大影响。

（4）作为一种生产生活方式。农民往往根据农作物生长周期变化分配自身的劳动时间，日出而作，日落而息。远离城市的居住环境使得农民业余生活相对自由。随着经济社会的快速发展，尤其是市场经济的发展，农民自身的特点以及文化与价值观也在随着时代不断地更新。未来也会有更多研究者对农民进行深入研究，逐渐丰富农民的概念和内涵。

二　被征地农民

被征地农民是指在城市化过程中，因城乡发展建设征占耕地、园地、林地、牧草及其他农用地等而失去土地集体所有权或经营权的农业群体。被征地存在完全被征地和不完全被征地这两种结果，对于完全被征地的农民群体，在当前政策下可以转为非农业人口，即现在已不是农民。本书为了保证全面地对被征地农民进行调查，被征地农民既包括由于征占耕地、园地、林地、牧草及其他农用地产生的已经农转非的原农业人口，也包括目前征占用农地后仍是农业户籍的人口（鲍海君等，2002）。

三　市民

市民又称城镇居民，泛指住在城市的本国公民。从身份上看，市民指那些持有城市户籍的人口；从居住的区域来看，市民指那些住在市辖区或者城区居住的居民；从职业上来讲，众多研究者将市民与农民对照理解，农民是指从事农业生产的劳动群体，市民指从事非农牧业的劳动群体，且随着时代的发展不断地变化。总之，市民定义为长期居住在城区，从事非农业产业的群体。

四　投资决策与家庭资产选择

投资决策是指投资者为了实现其预期的投资目标，运用一定的科学理论、方法和手段，通过一定的程序对投资的必要性、投资目标、投资规模、投资方向、投资结构、投资成本与收益等经济活动中重大问题所进行的分析、判断和方案选择。

家庭资产选择是指家庭财富在各类资产上的分配，是家庭投资决策的结果，目的是实现家庭财富的最大化。家庭资产选择问题是家庭金融领域的主要问题。综合已有的研究资料，我们首先对家庭资产做出界定。

由投资决策和家庭资产选择的定义可见，两者的概念本质相同但侧重点不同，投资决策侧重投资过程，资产选择侧重投资结果。鉴于本书重在考察农民、被征地农民和市民的家庭资产配置现状、影响因素、财富效应及心理机制等，因此我们采纳家庭资产选择这个概念。

五　家庭资产

家庭资产是指为家庭实际控制或拥有的，可以用货币计量的，用于家庭中生活消费、投融资活动以及生产经营活动，为家庭带来经济收益的各项财产、债权和其他权利（邢大伟，2009）。家庭资产根据形态可划分为实物资产和金融资产这两大类（邹红，2009；臧旭恒，2001）。其中实物资产也是非金融资产，一般包括房产、自营资产、收藏品等，本书中的实物资产仅考虑房产、经营资产和黄金等重金属资产。而金融资产一般包括现金、外汇、股票、债券、基金、住房公积金、保险金、理财产品等。

家庭资产依据风险程度可以划分为高风险和低风险资产。高风险资产包括外汇、股票、期货、基金、自营资产、房产、理财产品；低风险资产包括手持现金、银行存款、债券、借出款、住房公积金、保险金。结合金融/非金融、风险/无风险等划分为四类资产，就风险资产而言，又可以将其分为风险金融资产和风险实物资产。就本书而言，风险金融资产包括股票、期货、基金、理财产品；而风险实物资产包括经营资产和房产。

六　家庭资产选择

家庭资产选择是指家庭倾向于投资一种或几种资产，为了获得更多利益而采取的行为。一般来讲，家庭资产选择有三层含义：一是把家庭财富按照一定的比例进行消费和投资；二是在实物资产和金融资产之间配置，即选择的资产种类、规模和比重；三是在金融资产内部对各类资产的选择和配置，主要是关注无风险资产和风险资产的倾向，进而确定资产配置组合（俞静，2018）。

七　家庭资产选择分类

家庭资产选择分类参考 Guiso 等（2002）、李涛（2007）、臧旭恒（2001）、于蓉（2008）、赵翠霞（2015）对家庭资产选择种类的划分，按照金融资产与实物资产、低风险资产与高风险资产，把家庭资产分为四类：低风险金融资产、高风险金融资产、低风险实物资产和高风险实物资产（见表 2-1）。

表 2-1　　　　　　　　家庭资产选择分类

分类	实物资产	金融资产
低风险资产		银行存款
		债券
		保险
高风险资产	经营资产	股票
	黄金等贵金属	基金
	房地产或不动产	彩票

八　财富效应

《新帕尔格雷夫经济学大辞典》（1992 年版）中收录了财富效应的概念，指的是：假如其他条件相同，货币余额的变化将会引起总消费开支变动。这个概念是由英国经济学家哈伯勒和阿瑟·庇古在 20 世纪 40 年代陆续提出的。如果人们所持有的资产比如货币及公债等实际价值增加而导致总财富增加，那么人们就会变得较为富裕，消费支出也会随之增加，进而促进经济循环，增加消费品的生产以及增加就业岗位，促使经济体系恢复平衡。但是随着社会的变化发展，现代居民的财富构成愈发多样，不仅是货币余额，其他资产价值的变动也会影响消费，财富效应的内涵也得到了扩展。所以，现代意义上的财富效应指的是资产价值变化将引起总消费开支变动。

九　家庭资产选择财富效应

目前，对于家庭资产选择财富效应，国内外学者们并没有给出一个明确的定义。但在大部分研究中，将家庭资产选择财富效应界定为：家庭所拥有的财富值越多，就越倾向于投资高风险资产（陈国进、姚佳，2009；吴卫星等，2019；李岩，2020）。所以，本书中的家庭资产选择财富效应指的是高收入家庭更倾向于选择投资高风险资产，低收入家庭更倾向于选择投资低风险资产。

第三章　家庭资产选择现状

第一节　农民家庭资产选择现状

一　样本基本情况

本书数据来源于西南财经大学2017年在全国范围内进行的中国家庭金融调查（China Household Finance Survey，CHFS）。该调查不仅内容全面，涉及人口统计学特征、资产与负债、收入与消费、社会保障以及主观态度等各方面信息，而且覆盖面也很广，该调查样本数据包括全国29个省（自治区、直辖市）、355个区县、1428个村（居）委会，最终包含了40011户家庭、107008个家庭成员的信息，其中有20989户农民家庭，其数据具有全国及省级代表性。

二　主要变量的解释与测量

金融资产（zfina）主要包括家庭持有的现金、储蓄资产和风险性金融资产；其中储蓄资产包含活期、定期存款；风险性金融资产包括股票、债券、理财产品、基金、金融衍生品和黄金。由于农村地区持有非人民币资产的数据很少，因此不予考虑。金融资产占比（zfina_per）指家庭金融资产配置在家庭总资产中所占的比重；风险型资产（fina）主要包括家庭持有的股票、基金等多类具有风险性收益的资产。风险资产占比（fina_per）指家庭风险金融资产占金融资产总额的比重。

控制变量为户主的人口学特征和个性特征，主要包括户主性别（gender）、受教育程度（education）、健康状况（health）、金融知识（knowledge）、农民家庭的风险态度（risk）。

三　农民家庭资产选择现状

进入21世纪以来，随着我国工业化、城镇化以及乡村振兴战略的持续推进，农民家庭人均收入也随之快速增长。国家统计局数据显示，自2000年以来，农民家庭人均可支配收入进入长达15年的快速增长期，于2011年达到顶峰，其增速达到11.4%，之后农民家庭人均可支配收入的增速放缓，但在2015年其增速仍达7.5%。2010—2015年，农民家庭人均可支配收入增速达到9.58%，在2015年农民家庭人均可支配收入为11422元。随着我国经济进入提质增效发展阶段，2015年后农民家庭人均可支配收入增速回落至7%左右。2020年虽受到了全球新冠疫情的影响，农民家庭人均可支配收入为17131元，但总体上依旧保持稳中向上的趋势。

（一）工资性收入占比逐年提高

农民收入的构成主体包括工资性收入和家庭经营净收入。随着农民进城务工及创业的兴起，农民家庭收入渠道变得更加多样，家庭经营净收入不再是唯一渠道，工资性收入占农民收入的比例持续提高，已成为农民家庭收入的重要渠道之一。2010年，经营性收入是农村家庭的主要收入来源，人均每年经营性收入为2832元，农民每年人均工资性收入为2431元，而转移性收入和财产性收入较少，分别为453元和202元。到了2015年，农民每年人均工资性收入达4600元，而人均经营性收入达4503元，分别占农民人均总收入的40.3%和39.4%，工资性收入在农民收入中的比重越来越大，首次超过了经营性收入。与此同时，农民家庭的转移性收入的比重也不容小觑，2015年人均转移性收入达2066元，占比18.1%，增长速度较快，是继工资性收入和家庭经营收入之后农民家庭的又一可靠收入来源。2010—2020年，人均财产性收入从202.2元增长到428.8元，总体增长趋势较为稳定，幅度不大。2020年，工资性收入对农民收入的贡献更加显著，人均年工资性收入达到6973元，人均年经营性收入达到6077元。农民家庭人均收入的增加是多项收入结构协调作用的结果，将来提升农民家庭收入的任务仍然任重而道远。

（二）人均可支配收入增长明显

由图3-1可见，自2010年以来一直到2020年，农民的人均可支配收入由不到6000元增长到17000多元，增加了1倍多。人均可支配收入的增加意味着农民手中的闲散资金越来越多，为他们参与风险金融市场提供了必要的资金保障。但由于农民自身文化水平和环境的局限，他们对这部分可支配收入的管理往往具有明显的羊群效应。随着物质生活水平的提升，农民的攀比消费愈演愈烈，导致大量的金融资源浪费。如果能合理利用可支配收入进行理性投资，不但能增加农民的财产性收入，而且会净化农村风气，提升农民的金融素养和眼界，真正助力乡村振兴。

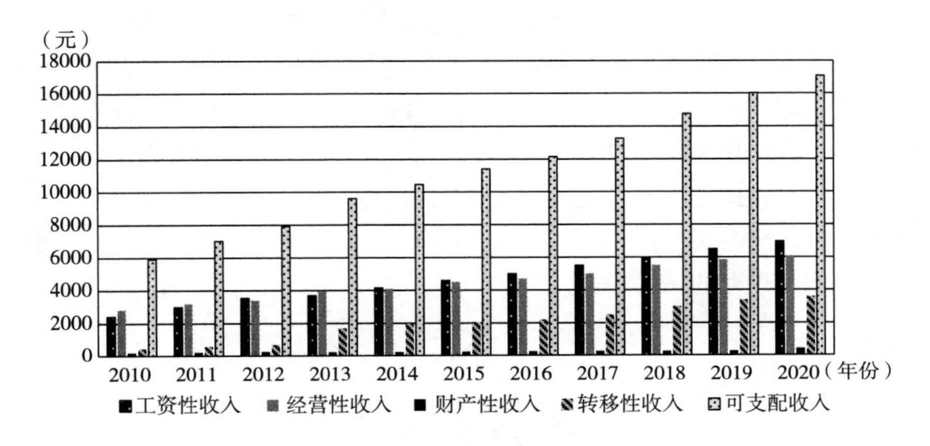

图 3-1　农民家庭收入变化及结构

（三）金融资产参与和占比均非常低

根据 2017 年中国家庭金融调查数据，农民家庭金融资产持有总量达到3.7 万元，随着年份的增加，农民家庭金融资产总量在不断增加，并且农民家庭金融资产的占比上升至 8.9%，金融资产在家庭总资产中所占的比例有所上升，但上升幅度较小（见图 3-2）。与农民人均可支配收入的上升比例相比，金融资产的参与和占比均显著落后。这说明农民的人均可支配收入大部分进行了消费，而不是配置金融资产。这意味着农民的家庭资产选择还有非常大的发展空间。

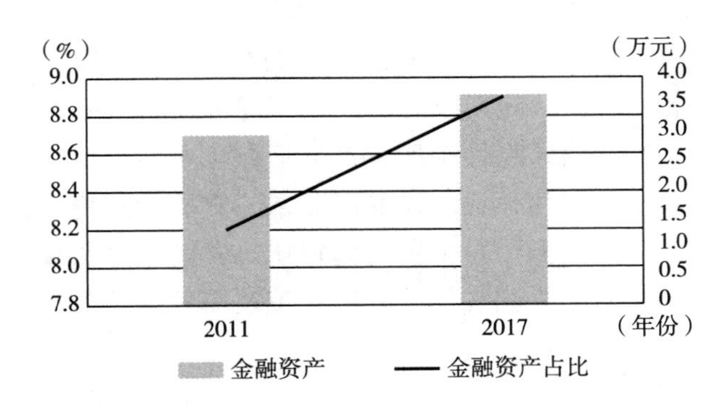

图 3-2　农民家庭金融资产特征

四　农民家庭资产选择特征

（一）求稳——定期存款和活期存款深受农民家庭青睐

根据2017年中国家庭金融调查数据（见图3-3），在我国农民家庭资产选择中，定期存款占63.56%，活期存款占21.22%，农民家庭选择风险性金融资产的比例依然较低，基金在农民家庭金融资产中的占比为0.71%，债券占比为1.72%，股票占比为0.33%，其他金融理财产品占比为2.99%。由此可见，农民的理财方式相对单一，更喜欢存银行，主要的理财方式是定期存款和活期存款，两者占农民总资产的84.78%，“求稳”是农民理财的最大特点。

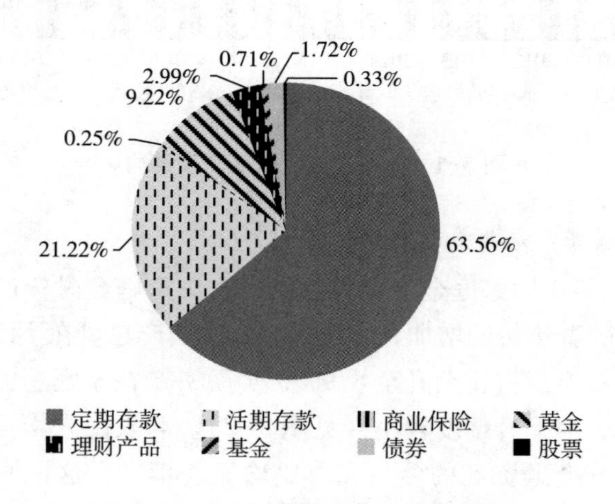

图3-3　2017年农民家庭资产组成情况

（二）农民家庭资产选择类型单一，比例不合理

农民家庭资产选择的类型表现出明显的集中性（见表3-1），最主要的资产类型是银行存款（定期或活期）。说明农民家庭持有低风险或无风险资产的比例极高，而风险性金融资产如股票、基金、债券、理财产品等金融资产比例极低。为什么农民家庭非常注重资产的稳定性呢？我们推测原因有两点：一方面，与市民家庭相比，农民家庭的收入总量以及收入稳定性较差，容易受到气候、经济政策及突发事件的影响，这导致农民家庭的风险承受能力和风险承担意愿较低；另一方面，农村地区的受教育程度较低，金融素养较低，对于股票、基金、理财产品等风险性金融资产了解不多，因此农民家庭参与风险金融资产的程度也较低。

表 3-1　　　　　　　　农民家庭金融资产分类　　　　　　　　单位：%

金融资产类别	品种	比例
稳健型资产	活期存款、定期存款、债券、理财产品、黄金	98.71
风险型资产	股票、基金	1.04
保障型资产	保险	0.25

在农民家庭的金融资产中，稳健型资产占比 98.71%，风险型资产占比 1.04%，保障型资产占比最少，为 0.25%。根据这些数据可以得知，农民家庭资产配置以低风险的稳健型资产为主，农民不愿承担损失风险，具有明显的风险规避倾向，故稳健型资产在家庭资产配置中占据主导地位。农民很少持有股票、基金等风险金融资产。此外，农民囿于自身低水平的金融素养，对商业保险了解不足，购买最少。

第二节　被征地农民家庭资产选择现状

一　样本基本情况

为使样本更具代表性，本书选取山东省较有代表性的济南郊区，然后用分层抽样法随机抽出 8 个乡镇，并从每个乡镇中随机抽出 1 个村庄，根据家庭收入水平随机抽取 80 户被征地农民进行调查走访，发放调查问卷 640 份。调查人员由经过培训的高校科研人员和村两委的会计人员组成，两者互补，走村串户，最终得到有效调查问卷 400 份。调查主要涉及被征地农民的家庭特征和个体变量、被征地前家庭经济状况和被征地后家庭经济状况。此次调查共涉及 8 个村，1652 户，最终有效户数 400 户（见表 3-2）。

表 3-2　　　　　　　　样本的人口统计学特征

变量	变量定义	最小值	最大值	平均数	标准差
年龄	数值变量（仅取整数值），周岁	28.0	62.0	44.89	7.78
性别	男性为 1，女性为 2	1.0	2.0	1.02	0.14
家庭人口	数值变量，受访人员的家庭人口数	2.0	6.0	3.65	0.68

续表

变量	变量定义	最小值	最大值	平均数	标准差
受教育程度	数值变量，教育年限（年）	4.0	16.0	10.23	1.94
社会资源	1为有社会资源，0为没有社会资源	0.0	1.0	0.19	0.39
补偿金额	数值变量，单位（万元）	4.0	96.0	41.60	21.21
家庭资产	数值变量，单位（万元）	2.0	2100.0	67.80	135.76
家庭纯收入	数值变量，单位（万元）	0.65	350.0	11.29	24.36

二 主要变量的解释与测量

家庭资产选择的调查参考李涛（2007）、臧旭恒（2001）、于蓉（2006）对家庭资产选择种类的划分，按照金融资产与实物资产、低风险资产与高风险资产，把家庭资产分为四类：低风险金融资产、高风险金融资产、低风险实物资产和高风险实物资产。结合我们的调查实际，发现城郊被征地农民的资产选择中没有低风险实物资产，因此城郊被征地农民的家庭资产选择有三种，第一种是低风险金融资产，包括银行存款（活期和定期）、债券和保险；第二种是高风险金融资产，包括股票、基金和彩票（包括公彩、私彩及赌博）；第三种是高风险实物资产，包括房地产或不动产、经营资产和黄金等重金属。本书中把以上9种常见投资形式作为城郊被征地农民家庭资产选择的测量指标（被解释变量定义与描述统计见表3-3），以家庭资产参与（1为参与，0为不参与）和家庭资产占比（0—1）为被解释变量。

表3-3　被解释变量定义与描述统计

投资类型	变量	变量定义	最小值	最大值	平均数	标准差
低风险金融资产	现金和银行存款	位于0—1之间的数值变量，银行存款占金融资产的比重，包括现金、活期和定期存款	0.000	0.700	0.170	0.160
	各种债券	位于0—1之间的数值变量，债券投资占金融资产的比重	0.000	0.250	0.070	0.076
	保险	位于0—1之间的数值变量，保险投资占金融资产的比重	0.000	0.250	0.084	0.073

续表

投资类型	变量	变量定义	最小值	最大值	平均数	标准差
高风险金融资产	股票	位于0—1之间的数值变量，股票投资占金融资产的比重	0.000	0.600	0.131	0.137
	基金	位于0—1之间的数值变量，基金投资占金融资产的比重	0.000	0.400	0.076	0.096
	彩票	位于0—1之间的数值变量，彩票投资占金融资产的比重	0.000	0.400	0.081	0.093
高风险实物资产	房地产或不动产	位于0—1之间的数值变量，房地产（或不动产）投资占金融资产的比重	0.000	0.600	0.140	0.133
	经营资产	位于0—1之间的数值变量，生产经营投资占金融资产的比重	0.000	0.500	0.177	0.136
	黄金等重金属	位于0—1之间的数值变量，黄金等重金属投资占金融资产的比重	0.000	0.350	0.021	0.042

三　被征地农民家庭资产选择现状

（一）被征地农民家庭资产选择参与率

城郊被征地农民不同类型家庭资产选择参与率如表3-4所示，稳定性投资和生产经营投资是城郊被征地农民的主要投资方式，其中生产经营投资和银行存款是城郊被征地农民参与率最高的投资方式，分别达到75.8%和75.5%，即绝大多数城郊被征地农民会把家庭的金融资产投入生产经营和银行存款中。房地产或不动产及保险投资的参与率也非常高，分别达到68.8%和65.0%。紧随其后的是股票和彩票投资，参与率分别达到60.8%和58.0%，即一半以上的被征地农民参与了高风险投资。各种债券、基金和黄金等重金属投资的参与率分别达到53.0%、49.5%和25.5%。

表3-4　　被征地农民家庭资产选择参与率　　单位：%

投资类型	变量	被征地5年以下（N=201）	被征地6—10年（N=93）	被征地11—15年（N=46）	被征地15年以上（N=60）	总体
低风险金融资产	现金和银行存款	75.1	71.0	84.8	73.3	75.5
	各种债券	54.7	48.4	47.8	58.3	53.0
	保险	66.7	60.2	65.2	66.7	65.0

续表

投资类型	变量	被征地5年以下（N=201）	被征地6—10年（N=93）	被征地11—15年（N=46）	被征地15年以上（N=60）	总体
高风险金融资产	股票	57.2	65.6	67.4	60.0	60.8
	基金	48.3	60.2	50.0	36.7	49.5
	彩票	60.2	61.3	45.7	55.0	58
高风险实物资产	房地产或不动产	70.1	61.3	80.4	66.7	68.8
	经营资产	73.6	81.7	67.4	80.0	75.8
	黄金等重金属	27.4	22.6	30.4	20.0	25.5

（二）被征地农民家庭资产选择占比现状

由表3-5可见，城郊被征地农民家庭资产选择中占比最高的是银行存款和经营资产，分别占23.38%和17.71%；其次是保险和彩票，分别占8.4%和8.08%；最少的是各种债券、基金、房地产或不动产，还有少部分家庭参与股票和黄金等重金属投资。其中占比最高的生产经营和银行存款分属于高风险实物资产和低风险金融资产，保险和彩票分属于低风险金融资产和高风险金融资产，由此可见城郊被征地农民在家庭资产选择上表现出明显的“求稳与冒险”并存的特点。

表3-5　城郊被征地农民家庭资产选择占比现状　单位：%

投资类型	变量	最小值	最大值	平均数	标准差
低风险金融资产	现金和银行存款	0	40	23.38	8.83
	各种债券	0	25	7	7.55
	保险	0	25	8.4	7.27
高风险金融资产	股票	0	30	2.18	4.71
	基金	0	40	7.6	9.6
	彩票	0	40	8.08	9.34
高风险实物资产	房地产或不动产	0	40	5.86	6.92
	经营资产	0	50	17.71	13.62
	黄金等重金属	0	35	2.67	4.2

（三）被征地农民家庭资产选择“保守与冒险”并存

综观被征地农民家庭资产选择参与率和金融资产占比，我们发现城郊被征地农民在家庭资产选择上表现出“保守”和“冒险”并存的特点。一是银行存款仍然是被征地农民投资的主要方式，无论是参与率还是金融资产占比都独占鳌头，表现出“保守”的鲜明特点；二是城郊被征地农民对股票和彩票投资似乎“情有独钟”，两者的参与率都在一半以上，且两者的金融资产占比远高于城镇居民的平均水平，表现出较强烈的“冒险”倾向；三是经营资产占据较高比例，该资产既属于高风险实物资产，又具有提供稳定工作机会的特征，被征地农民对经营资产的偏爱进一步表明了其“保守与冒险”并存的倾向。

为进一步说明城郊被征地农民家庭资产选择现状，我们分类别进行累计（见图 3-4）。结果发现，低风险金融资产累计占比 38.78%，高风险金融资产累计占比 17.86%，高风险实物资产累计占比 26.27%，其他如他人欠款等累计占比 17.09%。

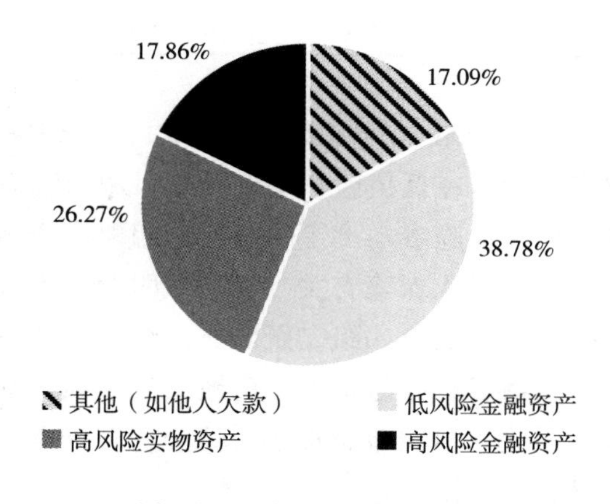

图 3-4　城郊被征地农民各类家庭资产选择占比

四　被征地农民家庭资产选择特征

（一）被征地农民的家庭资产选择现状——“财富效应”

以往研究表明居民家庭资产选择存在明显的财富效应，即越富裕的家庭越倾向于投资股票等高风险金融资产。为了解城郊被征地农民家庭资产选择中是否存在财富效应，我们根据被征地农民家庭纯收入分为高（前 33.3%）、中（中 33.4%）、低（后 33.3%）收入组，分别了解不同收入状况被征地农民的家庭资产选择现状，包括每种家庭资产选择的参与率（见表 3-6）和投资占比（某资产占所有资产中的比例）（见表

3-7)。其中投资参与率的统计方法为，参与某种家庭资产的记为1，没参与的记为0。

表 3-6　　不同收入状况城郊被征地农民家庭资产选择参与率　　单位：%

投资类型	变量	高收入组（N=133）	中收入组（N=134）	低收入组（N=133）
低风险金融资产	银行存款	99.2	98.1	100
	各种债券	53.8	50.4	55
	保险	72.9	65.0	67.2
高风险金融资产	股票	22.0	21.2	21.4
	基金	49.2	54.7	44.3
	彩票	55.3	57.3	61.1
高风险实物资产	房地产或不动产	52.3	54.0	53.4
	经营资产	95.5	95.6	87.0
	黄金等重金属	23.5	24.8	28.2

由表 3-6 可见，不同收入组城郊被征地农民的家庭资产选择参与率在各类资产上略有差异。在低风险金融资产上，银行存款和各种债券的参与率基本相同，但在保险参与率上，高收入组略高于低收入组，可能与高收入组有更多资金投入保险有关。在高风险金融资产参与率上，高收入组基金参与率略高于低收入组，而低收入组的彩票参与率略高于高收入组。在高风险实物资产参与率上，房地产或不动产和黄金等重金属资产的参与率在不同收入组间差异很小，但经营资产参与率在高、中收入组的参与率明显高于低收入组。

表 3-7 呈现了不同收入组城郊被征地农民家庭资产选择占比现状，结果表明不同收入组的家庭资产选择在银行存款和经营资产上差别较明显，表现出明显的“财富效应”。高收入组的银行存款占比在三个组中是最低的，而低收入组却是最高的；在经营资产上，高收入组的占比最高，而中收入组占比最低，因此我们可以推断高收入组城郊被征地农民更倾向于投资高风险的经营资产，而中收入组更倾向于投资低风险的银行存款。

表 3-7　不同收入组城郊被征地农民家庭资产选择占比现状　单位：%

投资类型	变量	高收入组（N=133）	中收入组（N=134）	低收入组（N=133）
低风险金融资产	银行存款	18.72	21.45	26.31
	各种债券	6.91	7.35	6.73
	保险	7.82	8.88	8.49
高风险金融资产	股票	2.03	2.05	2.48
	基金	7.56	8.58	6.65
	彩票	7.48	7.42	9.36
高风险实物资产	房地产或不动产	8.79	6.45	5.34
	经营资产	25.61	17.01	17.51
	黄金等重金属	1.85	2.16	2.22

（二）被征地农民的家庭资产选择现状——“羊群效应”

1. 家庭资产选择参与

比较不同被征地年限城郊被征地农民的家庭资产选择参与率（见表 3-8），结果表明，在低风险金融资产上，不同被征地年限城郊被征地农民的投资参与率差别不大，结构趋同；在高风险金融资产上，基金参与率在不同被征地年限城郊被征地农民中明显不同，被征地 6—10 年的被征地农民基金参与率最高，达到 60.2%，但被征地 15 年以上的城郊被征地农民其基金参与率才 36.3%，笔者认为造成这一差异是因为被征地 15 年以上的城郊被征地农民是 2000 年以前被征地，那时基金作为一种投资方式还不为一般民众所熟知，但 2005—2009 年基金异常火爆，所以被征地 6—10 年的城郊被征地农民正在此时段之内，更愿意参与基金投资就显而易见了；值得注意的是，在彩票投资参与率上，被征地 10 年以内的城郊被征地农民平均参与率（M=61.25）明显高于被征地 10 年以上的被征地农民（M=50.35），笔者推测可能与近几年土地补偿金显著提高有关；在高风险实物投资参与率上，不同被征地年限城郊被征地农民间没有明显差异。

表 3-8　　不同被征地年限城郊被征地农民家庭资产选择参与率　　单位：%

投资类型	变量	被征地 5 年以下（N=201）	被征地 6—10 年（N=93）	被征地 11—15 年（N=46）	被征地 15 年以上（N=60）
低风险金融资产	银行存款	97.5	98.9	95.7	100
	各种债券	54.7	48.4	47.8	58.3
	保险	66.7	60.2	65.2	66.7
高风险金融资产	股票	21.4	20.4	28.3	18.3
	基金	48.3	60.2	50	36.3
	彩票	61.2	61.3	45.7	55
高风险实物资产	房地产或不动产	51.7	44.1	47.8	50.3
	经营资产	93	94.6	87	93.3
	黄金等重金属	27.4	22.6	20.4	20

2. 家庭资产选择占比

比较不同被征地年限城郊被征地农民的家庭资产选择占比（见表 3-9），我们发现不同被征地年限的城郊被征地农民的家庭资产选择结构差别不大，在绝大多数资产上都比较一致，说明城郊被征地农民在家庭资产选择上有明显的“羊群效应”，即从众效应，周边邻里朋友是如何进行资产配置的，他们也倾向于进行相同的资产配置。唯一不同的是，被征地 15 年以上的被征地农民在经营资产上明显高于其他被征地年限的被征地农民，笔者推测可能因为 2000 年前后，市场环境较好，很多被征地农民抓住了机会，把更多资金投资生产经营，后续被征地农民中，虽然经营资产占比一直较高，但由于市场逐步完善，机会较以前相对减少，所以这方面的投资也有所下降。

表 3-9　　不同被征地年限城郊被征地农民家庭资产选择占比现状　　单位：%

投资类型	变量	被征地 5 年以下（N=201）	被征地 6—10 年（N=93）	被征地 11—15 年（N=46）	被征地 15 年以上（N=60）
低风险金融资产	银行存款	23.05	21.07	26.74	22.75
	各种债券	7.31	6.29	5.87	7.92
	保险	8.71	8.06	8.26	8.11

续表

投资类型	变量	被征地 5 年以下（N=201）	被征地 6—10 年（N=93）	被征地 11—15 年（N=46）	被征地 15 年以上（N=60）
高风险金融资产	股票	2.16	2.04	3.37	1.58
	基金	7.26	9.25	7.28	6.42
	彩票	8.73	8.01	7.61	6.45
高风险实物资产	房地产或不动产	6.01	4.52	5.43	7.83
	经营资产	17.26	18.76	15.76	20.68
	黄金等重金属	2.11	1.72	3.04	1.75

（三）被征地农民家庭资产选择现状——“生命周期效应”

每个个体都有自己的生命周期。生命周期是指个体从出生到死亡的时间过程。个体处于不同生命周期阶段的收入水平、需要、人口负担等外在约束明显不同，因此在进行家庭资产选择时亦有差异。本次调查以家庭中的户主为主要调查对象，我们假定户主是家庭投资决策的主要决策者，户主的生命周期对家庭资产选择将产生极为重要的影响。

关于生命周期的划分我们采用新的划分标准［35 岁及以下（壮年）、36—45 岁（盛年）、46—55 岁（达年）、56—65 岁（中年）、66—75 岁（老年）、76—85 岁（寿年）、86—100（暮年）］进行研究。研究生命周期意义在于：其一，我们认为家庭的资产选择行为满足生命周期假设，是根据一生收入来进行合理分配的；其二，我们可以在合理的生命周期阶段划分的基础上分析家庭这一特殊投资主体在不同生命阶段将做出什么样的资产选择，从而研究不同生命周期的家庭对外在变化的反应。

1. 家庭资产选择参与

由表 3-10 可见，不同年龄城郊被征地农民的家庭资产选择参与率存在明显的“生命周期效应”。在低风险金融资产参与率上，银行存款在各年龄间没有差异，但各种债券的参与率呈现出明显的“生命周期效应”，城郊被征地农民越年轻，各种债券投资参与率越高，这可能与年轻的城郊被征地农民更了解债券投资这种方式有关；但在保险投资参与率上呈现出相反的趋势，即年龄越大的城郊被征地农民，其保险投资参与率越高，55 岁以上的城郊被征地农民，保险参与率达到 95.7%，说明年龄越大，人们越关注社会保障。在高风险金融资产上，仅基金投资参与率表现出明显的“生命周期效应”，即越年轻的城郊被征地农民，其基金投资参与率越高，年龄越大，基金投资参与率越低。在高风险实物资产投资中，经营资产和黄金等重金属投资参与率表现出明显的“生命周期效应”，经营资产的投资参与率以55岁为分水岭，55岁及以下的城郊被征地农民其经营资产参与率均很高，达到94%以上，但55岁后，经营资产参与率仅为53.2%，说明在众多城郊被征地农民心目中，55岁是退休年龄，也是认可自己年老的年龄，所以不愿再参与高风险的经营资产；黄金等重金属投资参与率以35岁为分水岭，35岁及以下的城郊被征地农民其参与率为73.2%，但35岁以上城郊被征地农民的投资参与率平均仅16%左右，两者差异极为显著，笔者推测造成这种差异的主要原因是35岁及以下的城郊被征地农民为“80后”的年轻人，他们获得投资知识的渠道多，接受风险投资的意识强，再加上最近几年黄金投资变得火热，所以他们更愿意参与黄金等重金属投资，而35岁以上的城郊被征地农民大多是改革开放前出生，投资更趋于保守，对投资知识和投资方式的了解也比较少，导致他们在黄金等重金属投资的参与率相对比较低。

表3-10　不同年龄城郊被征地农民家庭资产选择参与率　单位：%

投资类型	变量	35岁及以下 (N=56)	36—45岁 (N=161)	46—55岁 (N=136)	55岁以上 (N=60)
低风险金融资产	银行存款	100	97.5	97.1	100
	各种债券	60.7	65.2	47.1	19.1
	保险	53.6	55.9	69.9	95.7
高风险金融资产	股票	21.4	19.3	21.3	20.8
	基金	51.8	55.6	48.5	27.3
	彩票	46.4	64.6	53.7	61.7
高风险实物资产	房地产或不动产	50.2	54.2	53.7	53.6
	经营资产	100	100	94.7	53.2
	黄金等重金属	73.2	16.8	21.3	10.6

2. 家庭资产选择占比

由表3-11可见，不同年龄城郊被征地农民的家庭资产选择占比存在明显的“生命周期效应”，在银行存款及保险这类低风险金融资产上，表现出年龄越大，投资占比越大的趋势，说明随着年龄的增长，城郊被征地农民越倾向于为养老和疾病等家庭支出做准备；但在高风险金融资产上，表现出相反的趋势，其中，在股票和基金投资上表现出年龄越大，投资占比越小；在高风险实物资产上，也有这种趋势，其中，在经营资产和黄金等重金属投资中，表现为年龄越大，投资占比越小，说明随着年龄的增长，城郊被征地农民越不愿进行高风险的实物投资。综合各类资产选择占比情况，我们发现，随着年龄的增长，城郊被征地农民的低风险金融资产投资占比逐渐增加，而高风险的金融资产和实物资产占比逐年减少。

表 3-11　　不同年龄城郊被征地农民家庭资产选择占比现状　　单位：%

投资类型	变量	35 岁及以下（N=56）	36—45 岁（N=161）	46—55 岁（N=136）	55 岁以上（N=60）
低风险金融资产	银行存款	13.88	14.31	26.97	22.45
	各种债券	7.14	8.57	6.62	2.55
	保险	5.63	6.77	9.45	14.26
高风险金融资产	股票	3.19	2.46	1.74	1.96
	基金	9.11	6.96	7.35	3.94
	彩票	4.82	10.34	6.84	7.87
高风险实物资产	房地产或不动产	5.71	5.22	5.92	8.08
	经营资产	44.96	41.71	32.54	12.81
	黄金等重金属	7.14	1.06	1.72	0.54

五　小结

（1）对家庭资产选择种类的划分，按照金融资产与实物资产、低风险资产与高风险资产，把家庭资产分为四类：低风险金融资产、高风险金融资产、低风险实物资产和高风险实物资产。

（2）被征地农民家庭资产选择参与率和金融资产占比，我们发现被征地农民在家庭资产选择上表现出“求稳与冒险”并存的特点。一是银行存款仍然是被征地农民投资的主要方式，无论是参与率还是金融资产占比都独占鳌头，表现出“求稳定”的鲜明特点；二是被征地农民对股票和彩票投资似乎“情有独钟”，两者的参与率都在一半以上，且两者的金融资产占比远高于城镇居民的平均水平，表现出较强烈的“冒险”倾向；三是生产经营投资参与和占比均较高，这类资产属于高风险实物资产，有冒险特质，同时又能给被征地农民提供“稳定工作”，具有求稳倾向，其较高的参与率和投资占比进一步说明被征地农民在家庭资产选择中求稳与冒险并存的特点。

（3）对不同年龄、不同财富状况和不同被征地年限的被征地农民的家庭资产选择进行分类研究，发现：①被征地农民家庭资产选择中存在明显的“财富效应”，高收入组城郊被征地农民倾向于投资高风险的经营资产，而低收入组倾向于投资低风险的银行存款；②被征地农民家庭资产选择中存在“羊群效应”，不同被征地年限的城郊被征地农民的家庭资产选择结构差别不大，在绝大多数资产上都比较一致，表现出明显的“从众”现象；③被征地农民家庭资产选择中存在“生命周期效应”，年轻者倾向风险投资，年长者倾向稳定投资。

第三节 市民家庭资产选择现状

一 样本基本情况

本书的研究数据来自中国家庭金融调查（CHFS）2017年的数据，由于2019年数据清理工作尚未完成，因此本书没有选用2019年CHFS数据。它是一项大型综合类调查，该项调查从2011年开始，每隔两年调查一次，目前为止已完成四轮追踪调查。该调查不仅内容完整，涉及人口统计学变量、地理信息、保险与保障、家庭教育程度以及主观态度等各方面信息，而且覆盖面也很广，样本规模达40011户，共127012个观测值，包含来自中国29个省（自治区、直辖市）、172个市、355个区县的居民家庭，样本具有较强的代表性。本书中以城镇居民为样本，对市民家庭资产选择进行研究。

二 主要变量的解释与测量

本书主要是想了解市民家庭资产选择的情况，其中家庭资产选择包括对无风险金融资产、风险金融资产以及住房资产等资产的选择情况（杨天池，2020）。无风险资产主要包括现金、银行存款等产品，风险金融产品主要包括股票、基金、理财产品、非人民币资金、黄金、债券、衍生品等产品。但值得注意的是，宏观层面的统计数据并未考察家庭维度的资产选择变化和基本事实情况，因此本书主要以西南财经大学中国家庭金融调查与研究中心发布的《中国家庭金融调查报告（2017）》（CHFS）为基础进行整理分析。其主要内容涵盖了家庭的生产经营、住房资产、金融资产等方面的信息。

三　市民家庭资产选择现状

自1978年改革开放以来，我国经济发展水平大幅提升，居民生活水平不断提高，收入以及家庭资产逐年增长，如图3-5所示，随着年份的增加，人均可支配收入由2012年的24127元增加到2021年的47412元。再从收入结构上看，虽然工资收入在可支配收入中占比最高，但是其数值已从2012年的63.2%降到2021年的60%，这说明我国市民收入多样化的提升。财产收入方面也在逐年提升，从2012年的9.25%上升到2021年的10.66%，这表明居民家庭参与金融市场逐渐发生改变，传统单一的储蓄类投资已不能再满足家庭的金融投资需求。随着人们生活水平的提高，越来越多的市民具有丰富的理财意识，同时他们收入来源较为多样化，可以从多个途径获取收入，即除了普通的工资收入外，市民也逐渐通过购买股票、基金和债券、出租动产和不动产等途径来获得财产性收入，同时此数据也体现出我国经济的快速发展为市民获取更多的金融产品购买渠道打下了坚实的基础，并且国家鼓励居民家庭积极进行金融资产的优化配置来获得更多资产。

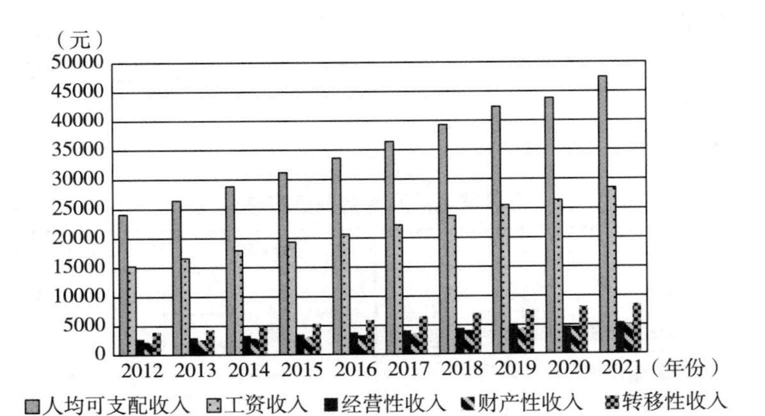

图3-5　主要年份我国市民人均可支配收入

资料来源：2013—2022年《中国统计年鉴》。

随着互联网的兴起与发展，市民获取金融信息的途径越来越多，金融素养也逐渐提升，因此市民将眼光扩展到金融投资领域。在居民收入占比中，财产性收入比重逐步提升，市民也越来越能够意识到分配金融资产的重要性，进而促进市民家庭参与到股市、基金等风险金融市场之中，提高股票等风险性金融资产在总金融资产中的占比，进而提升家庭收入。这将会对市民的消费行为、投资行为产生极其深远的影响。

（一）低风险金融资产选择

通常情况下，无风险金融资产主要包括现金、银行存款等，我们以CHFS的数据为例，探究市民家庭对现金和银行存款的选择情况。

中国普惠金融市场的不断发展，呈现出多样化和复杂化发展趋势，市民家庭越来越积极地参与到金融市场。该研究将2015年与2017年市民家庭低风险金融资产选择状况进行比较，整体来看，随着改革开放的深入，人们生活水平不断提高，市民持有现金规模的均值以及中位数逐渐上升。2015年，市民家庭持有现金规模均值为7708元，而到了2017年，持有现金规模均值增长到了10202.13元，而持有现金规模的中位数也从2000元达到了3000元。

进一步来看，除了对目前个人所持有的现金规模数量做了比较，还对市民家庭的存款状况进行了研究。一方面，市民家庭的定期存款账户总余额在增加，2015年，市民的定期存款总余额均值为104063元，而2017年，市民的定期存款总余额均值为131299.3元；另一方面，市民家庭的活期存款账户总余额也在不断提高，2015年，活期存款账户总余额均值为48558元，而2017年，活期存款账户总余额均值为55455.05元（见表3-12）。

表3-12　　市民家庭低风险金融资产选择　　单位：元

	2015年	2017年
持有现金规模（均值）	7708	10202.13
持有现金规模（中位数）	2000	3000
定期存款账户总余额（均值）	104063	131299.3
活期存款账户总余额（均值）	48558	55455.05

资料来源：《中国家庭金融研究（2015）》和《中国家庭金融研究（2017）》。

（二）高风险金融资产选择

高风险金融产品主要包括股票、基金、理财产品、非人民币、黄金、债券、衍生品等，本节将继续依据中国家庭金融的数据，统计市民家庭的风险金融资产选择的基本情况。

1. 高风险资产参与

从表 3-13 中可以了解市民家庭的风险市场总体参与比例显著下降，2015 年的比例是 26.2%，2017 年的比例则降到了 23.1%。产生此现象可能与 2015 年股票市场有关，那个时期中国股票市场发展处于低谷期，股票市场的低迷令许多投资者退出了股市；也有可能是由于 2015 年房价上涨，房价的高收益吸引一部分市民，因此在房产投资上面比重增加，进而对股票、基金、债券等产生了挤出效应，家庭持有房产会显著降低家庭参与股票及风险资产市场的概率。

2. 风险资产占比

从风险金融产品分类来看，一方面市民家庭的黄金持有比例显著上升，2015 年，黄金持有比例为 0.5%，这一指标到 2017 年上涨为 0.64%，这可能是由于大多数家庭更加意识到黄金的保值作用，因此较多的市民选择购买黄金；另一方面市民家庭较少参与到风险金融产品中，比例有所降低。市民家庭的股票账户拥有比例从 2015 年的 14.7%下降到 2017 年的 12.15%；银行理财产品持有比例由 2015 年的 6.5%下降到 2017 年的 5.59%；基金持有比例在 2015 年为 5%，而在 2017 年这一指标下降到 4.31%；债券持有比例从 2015 年的 0.8%下降到 2017 年的 0.15%；衍生品持有比例也从 2015 年的 0.1%下降到 0.06%。

从表 3-13 的数据中可知，外界大环境的变化会对市民资产选择情况产生极为重要的影响，住房是家庭中最重要的资产，占据了家庭大部分资产，家庭出于优先满足居住需求，会倾向于减持股票，进而会对股票、债券、理财产品等产生挤出作用（Campbell & Coco，2003）。总之市民家庭资产选择表现出多样化和复杂化特征。

表 3-13　　市民家庭高风险金融资产选择　　单位：%

	2015 年	2017 年
股票账户持有比例	14.7	12.15
银行理财产品持有比例	6.5	5.59

续表

	2015 年	2017 年
基金持有比例	5	4.31
债券持有比例	0.8	0.15
非人民币资产持有比例	0.2	0.20
黄金持有比例	0.5	0.64
衍生品持有比例	0.1	0.06
总体参与比例	26.2	23.1

资料来源：《中国家庭金融调查报告（2015）》和《中国家庭金融调查报告（2017）》。

（三）住房资产选择

表 3-14 表明了我国市民家庭住房资产选择的基本情况。伴随着改革开放的进程，中国的住房改革速度越来越快，市场化程度也不断提升，房地产行业发展迅猛，已经成为国民经济的重要支柱产业。近些年来，房价的快速上涨为自有住房家庭带来巨大财富，因此住房财富也成为家庭财富最重要的组成部分。

从表 3-14 中数据可以看出市民家庭住房拥有比例较高，并且随着年份的增加此比例不断提升。2015 年，我国市民家庭住房拥有比例为 73%，2017 年这一指标上涨到 90%。另外，我国市民家庭住房资产占家庭资产比例有所下降，这一指标从 2015 年的 87% 下降到 75.47%，这可能是由于人们的收入水平不断提升，金融意识也逐步增强，了解到更多的金融资产种类，选择风险金融资产不再具有单一性，除了选择房产，还会将一部分家庭资产用于风险金融资产上。

表 3-14　　市民家庭住房资产选择　　单位：%

	2015 年	2017 年
家庭住房持有比例	73	90
住房资产占家庭资产比例	87	75.47

资料来源：《中国家庭金融调查报告（2015）》和《中国家庭金融调查报告（2017）》。

四　市民家庭资产选择特征

中国家庭金融调查将我国家庭金融资产具体划分为 12 大类，可以归纳为两类：一类是存款以及手持现金等无风险金融资产，另一类是股票、理财产品（包括互联网理财产品等）、债券、基金、黄金等。当下，随着经济的迅猛发展，市民家庭收入持续增长，他们获取信息的途径越来越多，对金融知识的了解也日益加深，金融素养不断提升。市民家庭不断尝试拓宽金融资产投资范围以增加家庭收入，因此家庭金融资产配置中风险金融资产比重逐渐增大，越来越多的市民将家庭资产分配在股票、债券、基金、理财产品等风险资产上。此外曾经全民炒股的风潮，使得较多数家庭对股票有了较多了解，接受度、认可度以及认知程度不断提高，因此股票在家庭金融资产中也具有较高的占比，这是中国家庭金融资产发展的一大进步。因此，充分了解我国市民家庭资产选择的整体状况是十分必要的。

（一）房产投资是市民的主要投资方式

根据2017年中国家庭金融调查数据（CHFS）发现，中国市民家庭投资依然过于保守，市民投资较为稳健，目前投资状况仍以实物资产为主，其中房产占比在2017年更是达到了九成，远超于对其他投资的比重，家庭房产中的“挤出效应”显著，即市民把资金投入房地产，因此没有余钱参与股市，导致股票市场的参与率较低。而且在过去的20多年，房地产不断增值，市民家庭资产选择中的“财富效应”也不断增加。

（二）风险金融市场参与度仍较低

市民非风险金融市场参与度高，但在风险金融市场方面参与度仍存在不足，尽管与农村地区相比，市民家庭占比较高，但整体来看仍然偏低。理论上讲，风险金融市场的参与率应达到百分之百，然而现在参与深度不够，还有巨大的发展进步空间。图3-6显示，市民家庭股票市场参与度较高，在风险金融市场当中，股票投资占比高达52%，其次投资于银行理财产品与基金产品，投资比例分别为24%和19%，然而其他的金融资产份额都较小，衍生品比例更是微乎其微。股票在家庭资产选择中参与率较高，仅次于存款与现金，它属于高风险行为，但与债券、外汇、期货市场相比，我国股票市场更加成型，其他市场存在资金限制、参与人员限制、知识素养限制等问题，居民对它们的了解较为浅显。因此与股票市场相比，很多金融资产及其衍生品基础购买金额门槛较高，进而使得市民家庭参与到理财产品的需求降低。家庭中缺少金融知识以及金融素养，会导致人们忽视风险分散的投资理念，进而只是盲目跟随其他群体，购买一些风险大的股票或者只是一味储蓄，对一些更佳的理财产品视而不见。

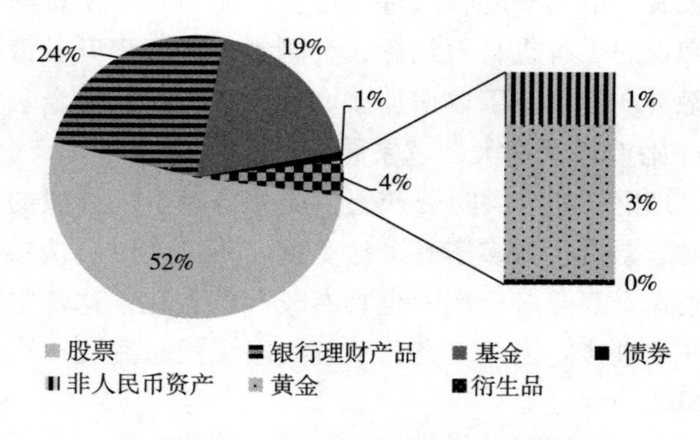

图 3-6　2017 年市民家庭资产状况

第四章　家庭资产选择的影响因素

第一节　农民家庭资产选择的影响因素

一　模型与变量

本节基于中国家庭金融调查与研究中心2017年收集的相关数据，将家庭金融资产区分为稳健型资产、风险型资产、保障型资产三种类型。其中，稳健型资产包含家庭持有的活期存款、定期存款、债券、理财以及黄金；风险型资产包含股票、基金；保障型资产包括保险。

本节的因变量为：是否持有风险型资产、持有风险型资产的比例、是否持有保障型资产、持有保障型资产的比例，以及持有稳健型资产的比例。设计变量时，如果家庭拥有例如股票或基金等风险资产，则将是否持有风险资产赋值为1，反之赋值为0。如果家庭拥有商业保险，则将是否持有保障型资产赋值为1，反之为0。

（一）家庭情况因素变量

本节的变量为CHFS调查问卷中的家庭收入、年龄、性别、婚姻状况、受教育程度、家庭中幼儿以及老年人占比。为了避免较大的家庭收入差异对结果产生的影响，将家庭收入取自然对数，随后进行比较。对于性别变量，当户主为男性时赋值为1，当户主为女性时赋值为0。对于受教育程度变量，将小学及以下、初中、高中、高职及专科、学士学位（32例，5%）、学士学位及以上，分别赋值1—6，数值越高，受教育程度越高。

（二）金融可得性变量

本节以“离居住地最近的金融机构”问题的答案作为衡量金融可得性的代表变量。人们普遍认为，与金融机构的距离越近，家庭使用金融服务的倾向越强烈（尹志超等，2015）。

（三）控制变量

本节的控制变量为家庭成员的健康状况、是否拥有工作、是否拥有房产、金融风险偏好、金融知识和投资经验等。

家庭成员的健康状况中，数值1代表“较差”，2代表“一般”，3代表“良好”。户主是否有工作变量中，如果户主有工作，取1，反之取0。如果家庭拥有自住房，赋值为1，反之为0。风险偏好是指个人或家庭对投资风险的偏好，风险偏好的家庭在配置资产时往往选择高风险、高收益的产品，风险厌恶倾向的家庭，一般会购买低风险、低收益的产品。此外，与风险偏好型家庭相比，风险厌恶型家庭对保险等以安全为导向的金融产品的需求更大。对于该变量，本书根据CHFS问卷中的风险态度变量进行赋值，即“受访者是否相信高回报伴随着高风险”问题的回答，将回答“是”的样本赋值1，将回答“我不确定”的样本赋值2，将回答“否”的样本赋值3。

二 模型设定

采用Probit模型进行统计，主要考察农民家庭是否持有风险资产、是否持有保障型资产以及是否持有稳健型资产。风险型资产配置构建是否持有某类金融资产的Probit模型如下：

$$Y_i=\alpha_0+\alpha_i X_i+\beta_i Control_i+\varepsilon_i(i=1,\ 2,\ 3) \tag{4-1}$$

Y_i 表示是否持有 i 类金融资产，$i=1$，2，3分别代表风险型金融资产、保障型金融资产、稳健型金融资产。X_i 代表了各类影响因素，分别取家庭状况因素和金融可得性因素。$Control_i$ 表示健康状况、工作状况、有没有住房、个人风险偏好、金融知识和投资经验等控制变量。构建是否持有某类金融资产的tobit模型如下：

$$Z_i=\alpha_0+\alpha_i X_i+\beta_i Control_i\ (i=1,\ 2,\ 3) \tag{4-2}$$

Z_i 表示受访者是否应持有 i 类金融资产，其中，$i=1$，2，3分别代表风险型金融资产、保障型金融资产、稳健型金融资产。X_i 代表各类影响因素，系数为 α。$Control_i$ 代表健康状况、工作状况、有没有住房、个人风险偏好、金融知识和投资经验等控制变量。

三 实证结果及分析

（一）人口学变量对农民家庭资产选择参与的影响

表4-1为Probit模型的估计结果，从表中可知，年龄负向影响农民家庭风险型金融资产的配置，在1%的水平上显著影响农民家庭的投资选

择，估计系数为-0.0015，随着农民年龄的增长，农民劳动能力以及收入的下降导致农民的抗风险能力骤降，加之孩子结婚生子等事宜产生了较大的经济压力，因此农民家庭更愿意选择稳健型投资产品。根据生命周期理论，个体在不同的生命阶段有着不同的行为特点和偏好，故农民家庭要根据年龄阶段、生活现状和预期选择适合自己的投资行为。性别对农民家庭风险型金融资产的配置有负向影响，说明男性户主对风险型金融产品的偏好大于女性，男性相比女性更具冒险性，愿意选择风险更大的金融产品。上文提到结婚后会面临更大的经济压力和消费支出，这会抑制农民家庭选择风险型金融产品，估计结果也证明婚姻负向影响农民家庭风险型金融资产的配置，说明家庭的组建虽会增加整体收入，但也带来较大的支出需求，同时，婚姻也代表着责任，这种责任可能会趋使个体规避风险。户主健康状况在5%水平显著正向影响农民家庭风险型金融资产的配置，随着医疗技术和生物医药进一步发展，农民身体健康状况得到进一步改善，社保的普及也降低了医疗支出，农民家庭自身也有精力对资产配置进行研究，这也提高了其投资的积极性。

表 4-1　　　Probit 模型估计结果

变量	高风险金融资产占比
年龄	-0.0015** (1.562)
性别	-0.0406** (-2.0770)
婚姻状况	-0.0977** (-4.2784)
健康状况	0.0012** (1.6234)
受教育程度	0.2049*** (7.8183)
家庭总资产	0.2396** (9.3126)
家庭收入	0.0234** (1.9141)
家庭负债	-0.0034** (-2.7433)

注：* 表示 p<0.1；** 表示 p<0.05；*** 表示 p<0.01。

（二）受教育程度和财富水平对农民家庭资产选择参与的影响

受教育程度正向影响农民家庭风险型金融资产的配置。说明金融知识掌握得越丰富，金融素养越高，对风险型金融产品的接受度越高。家庭总资产和家庭收入都在5%水平正向影响农民家庭风险型金融资产的选择，家庭总资产量和收入越高的家庭，越有能力应对风险，因此更愿意选择风险型金融产品。最后，家庭负债在5%水平负向影响农民家庭风险型金融资产的配置，估计系数为-0.0034，说明负债削弱了家庭的风险承受能力，家庭需要更加稳定的资金渠道来偿还负债和维持日常开支，进而更愿意选择低风险产品。

（三）人口学变量对农民家庭资产选择占比的影响

表4-2为Tobit模型估计结果。由结果可知，年龄在1%水平负向影响农民家庭风险型金融资产的配置，估计系数为-0.0086，说明随着年龄的增长，农民家庭逐渐减少风险型金融产品，更愿意持有存款等稳健型金融产品以满足未来开支和当前生活需求。性别负向影响农民家庭风险型金融资产的配置，婚姻状况在1%水平负向影响农民家庭风险型金融资产的配置，家庭的建立伴随着消费剧增和较大的经济压力，此外赡养老人和养育孩子以及家庭日常开销也随之增加，为保证家庭正常运转，农民家庭更倾向低风险金融产品。健康状况在5%水平正向影响农民家庭风险型金融资产的配置，健康状况越好的家庭抗风险能力强，而健康状况较差的家庭则需要留出流动资产来应对突发的疾病，故不得不选择低风险金融产品。性别对农民家庭风险型金融资产的配置估计结果不显著。

表4-2　Tobit模型估计结果

变量	高风险金融资产占比
年龄	-0.0086*** (-0.612)
性别	-0.0161 (-1.3907)
婚姻状况	-0.0392*** (-0.0591)
健康状况	0.0361** (2.4053)

续表

变量	高风险金融资产占比
受教育程度	0.0019** (1.6733)
家庭总资产	0.1342** (1.8447)
家庭收入	0.0312** (1.914)
家庭负债	-0.0003 (-0.1931)

注：* 表示 p<0.1；** 表示 p<0.05；*** 表示 p<0.01。

（四）受教育程度和财富水平对农民家庭资产选择占比的影响

受教育程度正向影响农民家庭风险型金融资产的配置，说明随着金融知识的掌握以及金融素养的提高，对于风险型金融产品的接受程度也在不断升高。家庭资产和家庭收入正向影响农民家庭风险型金融资产的配置，资产和收入越高的家庭抗风险能力越强，更倾向于选择风险型金融产品。家庭负债加重了家庭的经济压力，抑制了家庭的消费需求，使家庭更愿意选择低风险金融产品，但在 Tobit 模型中不再显著。家庭负债对农民家庭风险型金融资产的配置估计结果不显著。

第二节　被征地农民家庭资产选择的影响因素

一　问题提出

家庭金融成为近年来金融研究的热点，家庭资产的选择及其影响因素是家庭金融研究的核心问题之一（马双等，2014）。家庭资产选择的研究源于早期的消费理论，凯恩斯的财富效应概念最具代表性，认为金融资产价值的实际变化是改变短期消费倾向的重要因素（Keynes，1936）。随着现代资产组合理论的发展，学者们认识到家庭金融资产可以基于马科维茨投资组合思想配置到各种金融工具中，实现其收益与风险的匹配，进而实现资产的保值或增值（王聪、田存志，2012）。

国外学者围绕家庭资产选择进行了诸多有益探索。首先从人口学变量如年龄（Poterba & Samwick，2003）、性别（Poterba & Samwick，2003）、受教育程度（Vissing-Jorgensen，2002）、婚姻状况（Bertocchi et al.，2011）、健康状况（Rosen & Wu，2004；Edwards，2008）、家庭收入水平和财富状况（Vissing-Jorgensen，2002）等对家庭风险资产参与的影响，发现居民参与风险投资的可能性随着年龄的增长而提高；男性投资者比女性投资者有更多的股市参与（Poterba & Samwick，2003）；教育水平更高的居民更可能参与股市（Vissing-Jorgensen，2002）；随着居民收入的增加和资产的积累，使其更有能力支付股票投资的固定成本从而推动其股市参与（Vissing-Jorgensen，2002）。其次对家庭金融市场参与决策（Mankiw & Zeldes，1991；Haliassos & Bertaut，1995；Heaton & Lucas，2000），投资组合决策（Blume & Friend，1975；King & Leape，1998；Polkovnichenko，2005），投资组合的年龄、财富效应（Ameriks & Zeldes，2004；Guiso & Jappelli，2002）、金融知识（Van Rooij et al.，2011；Stango & Zinman，2009；Dohmen，2009）和投资经验（List & Millimet，2005）等进行实证研究，发现居民倾向于分散投资风险的组合投资策略（Blume & Friend，1975；King & Leape，1998）；受访者金融知识的缺乏大大制约了其股票市场的参与度（Van Rooij et al.，2011）；金融知识越多的人可能越偏好风险（Dohmen，2009）；市场经验有助于个体投资行为变得更加理性（List & Millimet，2005）。

（一）人口学变量对家庭资产选择的影响

受国际研究热点的影响，近年来，国内学者对家庭资产选择的研究热情也与日俱增。研究主要集中在两个方面，一方面人口变量对个体家庭资产选择的影响（如性别、受教育程度、婚姻状况、健康状况、家庭收入水平、家庭财产状况等）。例如，袁志刚和宋铮（1999）指出，高储蓄率主要源于居民未来收入的不确定性。另一方面中国居民存在预防性储蓄的动机。王聪、田存志（2012）的研究表明，年龄、收入和受教育程度对股市参与有显著正向影响，风险态度、社会交往、房产比例、职业风险等是影响股市参与的重要因素；信贷约束和社会互动是影响股市份额的重要因素。王珊、吴卫星（2014）考察了婚姻对家庭资产选择的影响，发现女性决策者中，已婚女性比单身女性更倾向于投资风险资产和股票，中等收入或中等财富家庭决策者在选择是否投资风险资产、风险资产的配置比重时，更容易被婚姻状况影响。雷晓燕、周月刚（2010）利用中国健康与养老追踪调查的数据，考察了居民家庭资产组合的决定因素，发现健康对城镇居民的影响非常大。健康不佳会减少他们持有的金融资产（尤其是风险资产），同时倾向于将资产转移到更安全的生产性资产和房地产上。

（二）认知、环境、风险态度、投资经验等变量对家庭资产选择的影响

近年来，认知、环境、风险态度、投资经验等变量对家庭资产选择的影响日益受到关注。例如，李涛（2006）利用投资者调查的数据，验证了中国居民在投资金融资产时是否存在基于行为偏见的参与惯性；吴卫星和齐天翔（2007）从生命周期视角考察了影响中国居民股市参与和投资组合的影响因素；李涛和郭杰（2009）的实证研究表明，居民的风险态度对其是否投资股票不存在显著影响，并从社会互动的角度对实证结论提出了新的理论解释；谭松涛、陈玉宇（2012）发现随着受访者投资经验的增加，其对真实股价的估计误差会不断降低，投资过程中的非理性行为会减少，选股和择时技巧也会提高。尹志超、宋全云、吴雨（2014）就金融知识和投资经验对家庭资产选择的影响进行实证研究，发现随着金融知识的增加会推动家庭参与金融市场，并增加家庭在风险资产尤其是股票资产上的配置；家庭参与金融市场后，随着投资经验的积累，投资到风险资产尤其是股票资产上的比例也会提高；并且投资经验有助于家庭在股票市场上盈利。

（三）问题提出

分析国内外有关家庭金融的相关文献我们发现，家庭资产选择及其影响因素是当今的研究热点，众多学者利用调研数据主要对市民家庭的家庭资产选择及其影响因素进行研究，但鲜有针对其他群体家庭资产选择的文献出现，尤其是近10年来出现的新群体——被征地农民。随着近年来土地补偿金的逐年攀升，被征地农民成为手握大量补偿款的新兴市民，如何使用这部分资金，如何进行相应的家庭资产选择，将直接决定被征地农民的家庭收入和未来的生活质量。但江苏省淮安市的一项调查表明：被征地农民土地补偿金正在成为一种资源浪费。手握高额补偿款的被征地农民大都不知道该如何用好这笔钱，尤其是在经商氛围还不浓厚的地区，大量补偿金积淀下来，成为一笔闲置资金。江苏省哲学社会

科学规划办公室对被征地农民的研究表明，江苏省被征地农民生存状况最差的不是经济较为落后的苏北地区，而是一次性货币补偿水平较高、经济发展水平也较高的大城市郊区的被征地农民[①]。为什么补偿水平较高的大城市郊区被征地农民生存状况最差？显然高额的土地补偿款并没有成为大多数城郊被征地农民的又一收入来源。那么这部分被征地农民如何使用土地补偿金将是揭开谜团的关键。

二　模型与变量

（一）数据来源

本节重点考察城郊被征地农民家庭资产选择中人口学变量、投资风险偏好和金融知识对城郊被征地农民家庭资产选择的影响，将有助于我们深入了解被征地农民的家庭资产选择的影响因素，为相关部门的政策制定提供参考依据，也有助于引导被征地农民从自身出发，优化投资策略，从而提高投资收益，使土地补偿金真正成为城郊被征地农民的重要资本和生计来源。

笔者根据农村信用社在信用评级评定的信息采集中，采用分层抽样从济南市城郊 HS 镇中的八个村抽取 400 名被征地农民作为样本，在信贷协理员和村会计的帮助下，采用入户访问形式进行调查。山东是农业大省，济南是其文化和政治中心，与全国其他城市一样，随着城市不断扩展，周边被征地农民较多，因此该样本具有较强的代表性。

（二）主要变量的解释与测量

1. 主要解释变量

人口学变量如年龄、性别、家庭人口、受教育程度、社会资源、土地补偿金额、家庭资产和家庭纯收入作为影响被征地农民家庭资产选择的变量予以考察。

研究表明风险态度与人的投资决策密切相关（Dohmen，2010），那么城郊被征地农民的风险态度如何影响其家庭资产选择？为回答此问题，我们对城郊被征地农民的投资风险偏好进行测量。为克服以往研究中测量的非标准化问题，我们选用了 Weber（2002）的风险态度量表，该量表在中国的实测结果显示出良好的信效度，其中投资风险分量表的 Cronbach's al-

---

① 江苏省哲学社会科学规划办公室：《失地农民利益的合理补偿与征地制度改革》，《江苏社会科学》2007 年第 5 期。

pha 系数为0.87（Chow & Chen，2012），由4道题组成，采用李克特5点计分，（1=绝对不可能，5=非常可能）得分越高，风险倾向越高。

金融知识可从多方面影响受访者的家庭资产选择。Guiso 和 Jappelli（2008）研究发现通过简单的询问受访者对金融的了解程度来衡量金融知识（即主观金融知识）是错误的。尹志超等（2014）为克服主观金融知识的缺陷，设计了关于利率计算、通货膨胀理解及投资风险认知的3个问题来考察受访者的金融知识。考虑到本研究受访者的特殊性，被征地农民的文化水平普遍较低、投资经验较少，对利率计算、通货膨胀及投资风险等概念了解甚少的客观事实，我们设计了介于主观金融知识和客观金融知识之间的调查问卷，请被试对银行存款、房地产（或不动产）、生产经营、黄金等重金属、股票、各种债券、基金、保险、彩票等9种投资方式进行选择，对每种投资方式了解的记为1，不了解的记为0，然后以所有投资方式的总分作为被征地农民金融知识多寡的指标（主要解释变量定义与描述统计见表4-3）。

表4-3　　　　解释变量定义与描述统计

变量	变量定义	最小值	最大值	平均数	标准差
年龄	数值变量（仅取整数值），周岁	28.0	62.0	44.89	7.78
性别	男性为1，女性为2	1.0	2.0	1.02	0.14
家庭人口	数值变量，受访人员的家庭人口数	2.0	6.0	3.65	0.68
受教育程度	数值变量，教育年限	4.0	16.0	10.23	1.94
社会资源	1为有社会资源，0为没有社会资源	0.0	1.0	0.19	0.39
补偿金额	数值变量，单位（万元）	4.0	96.0	41.60	21.21
家庭资产	数值变量，单位（万元）	2.0	2100.0	67.80	135.76
家庭纯收入	数值变量，单位（万元）	0.7	350.0	11.29	24.36
投资风险偏好	数值变量，1—20	9.0	19.0	14.26	1.65
金融知识	数值变量，1—9	1.0	9.0	3.51	2.47

2. 被解释变量

家庭资产选择的分类参考李涛（2007）、臧旭恒（2001）、于蓉（2006）对家庭资产选择种类的划分，按照金融资产与实物资产、低风险资产与高风险资产，把家庭资产分为四类：低风险金融资产、高风险金融资产、低风险实物资产和高风险实物资产。结合我们的调查实际，发现城郊被征地农民的资产选择中没有低风险实物资产，因此城郊被征地农民的家庭资产选择有三种，第一种是低风险金融资产，包括银行存款（活期和定期）、债券和保险；第二种是高风险金融资产，包括股票、基金和彩票（包括公彩、私彩及赌博）；第三种是高风险实物资产，包括房地产或不动产、经营资产和黄金等重金属。本书把以上9种常见投资形式作为城郊被征地农民家庭资产选择的测量指标（被解释变量定义与描述统计见表4-4），以家庭资产参与（1=参与，0=不参与）和家庭资产占比（0—1）为被解释变量。

表4-4　　被解释变量定义与描述统计

投资类型	变量	变量定义	最小值	最大值	平均数	标准差
低风险金融资产	现金和银行存款	位于0—1之间的数值变量，银行存款占金融资产的比重，包括现金、活期和定期存款	0.000	0.700	0.170	0.160
	各种债券	位于0—1之间的数值变量，债券投资占金融资产的比重	0.000	0.250	0.070	0.076
	保险	位于0—1之间的数值变量，保险投资占金融资产的比重	0.000	0.250	0.084	0.073
高风险金融资产	股票	位于0—1之间的数值变量，股票投资占金融资产的比重	0.000	0.600	0.131	0.137
	基金	位于0—1之间的数值变量，基金投资占金融资产的比重	0.000	0.400	0.076	0.096
	彩票	位于0—1之间的数值变量，彩票投资占金融资产的比重	0.000	0.400	0.081	0.093
高风险实物资产	房地产或不动产	位于0—1之间的数值变量，房地产（或不动产）投资占金融资产的比重	0.000	0.600	0.140	0.133
	经营资产	位于0—1之间的数值变量，生产经营投资占金融资产的比重	0.000	0.500	0.177	0.136
	黄金等重金属	位于0—1之间的数值变量，黄金等重金属投资占金融资产的比重	0.000	0.350	0.021	0.042

三　模型设定

（一）资产参与模型

由于被解释变量——家庭资产选择参与率是虚拟变量（1 为参与，0 为不参与），本书采用 Probit 模型进行回归分析，公式如下：

$$y_i=\beta_0+\beta_1x_1+\beta_2x_2+\beta_3x_3+\beta_4x_4+\beta_5x_5+\beta_6x_6+\beta_7x_7+\beta_8x_8+\beta_9x_9+\beta_{10}x_{10} \quad (4-3)$$

其中 y_i 是某种家庭资产选择参与（i 从 1 到 10），β_0 为常数项，x_1 至 x_8 为人口学变量年龄、性别、家庭人口、受教育程度、社会资源、土地补偿金额、家庭资产和家庭纯收入，x_9 为投资风险偏好，x_{10} 为金融知识，β_1 至 β_{10} 为各变量的回归系数。

（二）资产占比模型

由于被解释变量——家庭资产选择占比（占金融资产的比率）是位于 0—1 之间的数值，本书将采用 Tobit 模型进行回归分析，公式如下：

$$y_j=\beta_0+\beta_1x_1+\beta_2x_2+\beta_3x_3+\beta_4x_4+\beta_5x_5+\beta_6x_6+\beta_7x_7+\beta_8x_8+\beta_9x_9+\beta_{10}x_{10} \quad (4-4)$$

其中 y_j 是某种家庭资产选择占比（i 从 1 到 10），β_0 为常数项，x_1 至 x_8 为人口学变量年龄、性别、家庭人口、受教育程度、社会资源、土地补偿金额、家庭资产和家庭纯收入，x_9 为投资风险偏好，x_{10} 为金融知识，β_1 至 β_{10} 为各变量的回归系数。

四　实证结果及分析

（一）低风险金融资产的影响因素

表 4-5 为人口学变量、投资风险倾向和金融知识对城郊被征地农民低风险金融资产选择参与的影响，由回归结果可见：①银行存款参与中，受教育程度有正向影响，即受教育程度越高越倾向于参与银行存款投资，但补偿金额和金融知识有负向影响，即补偿金额越高、金融知识越多的城郊被征地农民越不愿参与银行存款投资；②各种证券投资中，受教育程度和金融知识均正向预测其选择参与，说明受教育程度越高，金融知识越多的城郊被征地农民越愿意参与银行存款投资；③保险投资上，受教育程度有正向预测作用，而风险偏好有负向预测作用，说明受教育程度越高，越愿意参与保险投资，而风险偏好越高，越不愿参与保险投资。

表 4-5　　低风险金融资产选择参与的影响因素

变量	低风险金融资产		
	银行存款 B（SE）	各种债券 B（SE）	保险 B（SE）
年龄	-0.000 (0.011)	0.000 (0.009)	0.003 (0.010)
性别	0.371 (0.628)	0.615 (0.499)	0.351 (0.411)
家庭人口	0.191 (0.120)	0.004 (0.102)	-0.148 (0.106)
受教育程度	0.124*** (0.053)	0.063** (0.017)	0.065** (0.029)
社会资源	0.043 (0.228)	-0.035 (0.195)	-0.000 (0.196)
补偿金额	-0.018*** (0.004)	-0.001 (0.003)	-0.000 (0.003)
家庭资产	-0.001 (0.002)	-0.000 (0.002)	0.002 (0.001)
家庭纯收入	0.024 (0.016)	-0.003 (0.009)	-0.009 (0.009)
投资风险偏好	-0.051 (0.045)	0.021 (0.041)	-0.077* (0.042)
金融知识	-0.066** (0.040)	0.061* (0.035)	-0.015 (0.036)
常数项	-0.102 (1.261)	-0.178 (1.083)	0.725 (0.993)
N	400	400	400
Pseudo R^2	0.087	0.017	0.024

注：* 表示 $p<0.05$；** 表示 $p<0.01$；*** 表示 $p<0.001$。

综观不同低风险金融资产选择参与，我们发现，受教育程度均对稳定投资有正向预测作用，受教育程度越高的城郊被征地农民，越愿意参与银行存款投资。

表 4-6 为人口学变量、投资风险偏好和金融知识对低风险金融资产选择占比的影响。由回归结果可见：①银行存款选择占比上，性别有正向影响，即女性比男性的银行存款选择占比要高，这与以往女性投资决

策中比男性更偏好稳定相一致，但受教育程度、投资风险偏好和金融知识均负向预测银行存款选择占比，即受教育程度越高，越偏好风险投资，金融知识越多，银行存款投资占比越少；②各种证券选择占比上，仅年龄有负向作用，即年龄越大的城郊被征地农民，各种证券投资占比越小，这可能与年龄较大者不了解这种投资方式有关；③保险选择占比上，年龄和受教育程度有正向预测作用，即年龄越大，保险投资占比越高，这与年龄大者更加关注养老和医疗并在此方面加大保险投资力度有关，受教育程度越高的人，保险投资占比越高，说明教育程度较高者更关注未来生活质量，而未雨绸缪；但家庭人口和金融知识负向预测保险投资占比，说明家庭人口越多、金融知识越多的城郊被征地农民，其保险投资占比越小，笔者推测其可能原因是，家庭人口较多者现在生活压力大，将来养老医疗的风险相对较低，因此保险投资占比较小，而金融知识较多者，可能有收益更高的投资方式，因此对保险投资产生了“挤出效应”。

表 4-6　　　　　　　　低风险金融资产选择占比的影响因素

变量	低风险金融资产		
	银行存款 B（SE）	各种债券 B（SE）	保险 B（SE）
年龄	0.001 （0.001）	-0.004*** （0.001）	0.004*** （0.001）
性别	0.108** （0.052）	0.027 （0.049）	0.037 （0.035）
家庭人口	-0.002 （0.012）	-0.000 （0.011）	-0.017** （0.008）
受教育程度	-0.049*** （0.006）	0.002 （0.005）	0.008** （0.003）
社会资源	-0.009 （0.022）	0.006 （0.020）	0.004 （0.015）
补偿金额	0.000 （0.000）	0.000 （0.000）	0.000 （0.000）
家庭资产	0.000 （0.000）	0.000 （0.000）	0.000 （0.000）
家庭纯收入	0.000 （0.001）	-0.001 （0.001）	-0.001 （0.001）

续表

变量	低风险金融资产		
	银行存款 B（SE）	各种债券 B（SE）	保险 B（SE）
投资风险偏好	-0.008* (0.005)	0.004 (0.004)	-0.000 (0.003)
金融知识	-0.210*** (0.004)	-0.005 (0.004)	-0.009*** (0.003)
常数项	2.571 (1.096)	-0.592 (1.071)	2.330 (1.094)
N	400	400	400
Pseudo R^2	3.349	1.015	-0.386

注：* 表示 p<0.05；** 表示 p<0.01；*** 表示 p<0.001。

综观不同低风险金融资产选择占比，我们发现，受教育程度和金融知识均有显著的负向预测作用，即受教育程度越高、金融知识越多，银行存款占比反而越低，而低风险金融资产参与的影响因素中受教育程度有正向影响，汇总两方面结果我们发现，受教育程度较高的城郊被征地农民虽然在银行存款参与率上更高，但他们的投资占比却比较低，说明他们的银行存款主要用于准备不时之需，并非用于投资，再加上金融知识对银行存款参与和占比的负向预测作用，进一步表明受教育程度较高者已经认识到银行存款不是好的投资理财方式，把大量资金存入银行意味着浪费。

（二）高风险金融资产的影响因素

表 4-7 为高风险金融资产选择参与的影响因素，由回归结果可见：①股票选择参与上，受教育程度、补偿金额、投资风险偏好和金融知识有正向预测作用，即受教育程度越高，补偿金额越高，投资风险偏好越强、金融知识越丰富的城郊被征地农民股票参与率越高；②在基金选择参与上，受教育程度、投资风险偏好和金融知识有正向预测作用，即受教育程度越高，投资风险偏好越强，金融知识越丰富的城郊被征地农民基金参与率越高；③彩票选择参与上，补偿金额和投资风险偏好有正向预测作用，即补偿金额越高、投资风险偏好越高的人，彩票参与率越高，但金融知识对彩票参与有负向预测作用，说明金融知识越丰富的城郊被征地农民，其彩票参与率反而越低，由此我们推测那些金融知识相对缺

乏又有较高风险偏好，补偿金较多的城郊被征地农民，彩票参与率会比较高。

表 4-7　　　　高风险金融资产选择参与的影响因素

变量	高风险金融投资		
	股票 B（SE）	基金 B（SE）	彩票 B（SE）
年龄	-0. 004 （0. 010）	0. 013 （0. 009）	0. 003 0. 010）
性别	0. 050 （0. 472）	-0. 379 （0. 467）	-0. 158 （0. 482）
家庭人口	-0. 018 （0. 047）	0. 001 （0. 102）	-0. 148 （0. 106）
受教育程度	0. 260*** （0. 105）	0. 098** （0. 047）	-0. 065 （0. 049）
社会资源	-0. 144 （0. 186）	0. 169 （0. 183）	-0. 000 （0. 195）
补偿金额	0. 007** （0. 003）	-0. 001 （0. 003）	0. 007** （0. 003）
家庭资产	0. 001 （0. 001）	0. 000 （0. 001）	0. 001 （0. 001）
家庭纯收入	-0. 006 （0. 009）	-0. 000 （0. 009）	-0. 005 （0. 009）
投资风险偏好	0. 098** （0. 042）	0. 087* （0. 040）	0. 099** （0. 042）
金融知识	0. 096* （0. 035）	0. 107** （0. 034）	-0. 075** （0. 035）
常数项	2. 571 （1. 096）	-0. 592 （1. 071）	2. 330 （1. 094）
N	400	400	400
Pseudo R^2	0. 028	0. 018	0. 028

注：* 表示 p<0. 05；** 表示 p<0. 01；*** 表示 p<0. 001。

综观高风险金融资产选择参与的影响因素，我们发现，投资风险偏好和金融知识对不同高风险金融资产均有极为显著的预测作用，投资风险偏好越高的城郊被征地农民，高风险金融资产参与率越高，金融知识对高风险金融资产的预测作用因资产不同而有不同方向，金融知识越多，股票和基金类风险资产参与率越高，但彩票参与率却越低。

表4-8为高风险金融资产选择占比的影响因素，由回归结果可见，①股票选择占比上，投资风险偏好和金融知识有正向预测作用，即投资风险偏好越高、金融知识越多的城郊被征地农民其股票投资占比越高，而年龄对股票投资占比有显著的负向预测作用，即年龄越大的城郊被征地农民其股票投资占比越小，这可能是因为年龄大者大多求稳，且不了解股票这种投资方式；②基金选择占比上，年龄有负向预测作用，即年龄越大基金选择占比越小，而家庭人口有正向预测作用，家庭人口越多，基金选择占比越大；③彩票选择占比上，年龄和金融知识均有显著的负向预测作用，说明年龄越大、金融知识越多的城郊被征地农民彩票投资占比越小。

表4-8　　　　高风险金融资产选择占比的影响因素

变量	高风险金融资产		
	股票 B（SE）	基金 B（SE）	彩票 B（SE）
年龄	-0.010*** (0.002)	-0.004** (0.001)	-0.003*** (0.001)
性别	-0.006 (0.075)	0.026 (0.065)	-0.067 (0.058)
家庭人口	0.033* (0.017)	0.042*** (0.015)	0.002 (0.012)
受教育程度	0.011 (0.007)	-0.005 (0.006)	-0.007 (0.005)
社会资源	0.035 (0.029)	0.007 (0.026)	0.009 (0.021)
补偿金额	-0.001 (0.001)	0.000 (0.000)	0.001 (0.000)
家庭资产	0.000 (0.000)	0.000 (0.000)	-0.000 (0.000)
家庭纯收入	0.000 (0.001)	-0.001 (0.001)	-0.000 (0.001)
投资风险偏好	0.014** (0.006)	-0.002 (0.006)	0.002 (0.005)

续表

变量	高风险金融资产		
	股票 B（SE）	基金 B（SE）	彩票 B（SE）
金融知识	0.015*** (0.005)	0.001 (0.005)	-0.017*** (0.004)
常数项	0.437*** (0.171)	0.049 (0.154)	0.326*** (0.129)
N	400	400	400
Pseudo R^2	0.357	0.143	1.338

注：* 表示 $p<0.05$；** 表示 $p<0.01$；*** 表示 $p<0.001$。

综观高风险金融资产选择占比的影响因素，我们发现，人口学变量年龄均负向预测高风险金融资产选择占比，表现出明显的生命周期效应，即年龄越大的城郊被征地农民，其家庭资产选择越倾向稳定投资，而年轻的城郊被征地农民，其家庭资产选择更倾向高风险金融资产投资，同时金融知识正向预测股票投资占比，负向预测彩票投资占比，股票和彩票均属于高风险金融资产，但与股票相比，彩票的风险更高，金融知识较多的城郊被征地农民更倾向于投资股票资产，但更不愿投资彩票资产，表现出理性投资的一面，说明金融知识越丰富的投资者，其资产选择更趋于理性。

（三）实物资产选择的影响因素

表 4-9 为高风险实物资产选择参与的影响因素，由回归分析结果可见：①房地产或不动产选择参与上，年龄和家庭人口有正向预测作用，即年龄越大、家庭人口越多的城郊被征地农民房地产或不动产投资参与率越高，这反映出年龄越大的人可能资金越雄厚，所以有多余资金参与房地产或不动产投资，同时家庭人口越多的家庭，未来房地产或不动产需求量越大，因此越愿意参与投资房地产或不动产。②生产经营投资参与上，家庭人口和社会资源均有显著的正向预测作用，即家庭人口越多，生产经营投资参与率越高，笔者推测，因生产经营投资需要较多的人力资本，因此家庭人口多的家庭，更可能参与生产经营投资，同时社会资源越丰富的城郊被征地农民，更容易获得生产经营机会和相关信息，因此更可能参与生产经营投资；补偿金和家庭纯收入对生产经营投资参与

上有负向预测作用，即补偿金和家庭纯收入越高的家庭，越不愿参与生产经营投资，因为他们原本拥有较多资金，暂时感觉不到生活压力，同时由于金钱的禀赋效应的存在——到手的钱不愿拿出来等心理作用，使家庭纯收入较高和补偿金额较高的城郊被征地农民在生产经营投资参与率上相对较低。③黄金等重金属选择参与上，所有变量对黄金等重金属选择参与均没有预测作用，我们推测可能的原因是，这种投资方式在城郊被征地农民的资产选择中参与率比较少，因此没有得到统计意义上的结果。

表 4-9　　　　高风险实物资产选择参与的影响因素

变量	实物资产		
	房地产或不动产	生产经营	黄金等重金属
年龄	0.018* (0.010)	-0.007 (0.011)	-0.006 (0.011)
性别	0.166 (0.507)	-0.004 (0.520)	-0.557 (0.577)
家庭人口	0.201* (0.108)	0.311*** (0.118)	0.103 (0.111)
受教育程度	0.016 (0.048)	-0.035 (0.053)	-0.045 (0.051)
社会资源	-0.129 (0.200)	0.224** (0.114)	-0.115 (0.218)
补偿金额	-0.007* (0.003)	-0.018*** (0.004)	-0.003 (0.003)
家庭资产	0.000 (0.001)	0.002 (0.001)	-0.002 (0.002)
家庭纯收入	0.005 (0.009)	-0.017* (0.010)	0.003 (0.010)
投资风险偏好	0.021 (0.042)	0.039 (0.045)	0.007 (0.044)
金融知识	0.005 (0.036)	0.030 (0.039)	0.024 (0.037)
常数项	-1.420 (1.136)	0.449 (1.205)	0.291 (1.211)
N	400	400	400

续表

变量	实物资产		
	房地产或不动产	生产经营	黄金等重金属
Pseudo R^2	0.023	0.064	0.013

注：* 表示 p<0.05；** 表示 p<0.01；*** 表示 p<0.001。

综观高风险实物资产选择参与的影响因素我们发现，家庭人口和补偿金额是重要的影响因素，家庭人口正向预测高风险实物资产，而补偿金额负向预测高风险实物资产。

表4-10为高风险实物资产选择占比的影响因素，由回归分析结果可见：①房地产或不动产选择占比上，年龄、投资风险偏好和金融知识均有显著的正向预测作用，即年龄越大、越愿意冒险，金融知识越丰富的城郊被征地农民其房地产或不动产选择占比越高，同时家庭人口对房地产或不动产选择占比有负向预测作用，说明家庭人口越多的家庭房地产或不动产投资占比反而越低。②生产经营资产选择占比上，受教育程度和金融知识均有正向预测作用，即受教育程度越高、金融知识越丰富的城郊被征地农民，其生产经营资产选择占比越高，可能是因为受教育程度越高的被征地农民，视野较开阔，更有眼光，更容易发现较好的生产经营机会，因此其投资占比更高，同时金融知识越丰富的城郊被征地农民，越会根据自身情况进行合理投资。城郊被征地农民被征地也意味着失业，如果进行合理的生产经营投资，不仅能让自家财富保值增值，还能创造就业，对被征地农民而言具有重要意义，因此深谙此道的被征地农民会主动学习更多金融知识，以便于自己进行生产经营投资；但年龄在生产经营投资中有负向预测作用，可能是因为年龄大者，在知识结构、精力和体力上均难以胜任生产经营投资的需要，因此年龄越大，其生产经营投资占比越低。③黄金等重金属选择占比上，受教育程度、家庭资产、家庭纯收入、投资风险偏好和金融知识均具有显著的正向预测作用，即受教育程度越高，家庭资产和家庭纯收入越高，越偏好冒险，金融知识越多的城郊被征地农民，其黄金等重金属投资占比越高，说明黄金等重金融投资作为一种投资方式仅被富裕者所熟知，表现出明显的财富效应，同时受教育程度越高的城郊被征地农民，其获取信息渠道更广泛，因此对黄金等重金属投资也具有正向预测作用。

表 4-10 高风险实物资产选择占比的影响因素

变量	实物资产		
	房地产或不动产	生产经营	黄金等重金属
年龄	0.015*** (0.001)	-0.005*** (0.001)	-0.001 (0.001)
性别	-0.093 (0.064)	-0.062 (0.052)	0.045 (0.039)
家庭人口	-0.021* (0.012)	0.007 (0.011)	0.017 (0.009)
受教育程度	0.009 (0.005)	0.029*** (0.005)	0.024*** (0.005)
社会资源	-0.013 (0.022)	-0.003 (0.020)	-0.009 (0.019)
补偿金额	0.000 (0.000)	-0.000 (0.000)	0.001 (0.000)
家庭资产	0.000 (0.000)	-0.000 (0.000)	0.001** (0.000)
家庭纯收入	-0.000 (0.001)	0.002 (0.001)	0.003** (0.001)
投资风险偏好	0.010** (0.005)	0.005 (0.004)	0.010** (0.004)
金融知识	0.020*** (0.004)	0.011*** (0.003)	0.011*** (0.003)
常数项	-0.681*** (0.141)	0.023 (0.118)	-0.158 (0.098)
N	400	400	400
Pseudo R^2	2.219	-70.890	1.370

注：* 表示 $p<0.05$；** 表示 $p<0.01$；*** 表示 $p<0.001$。

综观高风险实物资产的影响因素我们发现，金融知识是最重要的预测变量，金融知识越丰富的城郊被征地农民，其高风险实物资产占比越高；另一重要预测变量是受教育程度，受教育程度越高的城郊被征地农民，在生产经营资产占比和黄金等重金属资产占比中具有越高的比例，尤其是生产经营资产是城郊被征地农民或贫或富的重要影响因素之一，那么教育程度对它的预测作用就显得更为重要。这提示我们，受教育程度较高者，更可能对他们的资产进行合理投资，并取得良好收益。

五　小结

本书基于对济南城郊400名被征地农民的入户调查数据，对被征地农民的家庭资产选择现状、特征及影响因素进行深入研究，以人口学变量、投资风险偏好和金融知识为解释变量，以家庭资产选择参与和家庭资产选择占比为被解释变量，通过 Probit 和 Tobit 回归分析，主要得到以下结论：

（1）我们发现被征地农民家庭资产选择参与的影响因素中，因资产选择类型的不同而不同。受教育程度对低风险金融资产选择参与有正向预测作用，即教育程度越高的城郊被征地农民，银行存款投资参与率越高；投资风险偏好和金融知识对不同高风险金融资产均有极为显著的预测作用，投资风险偏好越高的被征地农民，高风险金融资产参与率越高。金融知识对高风险金融资产的预测作用因资产不同而有不同方向，金融知识越多，股票和基金类风险资产参与率越高，但彩票参与率却越低；对实物资产选择参与来说，家庭人口和补偿金额是重要的影响因素，家庭人口正向预测实物资产，而补偿金额负向预测实物资产，即家庭人口越多，越愿意参与实物资产，但补偿金额越高，实物资产的参与率反而越低。

（2）对不同资产选择占比的影响因素分析表明：受教育程度和金融知识均对低风险金融资产有显著的负向预测作用，即受教育程度越高，金融知识越多，银行存款占比反而越低，而低风险金融资产参与的影响因素中受教育程度有正向影响。汇总两方面结果我们发现，受教育程度较高的被征地农民虽然在银行存款参与率上更高，但他们的投资占比却比较低，说明他们的银行资产主要用于不时之需，并非用于投资；人口学变量、年龄均负向预测高风险金融资产选择占比，表现出明显的生命周期效应，即年龄越大的被征地农民，其家庭资产选择越倾向稳定投资，而年轻的被征地农民，其家庭资产选择更倾向高风险金融资产投资，同时金融知识正向预测股票投资占比，负向预测彩票投资占比，股票和彩票均属于高风险金融资产，但与股票相比，彩票的风险更高。金融知识较多的被征地农民更倾向于投资股票资产，但更不愿投资彩票资产，表现出理性投资的一面；金融知识是实物资产的最重要的预测变量，金融知识越丰富的被征地农民，其实物资产占比越高。另一重要预测变量是受教育程度，受教育程度越高的被征地农民，在生产经营资产占比和黄金等重金属资产占比中具有越高的比例，尤其是生产经营资产是被征地农民或贫或富的重要影响因素之一，那么教育程度对它的预测作用就显得更为重要。这提示我们，受教育程度较高者，更可能对他们的资产进行合理投资，并取得良好收益。

（3）无论是对资产选择参与还是资产选择占比，年龄、受教育程度、风险偏好和金融知识均有极为显著的预测作用。说明被征地农民的家庭资产选择会受内部自身因素的影响，如身体状况、文化水平和投资知识等。

第三节　市民家庭资产选择的影响因素

一　问题提出

相较于农民和被征地农民，对市民家庭资产选择的研究更久远，研究角度也更加多元。因此，对市民家庭资产选择的因素探讨得更充分。

（一）国外对市民家庭资产选择的影响因素研究

首先，家庭外部环境影响家庭资产选择。其一，体现在金融市场稳定性影响市民的家庭资产选择，实证结果表明市场不确定性的增加确实显著降低了普通家庭的股市参与概率（Antoniou 等，2015）。然而，股票市场的参与深度并不一定受到经济波动的影响，Bilias 等（2017）采用反事实法发现，在 1990 年前后，家庭股票持仓量的增加受到美国家庭金融资产组合增加的影响，这并没有导致净财富不平等的变化。其二，金融约束通过影响家庭财务参与门槛来影响家庭对投资资产的选择。金融约束包括金融借贷和参与成本。Khorunzhina（2013）使用收入动态面板研究中的家庭数据来估算股市参与成本的规模，估计股市参与的平均成本约为劳动收入的 4%—6%。其三，家庭资产的选择也受到住房市场房价波动的影响。房价上涨导致的住房财富增加可能会降低家庭的风险厌恶情绪，鼓励家庭持有更多股票（Luo，2017）。其次，家庭及个人异质性因素从背景风险影响家庭资产的选择，包括健康风险（Pace et al.，2014；Ayyagari et al.，2107）、收入风险（Bonaparte et al.，2014；Basten et al.，2016；Bucciol & Miniaci，2015）、房产风险（Arrondel et al.，

2106；Pedersen et al.，2013；Jansson，2017）、金融素养（Calcagno et al.，2015；Chu et al.，2017）、生命周期（Fagereng et al.，2017；Zhang et al.，2015；Betermier et al.，2017；Bucciol et al.，2017）、个人及家庭属性（Addoum et al.，2017；Kuhnen & Miu，2017）。然后个体的主观因素也会影响家庭的资产选择，包括投资及风险偏好（Sanroman，2015）和心理及人格因素（Spaenjers & Spira，2015；Bogan & Fertig，2013）。最后，生活经历对家庭资产选择的影响也较大（Li，2014）。

（二）国内对市民家庭资产选择的影响因素研究

随着时代的发展，我国家庭金融资产的配置呈现出多元化、分散化的特点，家庭资产的合理选择对促进家庭消费具有重要作用。国内关于家庭金融资产配置的影响因素有许多有意义的研究。主要集中在两个方面：一是人口统计变量对家庭资产选择的影响（如年龄、性别、受教育程度、婚姻、健康状况、收入水平和家庭财产状况等）。何兴强等（2009）发现，劳动收入风险高的家庭不太可能投资风险金融资产。张燕（2014）通过对江苏省市民金融资产配置分析发现，市民储蓄占家庭金融资产的比重较大，性别、家庭收入水平等因素在其中产生了多层次影响。尹志超等（2015）研究表明，我国户主年龄与风险资产参与率和参与深度呈倒“U”形关系。吴卫星（2011）证实，家庭成员健康状况不佳时，风险资产配置比例较低。李涛和郭杰（2009）研究发现，男性户主比女性户主参与股票的概率明显更高。卢亚娟等（2021）的研究表明，户主的受教育程度对风险金融市场的参与和占比有正向促进作用。二是金融素养、认知、环境、风险偏好、投资经验、数字金融等变量对家庭资产选择的影响。例如，胡振等（2018）基于调查数据，探究了家庭金融素养对家庭金融资产组合的影响，发现金融素养与资产组合多样性之间存在显著的正向交互作用，金融素养与风险厌恶的交互作用可以丰富家庭资产组合的多样性。吴雨（2021）通过中国家庭金融调查的数据发现，数字金融的发展也能对中国家庭的金融资产配置产生显著影响。移动支付等支付方式改善了居民资产配置的效率，降低了资产交易成本，陈瑾瑜（2022）经过研究发现，数字金融对居民家庭金融资产选择有正向影响，其中年轻家庭对家庭金融资产选择的促进作用更为明显。尹志超等（2014）发现，金融知识的增加显著促进家庭参与金融市场和风险金融资产配置，投资经验对家庭风险资产配置有显著正向影响。杨虹等

(2021) 基于 CFPS 研究发现，个体认知能力的高低对家庭参与正规金融市场和风险资产占比存在显著的正向影响。

二　模型与变量

(一) 被解释变量

本节研究的目的是了解影响中国市民金融资产选择的因素研究对象是市民家庭的金融资产配置行为。市民家庭拥有的资产大致可分为流动性较低的实物资产（房屋、土地所有权、车辆等）以及流动性较高的金融资产。

根据风险程度，金融资产可进一步分为风险金融资产和无风险金融资产。其中，风险金融资产主要是指投入风险投资领域中的资本，例如股票、基金、金融债券、金融资产管理产品、贵金属、外汇等。无风险资产是指投入低风险（无风险）领域的资本，例如现金、政府债券、银行存款、社保、货币市场基金。

本节主要分析影响市民家庭资产金融配置行为的因素，按照宋磊(2022) 的分类，被解释变量具体设定如下。首先，我国几乎所有市民家庭均持有金融资产，本节构建了金融资产占比变量，以市民家庭金融资产持有量占家庭总资产的比重来衡量，变量符号用 Y_f 表示。其次，为研究市民家庭风险金融资产的配置情况，构建了居民家庭风险金融资产参与和风险资产占比两个变量，以及市民家庭是否持有风险金融资产（Y_r，虚拟变量，1 为拥有金融资产，反之为 0）和风险金融资产占金融资产的份额（Y_{rp}）来衡量。

(二) 解释变量

本节从理论角度分析市民家庭金融资产配置的影响因素，将可能的影响因素主要分为六个维度——户主个体特征（Individual characteristics）、风险特征（Risk）、经济特征（Economics）、金融特征（Finance）、社会网络因素（Social network）和宏观经济因素（Macro economy）。目前，研究者在研究影响我国家庭金融资源配置的因素时，主要从微观的个体特征角度和外部金融经济环境等宏观因素入手。基于理论分析和现有文献研究成果，在选择影响市民金融资源配置的因素时，全面考察了宏观层次和微观层次。选取的影响因素如下。

1. 家庭户主的个体特征因素（Individual characteristics）

家庭内部的决策主体是户主，其他家庭成员都是围绕着户主形成的。

户主通常在家庭金融投资、资金分配等重要事项上具有更大的决策权，常常作为最终决策者。由于每个户主的风险偏好、金融知识等基本条件的差异，因而家庭的金融资产配置也会存在差异。因此，户主的个体特征必然是影响市民家庭金融资产配置的重要因素之一，主要体现在6个方面：（1）户主性别（Gender）。男女在进行金融资产配置决策时的风险偏好存在显著差异。（2）户主的年龄（Age）。根据生命周期理论，不同年龄段居民的家庭决策倾向存在较大差异。由于未成年人一般不会担任户主，因此本书将18岁以上的群体作为数据选择的样本范围。（3）户主的受教育程度（Education）。受教育程度决定了户主接受和认识外界新事物的能力。受教育程度越高，其涉猎的金融资产配置方法越多，且认知水平也越高。因此，户主的学历水平会对金融资产配置决策产生更大的影响。（4）户主的健康状况（Healthy）。户主身体状况越好，他的决策权就越大，可支配的资金也就越多，更愿意将家庭资金投入有风险的投资领域，期待获得更高的回报。因此，户主的健康状况可能对金融资产配置决策产生更大的影响。（5）婚姻状况（Marital status）。对户主决策影响最大的家庭成员通常是户主的配偶，其决策权重仅次于户主，已婚的户主在家庭财产决策上会更容易受到配偶的影响，考虑问题时会比单身的时候更注重生活因素，因此在金融资产配置上有较大差异。（6）家庭规模（Family size）。家庭规模越大，日常开支越高，可支配的金融资产越少，因此为了保证家庭的正常开销，可用于投资的金融资产越有限，同时投资时会尽力避免冒险行为。因此，家庭规模将显著影响户主的资产配置选择。

2. 家庭的风险特征因素（Risk）

风险特征主要从微观角度选取影响因素，考察研究对象的风险偏好和风险意识对其家庭金融资产配置的影响。主要包括三个变量：（1）金融投资风险偏好（Risk preference）。户主在投资领域的风险偏好必然会影响其金融资产配置决策。风险偏好型户主更倾向于将现有资产转化为金融资产，通过风险投资获取高额回报。（2）养老保险（Endowment insurance）。户主参加养老保险后，会降低其对晚年生活的担忧程度，通过储蓄保障晚年生活的意愿也相应降低，因此会增加其利用家庭财富进行金融投资的意愿。（3）医疗保险（Health Insurance）。与养老保险类似，有医保的户主在患病后会比没有医保的户主有更少的经济顾虑，因此可能倾向于进行风险较大的金融投资。

3. 经济特征因素（Economics）

经济特征主要与研究对象家庭的经济收入水平（Income）有关。一个家庭的收入包括以下几个来源：（1）家庭成员拥有的基本货币工资和通过劳动所赚取的等价货币工资；（2）家庭成员或家庭整体从事生产经营活动所获得的收入，包括经营性收入；（3）财产收入，即在财产增值中获得的收入。在本书中，对研究对象收入水平的衡量是通过将基础货币工资、经营所得和财产收入相加得到的。收入对家庭金融资产配置的影响可以有以下几种机制：第一，收入越高，家庭的财富越大，投资金融资产的手段就越多。第二，收入高的家庭对风险的承受能力较强，可以持有更多高风险高收益的金融资产。

4. 金融特征因素（Finance）

影响市民家庭金融资产配置的相关因素可以从社会宏观金融环境和家庭微观金融知识的角度进行选取，主要包括两个变量：（1）金融发展深度。反映市民家庭所在地区的宏观经济状况，主要体现了金融发展程度，发展程度越高，家庭受金融环境影响越深，从而影响市民家庭金融资产配置。本书采用家庭所在省份的年度金融机构贷款余额与 GDP 的比值来衡量金融发展深度。（2）金融认知水平。该变量是衡量家庭金融认识水平的微观变量，通过对利率、通货膨胀和投资风险三个问题的作答进行衡量。金融认知水平越高的城镇居民获取到的金融投资信息越多，风险识别能力越强，因此该变量必将影响城镇居民的金融资产配置的决策过程。

5. 社会网络因素（Social Network）

该变量反映了市民的社会活动支出和对社会的信任程度，主要包括两个变量：（1）社会互动支出（Social interaction expenditure）。社会互动支出是指家庭日常生活中在社会活动参与上的支出，如交通支出、通信支出、人际交往礼金支出等。社会互动支出越多，可支配的金融资产占比越小，同时影响其金融资产配置行为。（2）社会信任（Social trust）。同一家庭内部对社会的信任程度通常是一致的，家庭成员对家庭以外其他社会人员的信任程度决定了对金融行业的信任程度，影响他们在金融资产配置中的行为。

6. 宏观经济因素（Macro Economy）

社会宏观经济因素也会影响市民家庭的资产配置决策。研究对象所在区域的经济越发达，相应的区域居民获得收入的途径也就越多，收入水平也就越高，从而提高家庭资产规模，家庭金融资产有更大的可分配空间，因此有可能会对市民家庭金融资产配置行为产生影响，因此需要对该因素进行控制。这里选择的变量为地区生产总值。

表 4-11 总结了所有解释变量和被解释变量。除宏观经济变量的数据，其他变量数据均来自中国家庭金融调查（CHFS）。由于 2017 年数据存在解释变量的缺失，加上 2011 年、2013 年、2015 年和 2017 年四年平衡面板数据样本量较小，致使样本量很小，因此回归分析采用 2013 年、2015 年和 2017 年三年的平衡面板进行分析。

表 4-11　变量的测量方式

变量	变量维度	变量名称	测量方式
被解释变量	城镇家庭金融资产配置	金融资产占比	金融资产持有量/总资产
		风险性金融资产参与	拥有风险性金融资产赋值=1，未有风险性金融资产赋值=0
		风险性金融资产占比	风险性金融资产/金融资产
解释变量	户主个体特征	性别	男=1，女=0
		年龄	18—25 岁=1，26—35 岁=2，36—50 岁=3，大于 50 岁=4
		受教育程度	小学及以下=1，初中或者高中=2，大专=3，本科=4，研究生及以上=5
		健康状况	非常差=1，差=2，一般=3，良=4，优=5
		婚姻状况	已婚=1，未婚=0
		家庭规模	2 人及以下=1，3—5 人=2，大于 5 人=3
		风险偏好	低风险+低收益=1，中等风险+中等收益=2，高风险+高收益=3
	风险特征	养老保险参保	参保=1，未参保=0
		医疗保险参保	参保=1，未参保=0

续表

变量	变量维度	变量名称	测量方式
解释变量	经济特征	经济收入水平	以调查数据中调查对象填写的实际基本货币工资、经营性收入、财产性收入求和
	金融特征	金融认知水平	采用对利率计算问题、通货膨胀问题和投资风险问题三个问题回答正确的问题个数来衡量
		金融发展深度	各省份年度金融机构贷款余额/各区域 GDP
	社会网络	社会互动支出	根据调查对象交通费、通信费、礼金的支出水平，选项 A—H 依次赋值 1—8，然后求和
		社会信任	完全不信任 = 1，不太信任 = 2，一般 = 3，比较信任 = 4，十分信任 = 5
	宏观经济	社会经济水平	区域生产总值

（三）变量的描述性统计

根据 CHFS 数据，整理各变量的数据如表 4-12 所示。在本次研究样本中，市民家庭金融资产平均占比 18.26%，这表明实物资产在总资产中仍占据非常重要的地位，我国市民家庭的金融资产与实物资产的分布存在较大差异。而从金融资产内部结构分布来看，市民家庭持有风险金融资产的比例很小，仅为 23.16%左右，持有风险金融资产价值仅占金融资产价值的 11.88%。总体而言，我国市民偏好小风险的投资，差异性的数据结果有利于对市民家庭金融资产配置进行研究。

对解释变量进行描述性统计分析，结果不难看出，本次研究样本性别的平均值为 0.7247，说明男性户主的样本较多。从年龄来看，平均值为 3.4628，即户主年龄主要分布在 30—50 岁。平均受教育程度为 2.1384，即户主的受教育程度大多在大专及以下。户主平均健康水平呈现一般状况。已婚家庭占 87.30%。户主家庭规模多为 3—5 人，与我国平均家庭规模相似，说明样本变量筛选结果具有一定的可靠性。从风险偏好来看，其平均值为 1.3865，这意味着大部分市民家庭更倾向于中低风险的金融投资，这也体现在前文风险金融资产的持有量和占比较低的情况。市民家庭养老保险和医疗保险参保率较低，意味着市民家庭的生活保障意识有待加强。从经济收入特征来看，均值和标准差存在巨大差异，意味着市民收入水平存在显著失衡。从金融特征来看，金融认知水平均值为 1. 2720，可见，大多数市民家庭的金融知识极为匮乏，这也是市民家庭金融资产管理缺失和金融行业发展受限的重要原因之一。从社交媒体数据结果来看，大部分城市家庭在交通、通信、人情往来等社会互动上的支出处于较低水平。社会信任度的均值为 2. 2222，说明大部分市民家庭对社会的信任度处于中间水平。

表 4-12　描述性统计

变量	平均值	标准差	最小值	最大值
金融资产占比	0. 1826	0. 2347	0	1
风险性金融资产参与	0. 2316	0. 4219	0	1
风险性金融资产占比	0. 1188	0. 2346	0	1
性别	0. 7247	0. 4467	0	1
年龄	3. 4628	0. 6961	1	4
受教育程度	2. 1384	0. 8530	1	5
健康状况	2. 9525	1. 1510	1	5
婚姻状况	0. 8730	0. 3329	0	1
家庭规模	1. 8264	0. 5913	1	3
风险偏好	1. 3865	0. 6593	1	3
养老保险参保	0. 0621	0. 2413	0	1
医疗保险参保	0. 0693	0. 2539	0	1
经济收入水平	91840	171095	0	6137300
金融认知水平	1. 2720	0. 4755	0. 6553	2. 5444
金融发展深度	1. 0193	0. 8912	0	3
社会互动支出	3726	7547	0	500000
社会信任度	2. 2222	0. 9431	1	5
社会经济水平	50819	24724	16165	114662

三　模型设定

上文选取的变量中有三个被解释变量，分别是风险性金融资产参与金融资产的占比与风险金融资产的占比。因此，探究户主个人特征、风险特征、经济特征、金融特征、社会网络等因素对我国市民金融资产配置的影响时，有必要依据被解释变量的不同建立差异性回归模型。结合王阳和漆雁斌（2013）、魏先华等（2014）、段军山和崔蒙雪（2006）等学者构建金融资产配置行为影响因素模型的研究经验，本书在处理时采用相同的方法。对有关二元变量风险性金融资产（Y_r）分析时，采用 Probit 模型。另外，分析金融资产占比（Y_f）和风险金融资产占比（Y_{rp}）时，采用 OLS 法进行基础回归。模型设置如下：

$$Y_{ript}=\alpha_0+\alpha_1 IC_{it}+\alpha_2 RISK_{it}+\alpha_3 ECO_{it}+\alpha_4 FIN_{it}+\alpha_5 SN_{it}+\alpha_6 ME_{it}+\Phi_p+\varphi_t+\varepsilon_{ipt} \tag{4-5}$$

$$Y_{f\_ipt\ or\ rp\_ipt}=\alpha_0+\alpha_1 IC_{it}+\alpha_2 RISK_{it}+\alpha_3 ECO_{it}+\alpha_4 FIN_{it}+\alpha_5 SN_{it}+\alpha_6 ME_{it}+\Phi_p+\varphi_t+\varepsilon_{ipt} \tag{4-6}$$

式（4-5）和式（4-6）分别是 Probit 和 OLS 模型，其中 i 表示家庭，p 表示省份，t 表示年份。IC_{it} 代表户主的个体特征因素，变量包含户主的性别（Sex）、年龄（Age）、受教育程度（Education）、健康状况（Healthy）、婚姻状况（Marital status）、所在家庭规模（Family size）等；$RISK_{it}$ 代表家庭风险特征因素，包括金融投资风险偏好（Risk preference）、养老保险参保情况（Endowment insurance）等变量；ECO_{it} 表示经济特征因素，即家庭经济收入（Income）；FIN_{it} 表示金融特征因素，包括金融可得性（Financial availability）、金融知识水平（Level of financial knowledge）等变量；SN_{it} 代表社会网络因素，变量包括社交互动支出（Social interaction expenditure）、社交信任（Social trust）；ME_{it} 代表宏观经济因素。α 为常数项，Φ_p 为省份固定效应，φ_t 为时间固定效应，ε_{ipt} 为随机扰动项。第一步使用 Probit 模型估计家庭参与金融市场的方程，并根据估计结果计算逆米尔斯比率 λ_i。具体模型设置如下：

$$Z_{ict}=\begin{cases}1, & Z_{ict}{}^*>0\\ 0, & Z_{ict}{}^*\leqslant 0\end{cases} \tag{4-7}$$

$$Z_{ict}^*=\gamma_0+\gamma_X+\varphi_t+\Phi_{p+Uict} \tag{4-8}$$

在式（4-7）中，i 表示家庭，c 表示城市，t 表示年份，Z_{ict} 的值取决于不可观测的潜在变量 Z_{ict}^*，当 $Z_{ict}^*>0$ 时，表示家庭持有金融资产或风险性金融资产，此时 $Z_{ict}=1$。当 $Z_{ict}^*\leqslant 0$ 时，表示家庭不持有金融资产或风险性金融资产，此时 $Z_{ict}=0$。式(4-8)中，X 为考虑到影响家庭金融资产配置所有的可能变量，φ_t 为时间固定效应，Φ_p 为省份固定效应，$_{Uict}$ 为随机扰动项。

第二步使用 OLS 模型识别影响家庭金融资产配置的因素。此时，将第一步选择方程中计算出的逆米尔斯比率 λ_i 作为解释变量代入式（4-8）的回归方程组中，具体模型如下：

$$Y_{ict}=\begin{cases}\text{可观测，} Z_{ict}=1\\ \text{不可观测，} Z_{ict}=0\end{cases} \tag{4-9}$$

$$Y_{ict=}\gamma_0+\gamma_X+\gamma_2\lambda_i+\varphi_t+\Phi_{p+}\varepsilon_{ipt} \tag{4-10}$$

其中，式（4-9）表明，若家庭持有金融资产或风险性金融资产，则可观察到金融资产比例和风险性金融资产比例，反之则不可观察，Y_{ict} 是家庭金融资产或风险性金融资产的比例。式（4-8）中的 λ_i 为根据式（4-8）的估计结果计算出的逆米尔斯比率，ε_{ipt} 为随机扰动项，式（4-8）中的$_{Uict}$ 服从联合正态分布，其他符号定义为同式（4-8）中相同。

四　实证结果及分析

（一）金融资产占比的影响因素

正如本书前几章所述，我国几乎所有的市民家庭都持有金融资产，因此本书在探究影响金融资产整体配置的因素时，从金融资产占家庭总资产的比重入手研究。

根据（4-6）式，OLS 模型的回归处理方法是以家庭金融资产份额（Y_f）为被解释变量，并根据逐步回归，假设模型 1（M1）选择户主个体特征变量的性别（Sex）、年龄（Age）、受教育程度（Edu）、健康状况（Heal）、婚姻状况（Mar）和家庭规模（Size）对持有金融资产（Y_f）的回归结果。模型 2（M2）以户主个人特征变量维度为前提，增加风险特征维度变量（R-pre）和养老保险参保（End）、医疗保险参保（Med）。模型 3（M3）是假设变量维度为户主个体特征和风险特征并加入经济特征变量经济收入水平（Inc）。模型 4（M4）在假设户主个体特征、风险特征和可变经济特征维度的基础上，同时加入了金融特征深度的金融发展（Ava）和金融认知水平（Cog）等可变维度。模型 5（M5）在假设户主个体特征、风险特征、经济特征和金融特征变量的基础上，增加了社会网络维度变量社会互动支出（In-exp）和社会信任（Trust）。模型 6（M6）以户主个体特征、风险特征、经济特征、金融特征和社会网络变量为前提，加入宏观经济维度变量社会经济水平（GDP），回归结果如表 4-13 所示。

表 4-13　各因素对市民家庭金融资产占比的影响（OLS）

	M1	M2	M3	M4	M5	M6
性别	-0.0038 (0.0050)	-0.0041 (0.0050)	-0.0038 (0.0050)	-0.0035 (0.0050)	-0.0035 (0.0050)	-0.0035 (0.0050)
年龄	-0.0056* (0.0032)	-0.0029 (0.0032)	-0.0037 (0.0032)	-0.0031 (0.0032)	-0.0030 (0.0032)	-0.0031 (0.0032)
受教育程度	0.0124*** (0.0033)	0.0102*** (0.0033)	0.0083*** (0.0030)	0.0061** (0.0030)	0.0059** (0.0030)	0.0059** (0.0030)
健康状况	0.0014 (0.0015)	0.0009 (0.0016)	0.0004 (0.0016)	0.0003 (0.0016)	0.0002 (0.0016)	0.0001 (0.0016)
婚姻状况	-0.0150* (0.0080)	-0.0148* (0.0079)	-0.0164** (0.0078)	-0.0171** (0.0077)	-0.0176** (0.0074)	-0.0176** (0.0074)
家庭规模	-0.0367*** (0.0043)	-0.0373*** (0.0042)	-0.0384*** (0.0043)	-0.0382*** (0.0042)	-0.0382*** (0.0042)	-0.0382*** (0.0042)
风险偏好		0.0118*** (0.0037)	0.0113*** (0.0037)	0.0098*** (0.0037)	0.0096** (0.0037)	0.0097*** (0.0037)
养老保险参保		0.0122** (0.0053)	0.0108** (0.0052)	0.0095* (0.0052)	0.0091* (0.0052)	0.0092* (0.0052)
医疗保险参保		0.0186** (0.0076)	0.0173** (0.0075)	0.0158** (0.0074)	0.0155** (0.0073)	0.0154** (0.0073)
经济收入水平			0.0039*** (0.0012)	0.0034*** (0.0011)	0.0032*** (0.0011)	0.0032*** (0.0011)
金融认知水平				0.0189 (0.0254)	0.0181 (0.0259)	0.0356 (0.0356)
金融发展深度				0.0098*** (0.0020)	0.0096*** (0.0019)	0.0096*** (0.0019)
社会互动支出					0.0006 (0.0006)	0.0006 (0.0006)
社会信任度					0.0011 (0.0019)	0.0010 (0.0019)
社会经济水平						0.1081 (0.0746)
N	22160	22160	22160	22160	22160	22160

续表

	M1	M2	M3	M4	M5	M6
R^2	0.025	0.027	0.027	0.029	0.029	0.029
Adj. R^2	0.023	0.025	0.026	0.027	0.027	0.027

注：*、**、***分别表示在10%、5%、1%的显著性水平显著，括号内为城市层面的聚类稳健标准误。

由表4-13可知，在户主个人特征变量中，只有受教育程度（Edu）、婚姻状况（Mar）和家庭规模（Velikost）稳健且显著地影响金融资产配置。受教育程度越高，家庭金融资产占比越高。婚姻状况和家庭规模对金融资产占比有显著负向影响，这意味着拥有较大规模的家庭金融资产份额也较低。OLS结果显示，这些因素对家庭金融资产配置的影响基本符合本书的预期，而该维度的其他因素对金融资产占比没有显著影响。

在风险特征和经济特征维度上，各变量对市民金融资产占比均具有稳定且显著的正向影响，即风险偏好（R-pre）越高，养老保险参保（End）、健康保险参保（Med）或经济收入（Inc）的增加都增加了市民家庭金融资产占总资产的比重。OLS结果表明，这些因素对家庭金融资产配置的影响基本符合本书的预期。

在金融特征维度上，金融知识水平（Cog）对市民家庭金融资产占比也有稳健且显著的正向影响，而金融发展深度（Ava）对其影响不显著，反映了金融认知水平与金融资产投资的强相关性，影响市民家庭决策的金融因素更多是在微观层面。然而，社会互动支出（In-exp）、社会网络的社会信任（Trust）和宏观经济维度的社会经济水平（GDP）对市民家庭金融资产占比没有显著影响。

（二）高风险金融资产参与的影响因素

采用Probit方法进行回归分析，依照逐步回归，结果见表4-14。可以看出，在户主个体特征变量中，年龄（Age）和婚姻状况（Mar）对市民家庭持有风险金融资产的影响并不稳健。家庭是否以男性为户主以及家庭规模对他们是否持有金融资产有显著的负向影响，即男性户主（Gender）的家庭或家庭规模较大的家庭（Size）使他们不太可能持有风险金融资产。这表明，如果女性在家庭中掌握话语权，她们更愿意承担风险，将财富投资于风险高但回报高的金融资产；而家庭规模越大的家庭，日常开支越多，他们就越不愿意冒险。受教育程度（Edu）和健康状况（Heal）也有显著的正向影响，说明这两个影响因素越高，家庭对风险的承受能力越强，符合本书研究的预期。

表 4-14　各因素对市民家庭风险性金融资产参与的影响（Probit）

	M1	M2	M3	M4	M5	M6
性别	-0.0416*** (0.0081)	-0.0427*** (0.0081)	-0.0393*** (0.0078)	-0.0382*** (0.0073)	-0.0388*** (0.0072)	-0.0388*** (0.0072)
年龄	-0.0097 (0.0068)	0.0137** (0.0068)	0.0064 (0.0068)	0.0104 (0.0065)	0.0111* (0.0065)	0.0111* (0.0065)
受教育程度	0.1230*** (0.0051)	0.1035*** (0.0044)	0.0817*** (0.0039)	0.0687*** (0.0037)	0.0672*** (0.0038)	0.0672*** (0.0038)
健康状况	0.0183*** (0.0037)	0.0128*** (0.0034)	0.0083** (0.0033)	0.0076** (0.0032)	0.0069** (0.0032)	0.0069** (0.0032)
婚姻状况	0.0346*** (0.0113)	0.0348*** (0.0107)	0.0153 (0.0102)	0.0119 (0.0101)	-0.0083 (0.0099)	0.0083 (0.0099)
家庭规模	-0.0042 (0.0070)	-0.0098 (0.0063)	-0.0226*** (0.0060)	-0.0211*** (0.0061)	-0.0202*** (0.0062)	-0.0202*** (0.0062)
风险偏好		0.0963*** (0.0049)	0.0895*** (0.0047)	0.0801*** (0.0049)	0.0791*** (0.0049)	0.0792*** (0.0050)
养老保险参保		0.1232*** (0.0110)	0.1094*** (0.0105)	0.1013*** (0.0101)	0.0980*** (0.0101)	0.0982*** (0.0101)
医疗保险参保		0.1318*** (0.0086)	0.1167*** (0.0089)	0.1076*** (0.0087)	0.1052*** (0.0087)	0.1051*** (0.0087)
经济收入水平			0.0516*** (0.0036)	0.0470*** (0.0034)	0.0448*** (0.0033)	0.0448*** (0.0033)
金融认识水平				-0.0158 -0.0158	-0.0240 (0.0417)	-0.0107 (0.0436)
金融发展深度				0.0617*** (0.0049)	0.0602*** (0.0049)	0.0602*** (0.0049)
社会互动支出					0.0055*** (0.0009)	0.0056*** (0.0009)
社会信任度					0.0083*** (0.0028)	0.0082*** (0.0028)

续表

	M1	M2	M3	M4	M5	M6
社会经济水平						0.0999 (0.0675)
N	22173	22173	22173	22173	22173	22173
Pseudo R^2	0.132	0.180	0.206	0.224	0.227	0.227

注：*、**、***分别表示在10%、5%、1%的显著性水平显著，括号内为市民层面的聚类稳健标准误。

在风险特征和经济特征维度上，各变量在≤1%水平时对家庭金融资产持有量均有显著正向影响，符合预期。在金融特征维度上，金融认知水平（Cog）对市民金融资产持有量具有显著正向影响，而金融发展深度（Ava）对其影响不显著，说明金融素养将使城市家庭更能参与投资市场化程度更高的风险金融资产。

社会互动支出（In-exp）和社会信任（Trust）度的回归系数显著为正，这也反映出社会活动越频繁、家庭信任度越高，参与金融市场的意愿越大。宏观经济维度变量社会经济水平（GDP）对家庭是否参与金融市场没有显著影响，这也反映出我国金融市场与宏观经济的相关性没有明确的规律。例如，宏观经济发展与金融市场的上升和下降相关性不大，因此不会显著影响市民持有风险金融资产。

（三）高风险金融资产占比的影响因素

根据式（4-2），OLS模型的回归处理方法中风险家庭金融资产占比（Y_{rp}）为被解释变量，模型结果主要见表4-15。回归的标准误是异方差稳健的，并在城市层面聚类。

表4-15　各因素对市民家庭风险性金融资产占比的影响（OLS）

	M1	M2	M3	M4	M5	M6
性别	-0.0095** (0.0042)	-0.0103*** (0.0038)	-0.0094** (0.0037)	-0.0086** (0.0036)	-0.0087** (0.0037)	-0.0087** (0.0037)
年龄	-0.0126*** (0.0040)	-0.0009 (0.0044)	-0.0038 (0.0044)	-0.0021 (0.0043)	-0.0016 (0.0043)	-0.0016 (0.0043)
受教育程度	0.0460*** (0.0030)	0.0360*** (0.0025)	0.0294*** (0.0024)	0.0239*** (0.0024)	0.0226*** (0.0024)	0.0226*** (0.0024)

续表

	M1	M2	M3	M4	M5	M6
健康状况	0.0088 *** (0.0022)	0.0063 *** (0.0021)	0.0048 ** (0.0021)	0.0044 ** (0.0021)	0.0038 * (0.0021)	0.0038 * (0.0021)
婚姻状况	0.0079 (0.0071)	0.0084 (0.0066)	0.0032 (0.0065)	0.0014 (0.0065)	-0.0021 (0.0065)	-0.0021 (0.0065)
家庭规模	-0.0076 ** (0.0031)	-0.0101 *** (0.0032)	-0.0139 *** (0.0065)	-0.0135 *** (0.0033)	-0.0129 *** (0.0033)	-0.0130 *** (0.0033)
风险偏好		0.0514 *** (0.0056)	0.0497 *** (0.0055)	0.0459 *** (0.0056)	0.0452 *** (0.0056)	0.0452 *** (0.0056)
养老保险参保		0.0857 *** (0.0087)	0.0812 *** (0.0086)	0.0777 *** (0.0085)	0.0749 *** (0.0085)	0.0750 *** (0.0085)
医疗保险参保		0.0709 *** (0.0065)	0.0663 *** (0.0065)	0.0629 *** (0.0064)	0.0611 *** (0.0063)	0.0611 *** (0.0063)
经济收入水平			0.0135 *** (0.0011)	0.0123 *** (0.0011)	0.0112 *** (0.0011)	0.0112 *** (0.0011)
金融认知水平				-0.0329 * (0.0184)	-0.0363 * (0.0194)	-0.0296 (0.0199)
金融发展深度				0.0251 *** (0.0026)	0.0240 *** (0.0026)	0.0239 *** (0.0026)
社会互动支出					0.0042 *** (0.000)	0.0042 *** (0.0005)
社会信任度					0.0030 ** (0.0015)	0.0030 ** (0.0014)
社会经济水平						0.0415 (0.0339)
N	21864	21864	21864	21864	21864	21864
R^2	0.065	0.102	0.111	0.118	0.122	0.122
Adj. R^2	0.064	0.100	0.109	0.117	0.120	0.120

注：*、**、***分别表示在10%、5%、1%的显著性水平显著，括号内为市民层面的聚类稳健标准误。

以相同的形式逐步相加各维度的影响变量，可以看出户主个体特征变量中，受教育程度（Edu）、性别（Sex）、健康状况（Heal）和家庭规模（Size）对城市家庭风险金融资产占比具有稳定显著的影响，其中受教育程度和健康状况有显著的正向影响，意味着受教育程度越高或家庭的健康状况越好，金融资产的比例就越高。户主性别和家庭规模的影响显著为负，意味着以男性为户主的家庭或家庭成员较多的家庭具有较低的风险金融资产占比。

在风险特征和经济特征维度上，各变量对市民家庭风险金融资产占比均具有稳定且显著的正向影响，即高风险偏好（R-pre）、养老保险参保（End）或医疗保险参保越高（Med）、经济收入水平（Inc）的增加，提升了市民家庭风险金融资产的占比。

在金融特征维度上，金融认知水平（Cog）对市民家庭风险金融资产占比也具有稳健且显著的正向影响，而金融发展深度（Ava）则不存在稳健的影响。社会网络维度的社会互动支出（In-exp）和社会信任度（Trust）对市民家庭风险金融资产占比有显著影响，宏观经济维度变量的社会经济水平（GDP）对市民的风险金融资产没有显著影响。

五 主要结论

从个体特征因素、风险特征因素、经济特征因素、金融特征因素、社会网络因素和宏观经济因素六个维度，研究影响市民金融资产配置行为的因素，以金融资产占比、高风险金融资产参与、高风险金融资产占比为被解释变量建立回归模型。

影响家庭金融资产配置因素的回归结果表明：在金融资产占比（金融资产/总资产）上，只有家庭规模是户主个人特征的影响因素。风险特征和金融特征维度中的风险偏好因子及金融认知水平对市民家庭配置的金融资产占比有显著影响，家庭规模越小，风险偏好越高，金融认知水平越高。这三个关键因素都与家庭的风险承受能力有关，意味着家庭对风险金融资产的偏好有可能决定其金融资产配置比例。

因此，本章进一步分析了各因素对市民家庭风险金融资产配置的影响，这些因素也是其中的关键影响因素，从而验证了研究假设。从户主的个人特征来看，性别、年龄、受教育程度和健康状况也是影响风险金融资产配置的重要因素，健康状况越好，配置风险金融资产的可能性就越大。女性决定家庭话语权，户主年龄较大或受教育程度较高的家庭不仅更多地配置风险金融资产，而且配置比例（风险金融资产/总金融资产）也更高。此外，家庭参保情况对风险金融资产配置也表现出显著的正向影响。同时，收入状况也表现出显著的正向影响，这也说明收入越高的家庭越能承受风险。在社会网络维度上，人际互动支出也正向影响家庭风险金融资产配置，社会信任度越高，只会增加持有风险金融资产的可能性，但不会影响家庭风险金融资产配置占比。总体而言，宏观经济层面对市民金融资产配置影响并不显著。

第五章 家庭资产选择的心理机制

无论是农民、被征地农民还是市民在面临家庭资产选择时都有自己的心理历程，即心理机制。最理想的研究方案是对三类群体的心理机制进行系统的分类研究，但因为本章研究所用的实验法需要被试的积极配合，找到大量配合的农民和市民都非常困难。本书研究者与农商行有合作关系，通过它们可以找到大量的被征地农民配合研究，且被征地农民兼具农民和市民的双重特征，探究这部分群体家庭资产选择的心理机制或可为深入了解其他群体的心理机制提供借鉴，起到窥一斑而见全豹的作用。因此，本章心理机制的研究群体为被征地农民。

传统的家庭资产选择研究缺少对投资者微观决策行为及决策背后心理因素的分析，导致模型预测结果与投资者实际资产选择相矛盾，为了更好地解释和预测投资者资产选择行为，本章节将把行为金融学中的相关研究范式成功应用到家庭资产选择研究中，以期揭示家庭资产选择中存在的各种效应的心理机制，为更深入地了解并合理引导城郊被征地农民的家庭资产选择提供实证依据。

第一节 保守与冒险并存倾向的心理机制

一 问题提出

（一）理论基础

心理账户是个人和家庭在进行经济决策时，对财富来源和支付方式进行编码、记录、分类和评价的心理认知过程（李爱梅、凌文辁，2007）。心理账户的概念来源于 Thaler（1980）对沉没成本效应的解释。他认为，人们在做出消费决策时，会把过去的投资和当前的支出加在一起作为总成本来衡量决策，从而产生沉没成本效应。Thaler（1985，

1999）认为，人们在进行经济决策时，心理账户系统往往遵循与经济学运行规则相冲突的潜在心理运行规则。他的心理账户记账方式不同于经济学和数学，因此心理账户经常以意想不到的方式影响决策。心理账户的基本特征和运行规律包括：不可替代性（Abeler & Marklein，2008；Thaler，1985）、享乐主义编撰（Lim，2006；Thaler，1985）、部分账户（Kahneman & Tversky，1979）、价值函数（value function）和损益编码规则（profit & loss framing）（Tversky & Kahneman，1981）等。这些基本特征和运算规则也被用来解释和应用在各种投资决策上，例如投资股票（Arkes、Hirshleifer、Jiang & Lim，2008；Lim，2006）。

李爱梅等（2014）发现心理账户的认知标签和情绪标签会影响消费决策。所谓心理账户的认知标签，是指根据资金来源将心理账户分为经常性收入账户和意外之财账户（Kivetz，1999）。第一个是指通过努力工作获得的预期固定收入，第二个是指个人从非工作和意外收入中获得的财富。获得金钱引起人们不同情绪的过程被称为心理账户的“情绪标签”，分为积极情绪标签和消极情绪标签。个人倾向于将固定收入用于实际消费，将意外之财用于享乐消费；心理账户的认知标签和情绪标签对消费决策具有交互影响，但对城郊被征地农民家庭资产选择的影响还尚属空白。城郊被征地农民在被征地后会获得大量土地补偿金，我们推测把土地补偿金划入不同心理账户是导致城郊被征地农民家庭资产选择中保守与冒险倾向并存的主要原因，据此我们提出如下假设。

（二）研究假设的提出

虽然心理账户可以分为认知和情感两类，但以往的研究并未将情感心理账户与原始心理账户区分开来，两者是否独立尚无定论。我们认为，心理账户的认知标签是人们根据财富来源对心理账户进行分类和管理的认知过程，而心理账户的情绪标签则是个体根据伴随财富来源的情绪对心理账户进行的另一种分类过程。据此，我们提出以下假设：

假设 1：心理账户的认知标签对城郊被征地农民家庭资产选择有显著影响，个体倾向于将意外之财进行风险投资，将常规收入进行稳定投资。

假设 2：心理账户的情绪标签对城郊被征地农民家庭资产选择有显著影响，个体倾向于将积极情绪标签进行风险投资，将消极情绪标签进行稳定投资。

假设 3：心理账户的认知和情绪标签对城郊被征地农民的投资决策具

有交互作用。

二　研究方法

（一）研究目的

本书通过情境实验，探讨心理账户的认知和情绪标签是否影响城郊被征地农民的投资决策，以及它们是否存在相互作用。

（二）研究方法

被试为济南城郊被征地农民 400 人，其中男性 398 人，平均年龄为 44.88±7.77 岁。

采用 2（情绪标签：积极情绪、消极情绪）×2（认知标签：意外之财、常规收入）被试间实验设计，因变量为风险投资占比。首先，被试被随机分为四组，被试随机分发四种版本的自建情境实验材料。其中，积极情绪的意外收入是幸运的 10 万元彩票中奖，积极情绪的固定收入是做生意很顺利，一次赚 10 万元；消极情绪的意外之财是家庭伤害赔偿 10 万元，消极情绪的固定收入是靠多年的努力积累了 10 万元。为了测试认知标签和情绪标签的操纵是否成功，我们使用二选一方法来测量受试者对从工作中获得的收入（“意外收入”或“正常收入”）的认知标签，使用 9 点评级方法测量被试关于此笔收入的主观情绪标签（情绪感受是“好的”还是“不好的”，1＝几乎没有，9＝非常强烈）。

三　结果与讨论

（一）操纵检验

首先对心理账户的认知标签和情绪标签进行操作有效性检验。意外之财情境组的被试有 181 人（90.5%）认为这笔收入是意外之财。其中，积极情绪组有 96 人（96%）认为“这笔钱给他们带来好情绪”，消极情绪组有 95 人（95%）认为“这笔钱给他们带来坏情绪”；常规收入情境组的被试有 186 人（93%）认为这笔收入是常规收入。其中，积极情绪组有 98 人（98%）认为他们的情绪是好的，消极情绪组有 100 人（100%）认为他们的情绪是不好的。这说明认知标签和情绪标签的操纵有效。

（二）结果分析

为检验认知标签与情绪标签对城郊被征地农民投资决策的影响，我们以情绪标签和认知标签为自变量，城郊被征地农民的风险投资占比为因变量，进行方差分析，结果表明。情绪标签的主效应显著 $F_{(1,396)}$ ＝

73.47，$p<0.000$，$\eta^2=0.11$，当城郊被征地农民把某部分钱划入积极情绪账户时，更倾向于对这笔钱进行风险投资（见图 5-1）；认知标签的主效应显著 $F_{(1,396)}=9.09$，$p<0.001$，$\eta^2=0.02$，当城郊被征地农民把某部分钱划入意外之财账户时，更倾向于对这笔钱进行风险投资（见图 5-2）；假设 1 和假设 2 得到了验证。但认知标签与情绪标签的交互效应不显著 $F_{(1,396)}=0.97$，$p=0.32$，假设 3 没有得到验证。

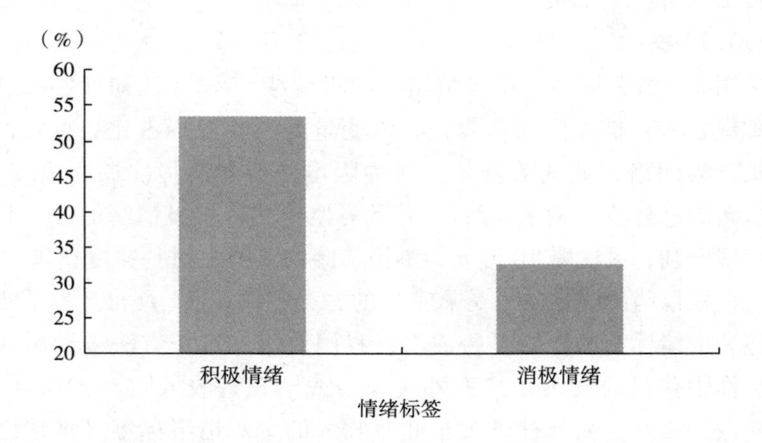

图 5-1 情绪标签对城郊被征地农民投资决策的影响

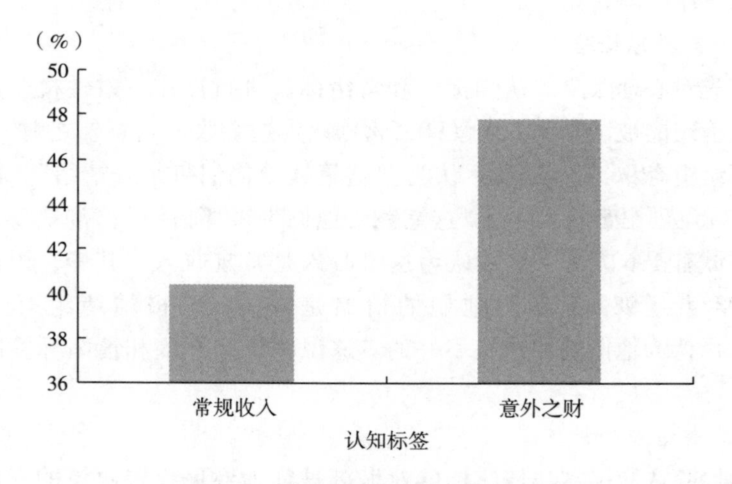

图 5-2 认知标签对城郊被征地农民投资决策的影响

为什么城郊被征地农民在进行家庭资产选择时存在保守与冒险并存的倾向呢？本实验可以给出解释。当城郊被征地农民把征地补偿金划入意外之财和积极情绪账户时，他们更倾向于对土地补偿金进行高风险投资；但当城郊被征地农民把征地补偿划入常规收入和消极情绪账户时，他们更倾向于对土地补偿金进行稳定投资。由于城郊被征地农民中的个体差异非常之大，有的城郊被征地农民在被征地前已经进行非农经营活动，对土地的感情不深，征地后的土地补偿金容易划入积极情绪的意外之财，但另一部分长期依赖土地生存的郊区农民，对土地感情深，征地补偿易被划入常规收入和消极情绪账户。这两部分人的共同存在使城郊被征地农民在家庭资产选择上表现出"保守与冒险并存"的特征。

第二节　羊群效应的心理机制

一　问题提出

（一）文献综述

羊群效应最初是指动物（牛、羊和其他牲畜）成群结队地移动和觅食。作为一个概念，它最早是在心理学研究领域提出的，后心理学家勒邦（Le Bon，2015）研究了19世纪中叶的流行心态后认为，个体聚集在一个群体后，从众、盲目等社会现象和道德约束丧失。这个概念后来被引申到描述人类社会中的这样一种现象：个体放弃自己的观点，与大多数人一起思考、感受和行动，并与每个人保持一致的行为（李旭，2006）。经济金融领域对羊群效应的研究起步较晚，直到20世纪80年代，理性人假设理论被打破，心理学理论逐渐渗透到经济金融领域，科学家才开始研究资本市场羊群效应。在国外专家学者对金融市场羊群效应的研究中，普遍认可羊群效应的LSV理论和SS理论的定义（葛蒙蒙，2013）。Lakonishok，Shleifer和Vishny（1992）对羊群效应进行了狭义定义（LSV理论），认为羊群效应是指与其他投资者同时买入或卖出同一股票。Scharfstein和Stein（1990）（SS理论）认为，羊群效应是指投资者违反贝叶斯理性人的后验分布规律，忽略自身的私人信息，而只是采取其他投资者的相同投资行为。在国内专家和科学家的研究中，宋军（2006）对羊群效应的定义在国内学界得到普遍认可。宋军认为，羊群效应是指各类市场参与者的决策过程受到他人的影响，或自己的决策过程影响了他人的决策，因此造成部分市场参与者的决策相互关联，最终体现在资产价格上的一种社会现象。

羊群效应广泛存在于投资决策中，引起了国内外学者的关注。大量研究表明，由于各种主客观原因，投资者在决策时往往相互学习和模仿，造成了羊群效应。现有研究大多集中于羊群效应的影响因素和由此产生的负面经济影响等方面，并且由于机构投资者和个体投资者的不同，研究结论也存在差异。本书的研究对象是城郊被征地农民，属于个体投资者，因此我们重点梳理个体投资者视角下的羊群效应研究。

个体投资者羊群效应是指，个体投资者除了频繁跟随金融机构的投资策略外，还倾向于追随其他个体投资者的投资行为，这种现象被称为个体投资者羊群效应。由于个体投资者存在损失厌恶或损失后悔，同时又没有财力支撑获取确切信息的费用，因此他们往往通过观察，间接学习其他投资者的投资思路，模仿成功的个体投资者的投资过程。如果个体投资者 A 多次观察个体投资者 B，发现其投资回报相当可观，他就会相信投资者 B 的投资能力，进而采取与 B 相同的投资策略；同理，同样密切关注投资者 B 投资行为的投资者 C 发现，投资者 B 连续多次在自己的投资中获利颇丰，同时投资者 C 曾经在进行某几次投资时，由于和投资者 B 的投资思路相反而被套牢，便越是相信他跟随投资者 B 是安全的，当自己的投资方式不符合投资者 B 时，便质疑自己的投资策略，选择跟随投资者 B。经过一系列的传染过程，市场上此类模仿行为越来越多，投资者 B 的投资行为形成了一定程度的羊群效应（李旭，2006）。

关于个体投资者羊群效应的影响因素引起众多研究者的关注。目前有关个体投资者的羊群效应主要涉及股市投资。Shiller（1993）认为，由于个体投资者缺乏对股票的专业知识和有关信息，市场情绪、时尚和狂热等会影响个体决策，从而增强股票市场的羊群效应。Shleifer 和 Summers（1990）对个体投资者投资行为的实证研究发现，个体投资者会遵循相同的信息，如股评家和财经媒体的推荐，采取相同的投资策略，导致股市出现羊群行为。基于问卷调查的结果，Shiller（1993）得出结论：当个股股价变动较大时，羊群效应更为剧烈，个体投资者对股市羊群效应的影响强于机构投资者。而且，很多研究表明，个体投资者是投资者群体中的弱势群体，他们的判断和决策过程会不由自主地受到各种心理因素的影响，如认知过程、情绪过程、意志过程等，从而陷入各种认知陷阱之中，这种认知陷阱造成了认知行为的偏差（饶育蕾、刘达锋，2003）。李旭（2006）在研究中总结了影响个体投资者从众行为的非理性因素——投资者的认知偏差。主要存在五类投资者认知偏差：可得选择证实偏差、过度偏差、心理账户、厌恶偏差和群体心理压力。Scharfstein和Stein（1990）系统地描述了由于管理者能力低下造成的企业投资决策中的羊群行为。在他提出的持续决策过程中，精明的管理者接收到的是关于投资项目高质量的盈利信息，愚蠢的管理者只能接收到较差的信息。前者接收到的信息通常是正相关的，所以投资决策的效率高，后者跟随前者以掩盖自己的低能力。Graham（1999）研究了237位投资分析师的股票推荐意见，发现有着较高声誉或能力低下的分析师更可能认同并附和他人的意见，因此得出结论：羊群行为具有维护声誉和掩饰低能的双重动机。我国学者熊智、周雪（2011）以管理者为研究对象对羊群效应进行研究，结果表明羊群行为与管理者能力负相关，与管理者声誉正相关。

目前有关羊群效应的研究已取得较为丰硕的成果，但尚存在以下不足：（1）研究领域比较局限，有关羊群消息的研究主要在股市投资领域，对其他投资方式的涉及非常之少。但人的投资行为是具有多样性的，羊群效应在其他投资领域中是否存在？产生的机制是什么？对这些问题的解答将有助于我们对羊群效应有更深入的了解。（2）研究视角上多从宏观视角进行分析，微观视角研究较少。国内外学者对羊群效应的研究主要依据股市投资数据，通过建立数学模型，分析其影响因素，由于没有控制无关因素的影响，使研究结论受到质疑。（3）研究对象上，以城镇居民为主，鲜少涉及农民或文化程度较低的居民。而我们是农业大国，农村人口和文化程度较低人口占我国总人口的大多数，由于文化水平比较低，金融知识和投资经验缺乏，因此在投资过程中可能导致更为严重的羊群效应，如果不加以引导和控制，在微观层面会给个体带来经济损失，在宏观层面给国家经济秩序带来波动。因此本书中我们将克服以往研究中的不足，从微观视角，以实际调查数据为依据，以城郊被征地农民为研究对象，对城郊被征地农民的羊群效应及其心理机制进行深入探讨，揭示城郊被征地农民投资选择中的非理性偏差，为更好地引导其理性投资提供实证依据。

（二）研究假设

鉴于众多研究表明，个体投资者投资能力的高低是羊群行为的重要预测变量。Scharfstein 和 Stein（1990）认为企业投贷决策中因管理者能力低下是形成羊群行为的主因，精明的管理者接收到有关投资项目的信息质量高，愚笨的管理者则只能接收到较差信息。前者接收的信息通常正向相关，因而投资决策效率高；后者为掩饰自身能力低，便跟从前者行动，以伪装成有能力之士。Graham（1999）对 237 位投资分析师的荐股意见进行了研究，发现能力越差的分析师越容易附和他人看法，认为羊群行为具有伪装能力的动机。我国学者熊智、周雪（2011）以管理者为研究对象对羊群效应进行研究，结果表明羊群行为与管理者能力负相关。众所周知，农民的文化与一般市民相比文化水平较低，投资理财经验较少，因此他们可能会有更高的羊群效应，且在城郊被征地农民内部，因个体投资能力的差异，会有不同的羊群效应，能力高者，羊群效应低，能力低者羊群效应高。据此我们提出研究假设 1 和假设 2。

假设 1：城郊被征地农民的羊群效应高于市民。

假设 2：城郊被征地农民的投资能力对羊群效应有显著影响。

二　研究方法

（一）研究目的

本书通过实验研究探查城郊被征地农民和济南市民在风险投资中的羊群效应是否有显著差异？考虑城郊被征地农民中投资能力亦有不同，通过实验研究探查投资能力对风险投资决策的影响及投资能力与暗示间是否存在交互作用。

（二）研究方法

1. 研究 A：城郊被征地农民与市民的羊群效应对比分析

被试：济南市城郊被征地农民 200 名，其中男性 198 人，平均年龄为 45.65±7.89 岁。济南市市民 200 名，其中男性 145 人，平均年龄为 43.16（SD=5.99 岁）（详见表 5-1）。有他人暗示和无他人暗示条件下，被试在年龄、学历和家庭人口间没有显著差异；城郊被征地农民和市民在年龄上没有显著差异，但市民在受教育年限上高于城郊被征地农民，城郊被征地农民在家庭人口上高于市民。

表 5-1　　　　不同实验条件下被试特征的描述统计

实验条件	N	变量	城郊被征地农民（200）		市民（200）	
			Min-Max	M（SD）	Min-Max	M（SD）
有他人暗示	100	年龄（岁）	28—62	45.78（7.92）	21—65	43.05（5.94）
		受教育程度（年）	4—16	10.23（1.94）	9—19	14.55（2.31）
		家庭人口（人）	2—6	3.65（0.68）	2—4	2.99（0.36）
无他人暗示	100	年龄（岁）	27—60	44.25（7.19）	22—64	44.13（6.08）
		受教育程度（年）	4—16	11.22（1.98）	9—19	15.84（2.34）
		家庭人口（人）	2—6	3.68（0.69）	2—4	3.04（0.38）

实验设计：本书采用 2（被试类型：城郊被征地农民、市民）×2（他人暗示：有他人暗示、无他人暗示）被试间实验设计，因变量为风险投资偏好（1—9 点量表计分，得分越高，风险投资偏好越强）。首先将城郊被征地农民或市民被试随机分为两组，并向被试随机发放 2 个版本的自编情境实验材料。其中，有他人暗示条件和无他人暗示条件如下：

城郊被征地农民有他人暗示条件：

假如你有 10 万元的闲置资金，你周围的朋友中有 80%把闲置资金投入村办企业（年利率 10%），请问您把这些钱投入村办企业的意愿有多大？（　）

1　2　3　4　5　6　7　8　9

非常不愿意　　　不确定　　　非常愿意

市民有他人暗示条件：

假如你有 10 万元的闲置资金，你周围的朋友中有 80%把闲置资金进行风险投资（年利率 10%），请问您把这些钱进行风险投资的意愿有多大？（　）

1　2　3　4　5　6　7　8　9

非常不愿意　　　　不确定　　　　　非常愿意

城郊被征地农民无他人暗示条件：

假如你有 10 万元的闲置资金，请问您把这些钱投入村办企业（年利率 10%）的意愿有多大？（　）

1　2　3　4　5　6　7　8　9

非常不愿意　　　　不确定　　　　　非常愿意

市民无他人暗示条件：

假如你有 10 万元的闲置资金，请问您把这些钱进行风险投资（年利率 10%）的意愿有多大？（　）

1　2　3　4　5　6　7　8　9

非常不愿意　　　　不确定　　　　　非常愿意

2. 研究 B：投资能力对城郊被征地农民羊群效应的影响

被试：济南市城郊被征地农民 200 名，其中男性 200 人，平均年龄为 43.68±7.59 岁。

实验设计：本书采用 2（投资能力：高投资能力、低投资能力）×2（他人暗示：有他人暗示、无他人暗示）被试间实验设计，因变量为风险投资偏好（1—9 点量表计分，得分越高，风险投资偏好越强）。其中投资能力的测量采用经营性收入和财产性收入占总收入的比例作为测量指标，我们推测经营性收入和财产性收入较高者有较高的投资能力。首先请被征地农民完成家庭资产选择问卷，然后根据其投资能力的高低配对分配到有暗示组和无暗示组。有他人暗示条件和无他人暗示条件与研究 A 一致。

三　研究结果与讨论

（一）城郊被征地农民与市民的羊群效应对比分析

由表 5-2 可见，在暗示条件下，无论是城郊被征地农民还是城市市民，他们均表现出明显的羊群行为，即在暗示条件下他们进行风险投资的意愿更大。市民的风险投资意愿比城郊被征地农民更高。为进一步检验被试类型和实验条件对风险投资意愿的影响，我们进行两因素方差分析，结果表明，实验条件的主效应显著 $F=12.68$，$p<0.001$，即暗示条件下，被试的风险投资意愿显著高于无暗示条件，表现出明显的羊群效应（见图 5-3）；但被试类型的主效应不显著，$F=1.33$，$p=0.45$，即城郊被征地农民和市民在风险投资意愿上没有显著差异，实验条件和被试类型

的交互作用不显著，$F=0.16$，$p=0.69$.

表 5-2　　　不同被试在不同实验条件下投资意愿的描述统计

被试分类	实验条件	N	平均数	标准差
城郊被征地农民	有暗示	100	8.25	0.77
	无暗示	100	4.95	2.30
	总体	200	6.60	2.38
市民	有暗示	100	8.39	0.76
	无暗示	100	4.96	2.08
	总体	200	6.67	2.32
总体	有暗示	200	8.32	0.76
	无暗示	200	4.95	2.19
	总体	400	6.63	2.35

资料来源：本书调查数据由整理所得。

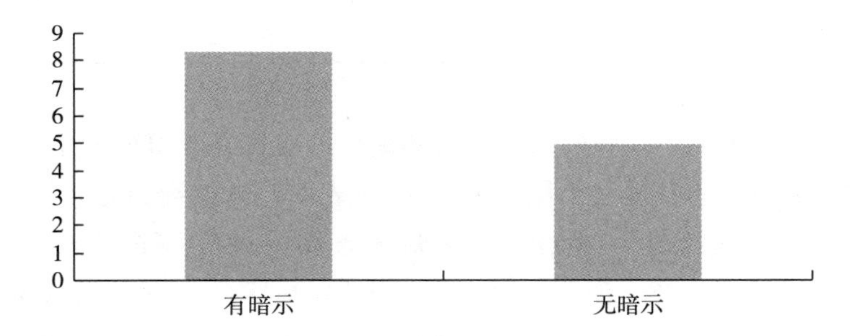

图 5-3　不同实验条件下的风险投资意愿

本书结果表明，无论城郊被征地农民还是市民在风险投资上均表现出明显的羊群效应和从众行为，但城郊被征地农民和市民在羊群效应上没有显著差异，因此研究假设 1 没有得到支持。

（二）投资能力对城郊被征地农民风险投资意愿的影响

由表 5-3 可见，在有暗示条件下，城郊被征地农民的风险投资意愿高于无暗示条件，对两者进行差异检验，结果表明暗示的主效应显著，$F(1, 197)=32.11$，$p<0.001$；高投资能力城郊被征地农民的风险投资意愿高于低投资能力者，前者的平均投资意愿为 5.89，而后者为 4.94，对

两者进行差异检验，结果表明投资能力的主效应显著，$F(1, 197) = 34.10$，$p<0.001$；对暗示和投资能力的交互作用进行显著性检验，结果表明交互效应极为显著，$F(1, 197) = 24.47$，$p<0.001$。研究假设 2 得到支持。

表 5-3　不同投资能力者在不同实验条件下投资意愿的描述性统计

被试分类	实验条件	N	平均数	标准差
高投资能力	有暗示	100	5.94	1.33
	无暗示	100	5.81	1.19
	总体	200	5.89	1.27
低投资能力	有暗示	100	5.79	1.09
	无暗示	100	4.34	1.68
	总体	200	4.94	1.62
总体	有暗示	200	5.88	1.24
	无暗示	200	4.95	1.66
	总体	400	5.42	1.53

为进一步探究不同投资能力的城郊被征地农民在羊群效应上的差异，我们进行简单效应分析（见图 5-4），结果表明，高投资能力城郊被征地农民的风险投资意愿在有暗示和无暗示条件下没有显著差异，$F(1, 98) = 0.49$，$p=0.48$，说明高投资能力个体的风险投资意愿不受他人暗示的影响；但低投资能力者表现出相反趋势，他们的风险投资意愿在有暗示条件下显著高于无暗示条件，$F(1, 98) = 47.68$，$p<0.0001$，说明低投资能力个体的风险投资意愿受他人暗示的影响较大。由此可见，城郊被征地农民表现出的羊群效应因个体投资能力的不同而不同，低投资能力者在投资过程中很容易受他人影响而做出“从众”行为，但高投资能力者，因对自身投资能力比较自信，很少受他人选择的影响，没有明显的羊群效应。本书研究结果支持了研究假设 2。

四　小结

（1）对城郊被征地农民家庭资产选择中存在保守与冒险现象的心理机制进行实验研究，结果发现，当城郊被征地农民对某部分钱产生积极情绪：划入积极情绪账户时，更倾向于进行风险投资，当城郊被征地农

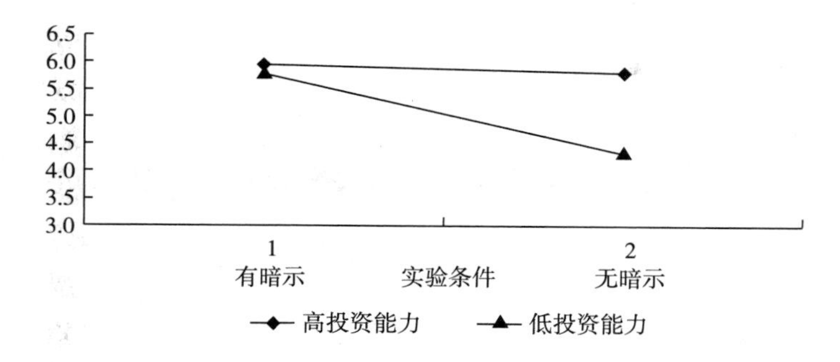

图 5-4　高、低投资能力者在不同实验条件下的风险投资意愿

民把某部分钱划入意外之财账户时，更倾向于进行风险投资。这意味着同样的土地补偿金因不同城郊被征地农民划入不同心理账户而产生不同的投资偏好：划入积极情绪和意外之财账户的，倾向风险投资；划入消极情绪和常规账户的，倾向稳定投资。

（2）对城郊被征地农民家庭资产选择中“羊群效应”的心理机制进行实验研究，结果表明，城郊被征地农民和市民在有暗示条件下的风险投资意愿显著高于无暗示条件，表现出明显的羊群效应，但城郊被征地农民和市民间没有显著差异；根据城郊被征地农民投资能力的高低分为高投资能力组和低投资能力组，高投资能力城郊被征地农民的风险投资意愿显著高于低投资能力者，进一步简单效应分析结果表明，高投资能力城郊被征地农民的风险投资意愿在有暗示和无暗示条件下没有显著差异，说明高投资能力个体的风险投资意愿不受他人暗示的影响；但低投资能力者表现出相反趋势，他们的风险投资意愿在有暗示条件下显著高于无暗示条件，说明低投资能力个体的风险投资意愿受他人暗示的影响较大。由此可见，城郊被征地农民表现出的“羊群效应”因个体投资能力的不同而不同，低投资能力者在投资过程中很容易受他人影响而做出“从众”行为，但高投资能力者，因对自身投资能力比较自信，很少受他人选择的影响，没有明显的“羊群效应”。

第六章　家庭资产选择的财富效应

第一节　家庭资产选择的财富效应综述

一　财富效应的含义

财富效应最早可见于凯恩斯在1936年的《就业、利息和货币通论》一书。在《就业、利息和货币通论》中，凯恩斯将居民持有的货币和债券视作财富，并主张其价值的变化会影响消费者的边际消费倾向。在凯恩斯之后，虽存在对财富效应不同的解读，但主流观点仍然将财富效应归结为由于资产价值变化带来的消费支出变化。《新帕尔格雷夫经济学大辞典》在定义财富效应时，借鉴了哈伯勒（Haberler，1939）、庇古（Pigou，1943）和帕廷金（Patinkin，1950）的观点，认为财富效应就是假定在其他条件相同的情况下，货币余额的变化所引起的总消费开支方面的变动。从宏观来看，财富效应能够正向促进居民消费，进而刺激国民经济（Palumbo，2001）。从微观来看，财富效应能够积极反映某一资产价值变化对居民消费行为的影响（Paiella，2009）。

二　家庭金融资产选择的财富效应

（一）国外研究综述

目前国外学术界对金融资产的财富效应进行了大量研究，通常把股票作为金融资产的代表，但研究者的结论不尽相同。Mehra（2001）主张居民持有股票的价格与消费呈正相关。Dvornak和Kohler（2007）所持的观点与之相近，从长期来看，存在股票资产对居民消费的财富效应，股票价值每增加1美元，消费会增加6—9美分。Sousa（2009）对欧洲地区27年的数据进行了分析，认为消费与房屋性固定资产之间不存在财富效应，而金融资产显著影响消费行为；而Hoynes和McFadden（1997）则与其相反，他们认为金融资产对消费的财富效应小于房屋性固定资产。Rapach 和 Strauss（2006）也认为房屋性固定资产对居民消费的影响十分显著，其影响大于金融资产。Sousa（2008）利用美国季度数据分析发现，房屋性固定资产的边际消费倾向高于金融资产。Peltonen（2012）发现在金融市场不完善的地区，金融资产对消费的财富效应小于房屋性固定资产，发达地区则相反。Fereidouni 和 Tajaddini（2017）基于美国季度数据的实证研究发现，房屋资产明显存在的财富效应，而金融资产不存在财富效应。

家庭资产可以分为金融资产和实物资产，不同类型资产具有不同的特点和用途，也会对居民的消费行为产生不同的影响。就金融资产而言，其主要通过实际收入机制、流动性缓解机制、消费者信心机制、替代机制等，对家庭消费产生影响，如图 6-1 所示。

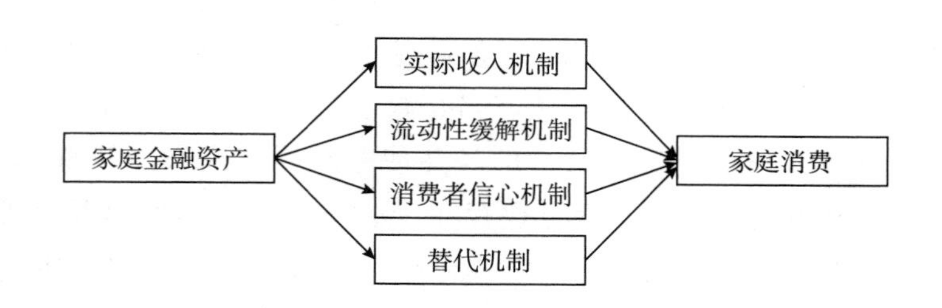

图 6-1　家庭金融资产对消费行为的影响路径

1. 实际收入机制

实际收入机制是指，如果居民家庭持有的金融资产价值上涨，这就为家庭带来了财富的增值，这种增值将会促进家庭消费。金融资产的财富增值不仅包括面值增值，还包括溢价收益。早期金融资产配置财富效应主要关注实际收入机制，根据绝对收入理论，消费是家庭收入的稳定函数。基于金融资产的实证研究也发现实际收入机制的存在，例如很多研究发现具有高收益的低流动性资产以及股票价值的增加预示了家庭实际收入的增加，家庭的消费也会随之增加（Poterba et al.，1995）。当然，预期收入也会影响居民的消费行为。因此，家庭金融资产配置可能会通过影响预期收入变化，进而影响居民消费。例如，如果家庭预期金融资产价值会在未来提升，则基于预期收入的视角可能会增加当前消费支出。

2. 流动性缓解机制

当居民家庭可支配资金与消费支出之间存在差距时，可通过融资渠道来缓解资金紧张。当家庭资产中某一类金融资产价值上升时，此时家庭可以凭借升值的金融资产作为质押，更容易从金融机构或非金融机构获得贷款融资，从而缓解资金不足、满足家庭消费需求。而且，消费信贷释放家庭的流动性约束不仅可以扩大总消费支出，也会导致家庭更愿意选择耐用品及消费升级。很多研究发现实物资产的流动性缓解机制往往表现更为明显，例如有研究发现对于拥有房屋的家庭，由于房产价格上升，家庭将获得更多的资金以缓解流动性约束，从而促进家庭消费支出的增加（Carroll，2006）。对于金融资产而言，只有存在完善的金融资产交易机制和衍生品市场时，才更有可能释放金融资产的流动性。

3. 消费者信心机制

消费者对于未来经济的预期是影响其形成消费决策的重要因素。如果个体预期未来经济状况良好，则会乐观估计未来的收入，从而有可能增加当下的消费支出，反之亦然。当金融资产的市场价值不断上升时，这会对家庭释放一种经济繁荣的信号并使家庭相信未来经济继续繁荣，从而带来家庭消费的增加。这点也存在于股票市场，不少学者在研究美国股票市场变化与消费的关系时，提出较高的股票价格反映了更为乐观的情绪，有利于增加资产持有者的消费信心，促进他们当期消费水平的提高（Romer，1990）。

4. 替代机制

金融资产的价值增值并不只对家庭消费支出产生积极影响，也可能存在替代作用。如果家庭持有的金融资产价值明显增加，可能会增强投资者对该类资产的信心，特别是当家庭即时消费需求较低时，可能会替代性地增持金融资产而减少消费支出，我们在这里称之为替代机制。Davisand 和 Palumbo（2001）研究发现，随着资产增值，家庭为了未来更多的收益，更愿意持有风险性金融资产和低流动性金融资产，这将减少当下的消费支出。

（二）国内研究综述

近年来，随着经济的腾飞，我国家庭资产规模不断扩大，资产种类不断丰富，有关家庭资产的财富效应的研究逐渐受到关注。国内有关财富效应的研究主要延续了西方的研究思路，以股票资产和房产为研究对象，具体可以归纳为以下三点：

1. 存在正向的财富效应

Chen（2010）基于中国1999—2007年宏观数据的分析，发现包括房产和股票资产在内的家庭总资产价值的变化对家庭产生了显著影响，具体而言，资产的价值每增加1%，家庭消费支出会增加0.5%。郭峰等（2005）实证分析了1995—2003年股票价格指数对消费支出的影响，结果发现股票价格指数对消费支出存在财富效应，但其影响较小。陈强和叶阿忠（2009）认为家庭边际消费倾向会受到股票收益波动的影响。尹志超和甘犁通过（2009）实证分析发现，住房制度显著影响了家庭支出中耐用品的占比。黄静和屠梅曾（2009）利用中国健康与营养调查的微观数据进行分析，发现拥有住房资产会促进居民家庭消费。韩立岩和杜春越（2011）利用各省市面板数据研究发现，城镇家庭储蓄、房贷等资产有助于增加家庭消费支出。此外，肖忠意和李思明（2015）发现家庭储蓄、住房和保险等资产将促进东西部家庭消费。

2. 存在负向的财富效应

高春亮和周晓艳（2009）认为住宅财富每增加1元，消费支出就会相应地减少3.3分。况伟大（2011）基于35个大中城市数据研究发现，房价上涨对居民消费存在挤出效应。陈彦斌和邱哲圣（2011）认为由于近几年房价飞速上涨，大多数家庭感受到高昂的房价，更愿意储蓄而减少消费支出。颜色和朱国钟（2013）研究发现，筹资购房所形成的“房奴效应”强于房价上涨对房产价值增值所形成的“财富效应”，将导致居民家庭增加储蓄降低消费。

3. 不存在财富效应

余明桂等（2003）通过实证分析发现我国股票市场不存在财富效应，而刘旦（2007）也认为中国城镇住宅市场不存在财富效应。Koivu（2012）认为，1998—2008年中国施行宽松的货币政策提高了房产价格，但是并没有显著刺激消费增长。李涛和陈斌开（2014）认为，对于家庭而言，房产资产就是一种消费品，主要呈现出消费品属性，不存在“财富效应”。

（三）财富效应理论的国际差异比较

1. 经济发达国家及地区的财富效应理论研究

在美国现代经济学理论得到了快速发展，财富效应也取得较多研究成果。20 世纪 90 年代，不少研究发现资本市场的扩张导致美国家庭财富在 90 年代中后期迅速上升，并与美国经济增长同向。Modigliani 和 Brumberg（1954）的生命周期理论为研究家庭资产选择与消费行为的关系奠定了框架。该理论认为居民家庭在不同的生命周期阶段通过储蓄、投资、借贷等手段来平衡一生的消费需求，通过人力财富和资产财富的合理配置以期保持相对稳定的消费。

Maki 和 Palumbo（2001）梳理了 90 年代美国股票市场快速增长背景下的家庭消费支出，家庭财富的不断上涨和收入的提高对家庭消费产生重要影响，家庭资产价值每增加 1 美元，则可能带动家庭 3—5 美分的消费增加。此外，Feenberg 和 Poterba（2000）指出股票价格对消费也存在财富效应，但是由股价上涨和下跌造成家庭财富变化对消费有不对称影响。Bertaut（2002）对股票的财富效应进行跨国检验，研究发现，股票的财富效应普遍存在于工业化国家，但由于工业化程度不同，其强弱也不尽相同。另外，研究者对股票财富效应的观点也存在差异。Alessandri（2003）认为股市财富效应的不对称性并不明显。Case 等（2005）利用 14 个国家和美国的数据研究发现，股票市场虽存在财富效应，但效应很小。同时，Calomiris（2013）发现，家庭持有的股票价值每增加 1 美元就可以带来 3—5 美分的消费增长。Poterba 和 Samwick（1995）强调了消费行为会受到股票市场价值的波动，故可将股票价值作为消费行为的预测标志。Agarwal（2007）发现高估家庭资产在美国家庭之中非常常见，如果家庭相信该资产价值是合理的，那么这样的家庭更愿意增加消费支出。Kishor（2004）指出财富效应对美国家庭消费的影响具有不断扩大的趋势。Mian 等（2013）研究发现美国经历 2007—2009 年金融危机之后，家庭消费受到了家庭资产缩水带来的强烈影响，并且这种影响存在地区差异，他们估计家庭消费的财富弹性系数在 0. 6—0. 8 之间，家庭住房财富每降低 1 美元，则家庭消费减少 5—7 美分。此外，在英国、澳大利亚、瑞典等其他发达国家也得到了类似的结论。Sandmo（1970）利用两时期模型得出了相似结论，当未来收入的不确定性增加时，消费者会增加储蓄，降低消费。Caballero（1990）用预防性储蓄理论来解释消费的过度敏感性和过度平滑性。Mehra（2001）分析美国数据发现，有一种均衡关系存在于住房与消费的财富效应之间。Thomson 和 Tang（2004）、Kim（2004）、Edelstein 和 Lum（2004）、Chen（2006）以及 Cho（2011）分别利用澳大利亚、瑞典、新加坡、中国香港及韩国的数据发现住房具有正向的财富效应。但是 Campbell 和 Cocco（2007）发现住房效应存在年龄差异，年长者比年轻者显著。

2. 经济欠发达国家及地区财富效应理论研究

Grant 和 Peltonen（2005）采用 1989—2002 年意大利家庭面板数据研究意大利股票和房地产资产对家庭购买耐用品的影响，该研究发现，股票和房地产市场收益对家庭消费有相似的作用，其中，低资产家庭的边际消费倾向值最高约为 0.26，而高资产家庭的边际消费倾向值在 0.13—0.16 之间。Peltonen 等（2012）利用 1990—2008 年 14 个新兴市场的面板数据进行分析，研究发现，财富效应能够促进个体的消费行为，并且股票资产的财富效应对亚洲新兴市场家庭有着更强的影响，而房地产资产的财富效应对拉丁美洲国家家庭消费行为的影响更强一些。Glewwe 和 Jacoby（2000）利用 1993—1998 年越南家庭微观数据进行分析，结果发现越南家庭财富资产增值与家庭教育支出同向。Bindu 等（2011）以非洲国家津巴布韦 1994—2008 年季度数据进行分析，发现股票的财富效应对家庭消费行为的影响十分显著，边际消费倾向值为 0.048，股票资产在津巴布韦家庭资产占比较少，但这些家庭十分关注股票市场价格的变动，故而对其消费产生影响。Singh（2012）也发现，印度家庭中配置股票的比重也十分有限，其股票市值对边际消费的影响为 0.03 左右。

第二节　农民家庭资产选择的财富效应

一　研究方法

（一）假设的提出

本书提出农民家庭结构可能会影响农民家庭资产选择，故提出以下四个研究假设。

相比市民家庭，农民家庭抗风险能力较弱，故其储蓄动机更强，本书把储蓄作为农民家庭资产的代表性资产，来研究农民家庭储蓄规模是否会对消费产生财富效应。为此，本章提出研究假设 1a 和假设 1b。

假设 1a：农民家庭资产中的储蓄资产规模对消费的财富效应显著。

假设 1b：农民家庭资产中的储蓄资产规模对消费的财富效应存在地

区差异。

基于城乡二元结构背景，股票资产对于农民家庭消费影响的财富效应也应当引起学术界的关注。我国农民家庭资产中股票资产占比较低，但是随着城镇化和工业化的蓬勃发展，有越来越多的农民家庭参与股票市场投资（甘犁等，2013），且股票亦可作为农民家庭财富的一部分，家庭持有股票资产的价值大小可能会影响家庭消费行为。有鉴于此，本章提出研究假设 2a 和假设 2b。

假设 2a：农民家庭资产中的股票资产规模对消费的财富效应显著。

假设 2b：农民家庭资产中的股票资产规模对消费的财富效应存在地区差异。

随着城镇化进程加速，农民家庭大多选择进城务工，也有越来越多的农民家庭打算迁徙到城市定居，故农民家庭在城市产生了购买住房和商铺的需求。因此本书以农民家庭持有的商品房数量为因变量，认为农民家庭持有的商品房资产规模对于农民家庭消费影响可能产生重要的财富效应。有鉴于此，本章提出研究假设 3a 和假设 3b。

假设 3a：农民家庭资产中的商品房资产规模对消费的财富效应显著。

假设 3b：农民家庭资产中的商品房资产规模对消费的财富效应存在地区差异。

近年来，随着我国社会保障体系的不断完善，越来越多的市民和农民家庭参与了保险，但目前国内尚缺乏利用微观数据分析保险对农民家庭消费支出影响的研究结论。有鉴于此，本章以商业保险为自变量，认为农民家庭持有商业保险对家庭消费的影响可能产生重要的财富效应，提出研究假设 4a 和假设 4b。

假设 4a：商业保险对农民家庭消费的财富效应显著。

假设 4b：商业保险对农民家庭消费的财富效应存在地区差异。

（二）数据来源

本节所使用的数据来自西南财经大学中国家庭金融中心 2013 年的中国家庭金融调查数据（CHFS2013），该调查内容丰富，数据代表性较好，覆盖面广，样本覆盖全国 29 个省、262 个区（区、县级市）、1048 个社区（村），共收集 2.8 万余个受访家庭的家庭人口特征、收入与支出、资产与负债等方面的详细信息的大型微观数据。CHFS2013 也提供了受访者的消费支出，包括储蓄、房产（商品房）、股票和商业保险四种不同家庭资产的数据，将居民户籍属性作为判断依据，剔除存在缺失值的样本，最终筛选出13634个农民家庭样本用于实证检验分析，其中东部地区农民家庭样本数量为4202个，而中西部地区农民家庭样本数量为9432个。

二　实证计量模型设定与变量选择

（一）实证计量模型设定

为了检验研究假设，本节采用实证模型检验家庭资产配置对家庭消费的影响，本书把储蓄规模、股票规模、商品房规模和商业保险规模等四种资产作为解释变量，设定基础模型如下：

$$Consumptioni = \beta_0 + \beta_1 Savingi + \beta_2 Housingi + \beta_3 Stocki + \beta_4 Insurancei + \beta_5 Controli + \varepsilon_i \quad (6-1)$$

其中，*Consumption* 表示农民家庭年消费支出总额；*Saving* 表示农民家庭的总储蓄规模；*Housing* 表示农民家庭持有的商品房规模；*Stock* 表示家庭持有的股票规模；*Insurance* 表示家庭商业保险规模；*Control* 表示地区控制变量；i 表示农民家庭；ε 表示误差项。

接下来，本书将家庭消费升级和受教育程度两个因素考虑进来，建立扩展回归模型，扩展模型的数学表达式如下所示：

$$Consumptioni = \beta_0 + \beta_1 Savingi + \beta_2 Housingi + \beta_3 Stocki + \beta_4 Insurancei + \beta_5 Edui + \beta_6 Upgradei + \beta_7 EduiUpgradei + \beta_8 Controli + \varepsilon_i \quad (6-2)$$

其中，*Upgrade* 表示农民家庭消费升级；*Edu* 表示农民家庭户主的受教育程度；i 表示农民家庭；ε 表示误差项。

（二）主要变量设定

被解释变量为农民家庭消费支出水平。本书利用2013年家庭金融调查问卷中关于居民家庭消费的项目进行检验。基于CHFS2013数据集，本书将农民家庭消费支出（*Consumption*）划分为15种支出，其中包括（1）伙食费支出、消费农产品折现；（2）水电燃料物管费支出；（3）交通费开支；（4）家政服务支出；（5）日常用品支出；（6）通信费开支；（7）住房装修、维修或扩建费用；（8）家庭成员购买衣物总支出；（9）文化娱乐费用；（10）暖气费；（11）医疗保健支出；（12）教育培训支出；（13）奢侈品支出；（14）旅游探亲支出；（15）家庭耐用品支出。

此外，本书的解释变量包括，家庭储蓄规模（*Saving*），对所持有的活期储蓄、定期储蓄取对数，商品房规模（*Housing*），对农民家庭所拥有的所有商品房和商铺市值取对数，股票规模（*Stock*），对农民家庭持有所有股票市值总和取对数；商业保险支出规模（*Insurance*），对农民家庭持有商业人寿保险、商业医疗保险、商业养老保险、商业财产保险及其他商业保险总额取对数。其他控制变量（*Control*）还包括，家庭户主受教育程度（*Edu*），即具体设定为：家庭户主受教育程度为文盲及半文盲则赋值为0，小学则赋值为1，初中则赋值为2，高中则赋值为3，大专及本科则赋值为4，研究生及以上则赋值为5；家庭消费升级（*Upgrade*），即将农民家庭是否拥有汽车作为消费升级的代理变量。相关变量的具体设定见表6-1。

表6-1　　主要变量设定

	变量名称	变量符号	变量定义
被解释变量	消费支出	*Consumption*	家庭年消费支出的自然对数
	储蓄规模	*Saving*	家庭持有活期储蓄、定期储蓄及其他储蓄形式的总额的自然对数
	商品房规模	*Housing*	家庭所拥有的所有商品房和商铺市值和的自然对数
	股票规模	*Stock*	家庭持有所有股票市值总和的自然对数
	商业保险规模	*Insurance*	家庭持有商业人寿保险、商业健康保险、商业养老保险、商业财产保险及其他商业保险总额的自然对数
	受教育程度	*Edu*	家庭户主受教育程度为文盲及半文盲则赋值为0，为小学则赋值为1，为初中则赋值为2，为高中则赋值为3，为大专及本科则赋值为4，为研究生及以上则赋值为5
	消费升级	*Upgrade*	家庭是否拥有汽车，家庭拥有自有汽车则赋值为1，否则赋值为0

三　实证结果分析

（一）主要变量的描述性统计结果

表6-2给出了主要变量的描述性统计结果。从表中可以看到，农民家庭的年消费支出为16801.74元，介于东部地区与中西部地区之间，东部地区家庭样本的消费支出高于中西部地区，T检验发现在东部地区农民家庭的消费支出显著高于中西部地区农民家庭的消费支出，在1%置信水平上显著。

表 6-2　　主要变量的描述性统计结果

		全国样本	东部样本	中西部样本	T 检验
消费支出	Mean	16801. 74	18498. 17	16046. 05	16. 87***
	S. D.	7916. 63	8017. 68	7753. 02	
储蓄规模	Mean	18031. 32	29306. 30	13008. 80	9. 80***
	S. D.	89932. 10	128169. 39	65515. 96	
股票规模	Mean	1144. 20	1993. 91	765. 69	1. 44*
	S. D.	45971. 24	28471. 26	51897. 53	
商品房规模	Mean	13004. 90	21275. 00	9320. 92	3. 73***
	S. D.	136296. 76	197463. 50	97169. 83	
商业保险规模	Mean	549. 03	817. 63	429. 37	5. 96***
	S. D.	3517. 66	4779. 32	2768. 82	
消费升级	Mean	0. 10	0. 12	0. 08	6. 84***
	S. D.	0. 29	0. 33	0. 28	
受教育程度	Mean	1. 610	1. 74	1. 55	10. 73***
	S. D.	0. 97	1. 00	0. 95	

注：***、**、*分别表示通过 1%、5%、10%的显著性检验；T 检验结果报告的是东部和中西部样本的非配对 T 检验结果。

对家庭资产持有情况而言，描述性统计结果显示，全国样本中储蓄、股票、房产和商业保险规模的平均值分别为 18031. 32 元、1144. 20 元、13004. 90 元、549. 03 元，其中以储蓄规模和商品房规模较高，而股票规模和商业保险规模较低。东部地区农民家庭持有的储蓄规模（29306. 30 元）、股票规模（1993. 91 元）、商品房规模（21275. 00 元）及商业保险规模（817. 63 元）的平均值都高于中西部地区农民。T 检验结果显示，除股票规模在 10%置信水平显著差异外，东部地区与中西部地区农民家庭所持有的储蓄规模、商品房规模以及商业保险规模都在 1%置信水平上存在显著差异。此外，我们还可以发现，东部地区农民家庭户主受教育程度和家庭消费升级程度均在 1%置信水平上显著高于中西部地区农民家庭，二者差异显著。

（二）基于基础模型的农民家庭财富效应检验

本节的模型仅考察了储蓄规模（*Saving*）、股票规模（*Stock*）、商品房规模（*Housing*）和商业保险规模（*Insurance*）等四种资产规模对消费的影响，检验分析结果如表 6-3 所示。表 6-3 第 1 列结果显示，农民家庭资产规模正向影响消费支出的增加，且不同种类的家庭资产对于消费的促进作用存在一定差异，家庭资产选择对消费的促进作用大小依次为：商业保险规模（0.0361）、储蓄规模（0.0290）、股票规模（0.0181）和商品房规模（0.0138）。

表 6-3　　基于基础模型的财富效应检验结果

	全国样本 (1)	东部样本 (2)	中西部样本 (3)
储蓄规模	0.0290*** (0.000)	0.0284*** (0.000)	0.0293*** (0.000)
股票规模	0.0181*** (0.000)	0.0161*** (0.004)	0.0237*** (0.000)
商品房规模	0.0138*** (0.000)	0.0085** (0.021)	0.0167*** (0.000)
商业保险规模	0.0361*** (0.000)	0.0324*** (0.000)	0.0384*** (0.000)
居住地为城镇	0.2173*** (0.000)	0.2321*** (0.000)	0.2099*** (0.000)
地区控制变量	Yes	No	No
F 值	166.30	57.42	150.71
Adj. R^2	0.1168	0.1292	0.0980

注：***、**、*分别表示通过1%、5%、10%的显著性检验，系数下括号内的数据为控制受访家庭所在省份的聚类调整的稳健标准误（Cluster & Robust Standard Error）。

商业保险规模的回归系数为0.0361，与家庭消费支出在1%置信水平上有显著预测作用，即农民家庭商业保险规模每提高1%，则会使农民家庭增加0.0361%的消费支出。近几年随着国家农村保险政策的推广以及社会保障体系的不断完善，农民对商业保险的认识不断深化，商业保险对于家庭的保障作用也不断凸显，因此，参与保险能够释放农民家庭的消费潜力。

表6-3第1列回归结果显示，储蓄规模的回归系数为0.0290，在1%置信水平上正向影响农民家庭消费支出，即农民家庭储蓄规模每提高1%，则农民家庭会相应地增加0.0290%的消费支出。这结果表明农民家

庭消费行为一定程度上依赖于储蓄规模。究其原因，这可能是因为农民家庭收入较低，其他金融资产的收益十分有限，因此，储蓄资产仍然是满足其家庭消费的主要途径。

股票投资与农民家庭的消费也呈显著正相关，回归系数为 0.0181，在 1%置信水平上正向影响农民家庭消费支出，即农民家庭持有股票市值总规模每提高 1%，则会相应地增加农民家庭 0.0181%的消费支出。随着金融体系和金融市场的不断完善和发展，越来越多的农民家庭通过银行、互联网金融等途径参与到金融市场中，股票是主要的一个投资选择。这不仅有助于增加家庭的收益，而且能促进农民家庭消费，同时，由于农民家庭金融素养较差、投资经验不足，股票收益对消费的推动作用有限。

商品房规模与农民家庭消费的回归系数为 0.0138，在 1%置信水平上正向影响农民家庭消费支出，即农民拥有的商品房规模每提高 1%，则会使农民家庭增加 0.0138%的消费支出。由于农民购买“首套”住房的成本相对较低，农民家庭购买商品房也是家庭财富积累的一个重要信号，所以，农民家庭购买商品房不仅不会对消费行为产生抑制作用，反而更可能形成“财富效应”，促进农民家庭消费。

另外，就地区之间分组回归结果而言，在东部地区和中西部地区之间，回归结果报告的农民家庭持有资产对消费促进基本结论并未发生改变，表明农民家庭持有越多储蓄、股票、商品房和商业保险的资产规模对于东部地区和中西部地区农民家庭的消费支出仍表现出正向的促进作用。值得注意的是，与东部地区相比，中西部地区的农民家庭四种资产规模对于农民家庭消费支出的影响更大，例如，东部地区农民家庭储蓄规模每提高 1%，则会使消费支出相应增加 0.0284%，而中西部地区农民家庭储蓄规模每提高 1%，则会使消费支出相应增加 0.0293%。

（三）基于扩展模型的农民家庭财富效应检验

在模型中引入消费升级和受教育程度两个控制变量后的模型将更加完善，使得本节可以从消费升级、受教育程度等角度考察消费问题。表 6-4 反映了基于扩展模型的财富效应检验结果。

对全国样本而言，相较于基础模型回归结果，表 6-4 的第 5 列为扩展模型的回归结果，我们发现引入扩展模型后的回归结果基本一致，四种资产仍显著正向影响家庭消费，商业保险规模是影响消费最重要的资产之一，其后则是储蓄规模、股票规模、商品房规模。结果还显示，消费升级因素以及受教育程度对于促进消费有显著的促进作用，这与理论预期结果一致。

表 6-4　　　　基于扩展模型的财富效应检验结果：全国样本

	(1)	(2)	(3)	(4)	(5)
储蓄规模	0.0224*** (0.000)				0.0203*** (0.000)
股票规模		0.0167*** (0.000)			0.0067*** (0.021)
商品房规模			0.0146*** (0.000)		0.0111*** (0.000)
商业保险规模				0.0321*** (0.000)	0.0269*** (0.000)
消费升级	0.3487*** (0.000)	0.3833*** (0.000)	0.3799*** (0.000)	0.3524*** (0.000)	0.3157*** (0.000)
受教育程度	0.1571*** (0.000)	0.1803*** (0.000)	0.1802*** (0.000)	0.1731*** (0.000)	0.1508*** (0.000)
居住地为城镇	0.1651*** (0.000)	0.1854*** (0.000)	0.1844*** (0.000)	0.1764*** (0.000)	0.1539*** (0.000)
地区控制变量	Yes	Yes	Yes	Yes	Yes
样本数（个）	13634	13634	13634	13634	13634
F 值	293.23	257.47	258.58	251.38	171.30
Adj. R^2	0.1637	0.1442	0.1461	0.1552	0.1738

注：***、**、*分别表示通过1%、5%、10%的显著性检验，系数下括号内的数据为控制受访家庭所在省份的聚类调整的稳健标准误（Cluster & Robust Standard Error）。

（四）农民家庭财富效应的地区差异检验

接下来表 6-5 和表 6-6 分别按照地区报告了东部地区和中西部地区的回归检验结果。总体来看，结果显示在引入扩展模型后，四种资产的规模对于农民家庭消费影响的方向和显著程度与基础模型回归结果一致，表明储蓄规模、股票规模、商品房规模和商业保险规模对东部地区和中西部地区的农民家庭财富效应的结论是稳健的。

表 6-6 第 3 列和第 4 列结果显示，在控制了消费升级和受教育程度

的影响下，与东部地区相比，中西部地区农民家庭消费更加依赖储蓄规模，可能的解释是，一方面是因为东部地区经济相对更加发达，农民家庭的收入高于中西部地区，故其消费能力更强；另一方面是因为中高档耐用消费品的价格往往较高，而中西部地区信贷市场不发达以及农民收入较低，使得中西部农民家庭更愿意依靠储蓄行为作为实现消费目标的主要手段，因此，储蓄规模影响着中西部家庭的消费行为。

结果还显示，在考虑消费升级和受教育程度的影响下，股票规模对农民家庭消费的促进作用不存在地区差异，在东部地区和中西部地区都对消费行为产生正向影响。此外，与中西部地区相比，股票对东部地区农民家庭的促进作用更大，这可能是因为东部地区金融市场更加完善发达，且东部地区农民较高的受教育程度带来更高的金融素养和金融知识，也能够帮助他们在股票市场中获益，并用于消费。

表 6-5　　基于扩展模型的财富效应检验结果：按地区分组（Ⅰ）

	(1) 东部样本	(2) 中西部样本	(3) 东部样本	(4) 中西部样本	(5) 东部样本	(6) 中西部样本
储蓄规模	0.0209*** (0.000)	0.0232*** (0.000)				
股票规模			0.0177*** (0.003)	0.0151*** (0.001)		
商品房规模					0.0114** (0.015)	0.0163*** (0.000)
消费升级	0.3191*** (0.000)	0.3676*** (0.000)	0.3523*** (0.000)	0.4025*** (0.000)	0.3543*** (0.000)	0.3951*** (0.000)
受教育程度	0.1631*** (0.000)	0.1541*** (0.000)	0.1851*** (0.000)	0.1779*** (0.000)	0.1864*** (0.000)	0.1771*** (0.000)
居住地为城镇	0.1774*** (0.000)	0.1588*** (0.000)	0.1947*** (0.000)	0.1807*** (0.000)	0.1955*** (0.000)	0.1789*** (0.000)
地区控制变量	No	No	No	No	No	No
样本数（个）	4202	9432	4202	9432	4202	9432
F 值	93.20	336.81	95.93	343.40	88.91	323.57
Adj. R^2	0.1906	0.1398	0.1704	0.1201	0.1708	0.1228

注：***、**、*分别表示通过1%、5%、10%的显著性检验，系数下括号内的数据为控制受访家庭所在省份的聚类调整的稳健标准误（Cluster & Robust Standard Error）。

表6-6结果还显示，在考虑消费升级和受教育程度的影响下，与东部地区相比，商品房规模和商业保险规模对于中西部地区农民家庭消费的促进作用更大。由于中西部地区农民收入不高，且缺少其他收入渠道，故其消费更加谨慎。这表明农民家庭因为持有商品房和商业保险所提供的保障作用能够有效降低其对未来消费的担忧，进而增加即期消费的作用，且这种作用可能对于中西部农民家庭影响更大。表6-6第3列和第4列回归结果显示消费升级对农民家庭消费的影响存在一定的地区差异，对中西部地区的影响大于东部地区。这一结果一方面表明了消费升级能够推动地区居民消费增长；另一方面表明消费升级对于中西部地区农民家庭消费的促进作用更大，可能的原因是中西部地区农村需求较高，但是其金融机构和金融体系却相对滞后，在一定程度上阻碍了消费。这说明应该将家庭金融的资产配置需求和家庭的消费升级需求有机地结合起来，当地政府牵头充分发挥“家电下乡”“汽车下乡”等政策的刺激作用，提高消费升级在拉动消费上的促进作用。

表6-6　基于扩展模型的财富效应检验结果：按地区分组（Ⅱ）

	（1）东部样本	（2）中西部样本	（3）东部样本	（4）中西部样本
储蓄规模			0.0190*** （0.000）	0.0210*** （0.000）
股票规模			0.0081* （0.051）	0.0065** （0.040）
商品房规模			0.0075* （0.054）	0.0130*** （0.000）
商业保险规模	0.0271*** （0.000）	0.0354*** （0.000）	0.0225*** （0.000）	0.0298*** （0.000）
消费升级	0.3173*** （0.000）	0.3758*** （0.000）	0.2833*** （0.000）	0.3370*** （0.000）
受教育程度	0.1802*** （0.000）	0.1693*** （0.000）	0.1578*** （0.000）	0.1470*** （0.000）
居住地为城镇	0.1858*** （0.000）	0.1717*** （0.000）	0.1645*** （0.000）	0.1484*** （0.000）
地区控制变量	No	No	No	No
样本数（个）	4202	9432	4202	9432

续表

	(1) 东部样本	(2) 中西部样本	(3) 东部样本	(4) 中西部样本
F值	102.00	327.04	68.56	175.65
Adj. R^2	0.1803	0.1321	0.2003	0.1506

注：***、**、*分别表示通过1%、5%、10%的显著性检验，系数下括号内的数据为控制受访家庭所在省份的聚类调整的稳健标准误（Cluster & Robust Standard Error）。

此外，受教育程度对东部和中西部地区农民家庭消费的影响也存在一定的差异，受教育程度对东部地区农民家庭消费的促进作用大于中西部地区。究其原因，可能是东部地区农民的平均受教育水平较高，市场也更加完善，消费意识较为成熟，能够更早地意识到“提早消费”的效用比推迟消费的效用大。因此，受教育程度因素虽然推动了东部和中西部农民家庭消费，但在二者之间也产生了一定的差异。

（五）稳健性检验结果

为了保证研究结论的稳健性，本节从以下模型和地区两个角度检验了回归模型的稳健性检验：首先，比较了基础模型和扩展模型，两模型的回归估计结果基本一致，表明储蓄规模、股票规模、商品房规模和商业保险规模对农民家庭消费的影响是稳健的。

其次，就地区而言，东部地区包括北京、上海、天津和重庆在内的4个直辖市的经济以及消费水平相对较高，故本书剔除了该4个直辖市的样本，然后仍按照全国样本、东部地区、中西部地区样本分别进行回归。结果如表6-7所示，剔除4个直辖市后回归结果中各个变量的正负性和显著性与前文基本一致，表明本章的实证分析结论具有较好的稳健性。

表6-7　　剔除4个直辖市后的稳健性回归结果

	全国样本 (1)	全国样本 (2)	东部样本 (3)	东部样本 (4)	中西部样本 (5)	中西部样本 (6)
储蓄规模	0.0294*** (0.000)	0.0206*** (0.000)	0.0289*** (0.000)	0.0193*** (0.000)	0.0296*** (0.000)	0.0211*** (0.000)
股票规模	0.0197*** (0.000)	0.0073** (0.043)	0.0176** (0.023)	0.0086* (0.052)	0.0233*** (0.000)	0.0067* (0.062)

续表

	全国样本（1）	全国样本（2）	东部样本（3）	东部样本（4）	中西部样本（5）	中西部样本（6）
商品房规模	0.0143*** （0.000）	0.0117*** （0.000）	0.0102** （0.035）	0.0091* （0.072）	0.0163*** （0.000）	0.0129*** （0.000）
商业保险规模	0.0370*** （0.000）	0.0279*** （0.000）	0.0342*** （0.000）	0.0237*** （0.001）	0.0386*** （0.000）	0.0303*** （0.000）
消费升级		0.3271*** （0.000）		0.2974*** （0.000）		0.3417*** （0.000）
受教育程度		0.1537*** （0.000）		0.1742*** （0.000）		0.1446*** （0.000）
居住地为城镇	0.2117*** （0.000）	0.1465*** （0.000）	0.2189*** （0.002）	0.1462*** （0.005）	0.2083*** （0.000）	0.1463*** （0.000）
地区变量	Yes	Yes	No	No	No	No
样本数（个）	12543	12543	3589	3589	8954	8954
F 值	159.37	207.44	184.53	207.80	137.02	155.91
Adj. R^2	0.1093	0.1662	0.1279	0.1952	0.0973	0.1487

注：***、**、*分别表示通过1%、5%、10%的显著性检验，系数下括号内的数据为控制受访家庭所在省份的聚类调整的稳健标准误（Cluster & Robust Standard Error）。

四　农民家庭资产选择财富效应的交互机制

为了研究影响家庭资产财富效应机制，本节探讨了农民家庭资产财富效应的影响因素，以期补充相关文献研究。本书第五章节谈论了家庭人口因素对家庭资产选择的影响，而第六章也为农民家庭资产的财富效应提供了一定的经验证据。据此本节提出一个问题——即家庭人口结构因素与家庭资产规模之间是否存在交互作用，进而形成影响农民家庭消费的财富效应。本书构建了一组家庭人口结构和家庭资产规模的交互项，以此检验影响家庭资产和农民家庭财富效应的机制。

本节在上文扩展模型的基础上，加入家庭人口结构因素和家庭资产规模的交互项，重新对表6-4进行回归分析。家庭人口结构因素包括家庭规模、家庭代际数、少儿抚养比、老年抚养比和婚姻关系，而家庭资产包括股票、储蓄、保险、商品房等四种资产的规模。表6-8到表6-11分别报告了不同家庭资产与家庭人口结构因素交互项的回归结果。

（一）家庭人口结构与储蓄规模的交互作用

表6-8报告了家庭人口结构因素与农民家庭储蓄规模回归的结果。第1列结果显示，老年抚养比在1%置信水平上与农民家庭消费支出关系为负，影响显著。表明农民家庭中老年人口占比越高，家庭消费支出越少。老年抚养比和储蓄规模的交互作用对家庭消费支出有正向的促进作用，在1%置信水平显著，说明老年抚养比和储蓄规模对家庭资产财富效应的影响存在替代效应。第2列结果显示，少儿抚养比与家庭消费呈现正向关系，而少儿抚养比与储蓄规模的交互项回归结果为负，在1%置信水平上显著，表明少儿抚养比和储蓄规模对家庭资产财富效应的影响存在替代效应。

表6-8　　　　家庭人口结构与储蓄规模交互作用检验

	农民家庭消费支出				
	老年抚养比 （1）	少儿抚养比 （2）	家庭规模 （3）	家庭代际数 （4）	婚姻关系 （5）
家庭人口结构因素	-0.4475*** （0.000）	0.3801**** （0.000）	0.4243*** （0.000）	0.2995*** （0.000）	0.4812*** （0.000）
储蓄规模	0.0178*** （0.000）	0.0264*** （0.000）	0.0300*** （0.000）	0.0250*** （0.000）	0.0443*** （0.000）
家庭人口结构因素×储蓄规模	0.0201*** （0.000）	-0.0151*** （0.000）	-0.0175*** （0.000）	-0.0155*** （0.000）	-0.0280*** （0.000）
股票规模	0.0139*** （0.000）	0.0047*** （0.000）	0.0078** （0.011）	0.0071** （0.018）	0.0082*** （0.007）
商品房规模	0.0108*** （0.000）	0.0112*** （0.000）	0.0101*** （0.000）	0.0109*** （0.000）	0.0098*** （0.000）
商业保险规模	0.0256*** （0.000）	0.0211*** （0.000）	0.0229*** （0.000）	0.0248*** （0.000）	0.0243*** （0.000）
消费升级	0.2723*** （0.000）	0.2349*** （0.000）	0.2374*** （0.000）	0.2561*** （0.000）	0.2669*** （0.000）
受教育程度	0.1102*** （0.000）	0.1468*** （0.000）	0.1427*** （0.000）	0.1519*** （0.000）	0.1397*** （0.000）
居住地为城镇	0.1386*** （0.000）	0.1481*** （0.000）	0.1839*** （0.000）	0.1716*** （0.000）	0.1716*** （0.000）
地区变量	Yes	Yes	Yes	Yes	Yes

续表

	农民家庭消费支出				
	老年抚养比 (1)	少儿抚养比 (2)	家庭规模 (3)	家庭代际数 (4)	婚姻关系 (5)
样本数（个）	13634	13634	13634	13634	13634
F 值	384. 44	400. 45	386	346. 88	350. 38
Adj. R^2	0. 2263	0. 2318	0. 2446	0. 2066	0. 2150

注：***、**、*分别表示通过1%、5%、10%的显著性检验，系数下括号内的数据为控制受访家庭所在省份的聚类调整的稳健标准误（Cluster & Robust Standard Error）。

此外，第3列和第4列回归结果显示，家庭规模和家庭代际数与储蓄规模的交互项回归结果均为负，在1%置信水平上显著，表明家庭规模与家庭代际数和储蓄规模对家庭资产财富效应的影响存在替代效应。第5列回归结果也表明美满的婚姻关系和储蓄规模对促进家庭消费财富效应的影响存在替代效应。

（二）家庭人口结构与股票规模的交互作用

表6-9反映了家庭人口结构因素与农民家庭股票规模交互回归的结果。表6-9第1列结果显示，老年抚养比与农民家庭消费支出关系为负，而老年抚养比和股票规模的交互项为正，表明老年抚养比和股票规模的交互作用对家庭消费支出有正向的促进作用，说明老年抚养比和股票规模对家庭资产财富效应的影响存在替代效应。第2列结果显示，少儿抚养比的提高对于促进家庭消费有显著的正向作用，而少儿抚养比与股票规模的交互项回归结果为负，表明少儿抚养比和股票规模对家庭资产财富效应的影响也存在替代效应。

表6-9　家庭人口结构与股票规模交互作用检验

	农民家庭消费支出				
	老年抚养比 (1)	少儿抚养比 (2)	家庭规模 (3)	家庭代际数 (4)	婚姻关系 (5)
家庭人口结构因素	-0. 3253*** (0. 000)	0. 3205*** (0. 000)	0. 3573*** (0. 000)	0. 2407*** (0. 000)	0. 3881*** (0. 000)

续表

	农民家庭消费支出				
	老年抚养比 （1）	少儿抚养比 （2）	家庭规模 （3）	家庭代际数 （4）	婚姻关系 （5）
股票规模	0.2023*** （0.000）	0.0160*** （0.000）	0.0252*** （0.000）	0.0139*** （0.000）	0.0191*** （0.000）
家庭人口结构因素×股票规模	0.2744*** （0.000）	-0.0199*** （0.000）	-0.0328*** （0.000）	-0.0239*** （0.000）	-0.0387*** （0.000）
储蓄规模	0.0191*** （0.000）	0.01988*** （0.000）	0.0205*** （0.011）	0.0204*** （0.018）	0.0419*** （0.000）
商品房规模	0.0103*** （0.000）	0.0113*** （0.000）	0.0102*** （0.000）	0.0162*** （0.000）	0.0097*** （0.000）
商业保险规模	0.0231*** （0.000）	0.0206*** （0.000）	0.0229*** （0.000）	0.0247*** （0.000）	0.0237*** （0.000）
消费升级	0.2488*** （0.000）	0.2311*** （0.000）	0.2359*** （0.000）	0.2541*** （0.000）	0.2640*** （0.000）
受教育程度	0.1101*** （0.000）	0.1474*** （0.000）	0.1447*** （0.000）	0.1524*** （0.000）	0.1461*** （0.000）
居住地为城镇	0.1361*** （0.000）	0.1471*** （0.000）	0.1852*** （0.000）	0.1731*** （0.000）	0.1731*** （0.000）
地区变量	Yes	Yes	Yes	Yes	Yes
样本数（个）	13634	13634	13634	13634	13634
F 值	368.88	378.88	369.92	340.42	340.01
Adj. R^2	0.2228	0.2295	0.2418	0.2046	0.2121

注：***、**、*分别表示通过1%、5%、10%的显著性检验，系数下括号内的数据为控制受访家庭所在省份的聚类调整的稳健标准误（Cluster & Robust Standard Error）。

此外，第3列到第4列回归结果显示，家庭规模和家庭代际数均与股票规模的交互项回归结果为负，表明家庭规模与家庭代际数和股票规模对家庭股票资产财富效应的影响存在替代效应。第5列回归结果显示，婚姻关系对促进家庭消费有显著的正向作用，而婚姻关系与股票规模的交互项回归结果为负，表明美满的婚姻和股票规模对家庭资产促进家庭消费的财富效应的影响也存在替代效应。

（三）家庭人口结构与商品房规模的交互作用

表6-10反映了家庭人口结构因素与农民家庭商品房规模交互回归的

结果。表6-10第1列结果显示，老年抚养比和商品房规模的交互作用能够正向促进家庭消费支出行为，说明老年抚养比和商品房规模对家庭资产财富效应的影响存在替代效应。第2列结果显示，少儿抚养比也能正向促进家庭消费，而少儿抚养比和商品房规模的交互项回归结果为负，表明少儿抚养比和商品房规模对家庭资产财富效应的影响存在替代效应。

表6-10　　家庭人口结构与商品房规模交互作用检验

	农民家庭消费支出				
	老年抚养比 (1)	少儿抚养比 (2)	家庭规模 (3)	家庭代际数 (4)	婚姻关系 (5)
家庭人口结构因素	-0.4258*** (0.000)	0.4127*** (0.000)	0.4223*** (0.000)	0.3114*** (0.000)	0.4912*** (0.000)
储蓄规模	0.0196*** (0.000)	0.0197*** (0.000)	0.0204*** (0.000)	0.0205*** (0.000)	0.0190*** (0.000)
家庭人口结构因素×商品房规模	0.0149*** (0.000)	-0.0131*** (0.000)	-0.0096*** (0.000)	-0.0101*** (0.000)	-0.0190*** (0.000)
股票规模	0.0092*** (0.001)	0.0041 (0.158)	0.0081** (0.011)	0.0073** (0.018)	0.0049** (0.010)
商品房规模	0.0054*** (0.000)	0.0171*** (0.000)	0.0153*** (0.000)	0.0139*** (0.000)	0.0250*** (0.000)
商业保险规模	0.0232*** (0.000)	0.0204*** (0.000)	0.0225*** (0.000)	0.0246*** (0.000)	0.0237*** (0.000)
消费升级	0.2564*** (0.000)	0.2355*** (0.000)	0.2388*** (0.000)	0.2571*** (0.000)	0.2672*** (0.000)
受教育程度	0.1085*** (0.000)	0.1464*** (0.000)	0.1444*** (0.000)	0.1518*** (0.000)	0.1464*** (0.000)
居住地为城镇	0.1349*** (0.000)	0.1481*** (0.000)	0.1854*** (0.000)	0.1731*** (0.000)	0.1743*** (0.000)
地区变量	Yes	Yes	Yes	Yes	Yes
样本数（个）	13634	13634	13634	13634	13634
F值	372.85	387.14	370.79	341.70	342.81
Adj. R^2	0.2256	0.2319	0.2427	0.2056	0.2137

注：***、**、*分别表示通过1%、5%、10%的显著性检验，系数下括号内的数据为控制受访家庭所在省份的聚类调整的稳健标准误（Cluster & Robust Standard Error）。

此外，第3列到第4列回归结果显示，家庭规模和代际数均可能与商品房规模形成交互作用，对家庭商品房财富效应的影响存在替代效应。第5列回归结果显示，婚姻关系能够促进家庭消费，在1%置信水平上显著，而婚姻关系与商品房规模的交互项回归结果也为负，表明美满的婚姻和商品房规模对家庭资产促进家庭消费财富效应的影响存在替代效应。

（四）家庭人口结构与商业保险规模的交互作用

表6-11反映了家庭人口结构因素与农民家庭商业保险规模交互回归的结果。表6-11第1列结果显示，老年抚养比和商业保险规模的交互作用能够正向促进家庭消费行为，说明老年抚养比和商业保险规模对家庭资产财富效应的影响存在替代效应。第2列结果显示，少儿抚养比能够正向促进家庭消费行为，而少儿抚养比与商品房规模的交互项回归结果为负，表明少儿抚养比和商业保险规模对家庭资产财富效应的影响存在替代效应。

表6-11　　家庭人口结构与商业保险规模交互作用检验

	农民家庭消费支出				
	老年抚养比 （1）	少儿抚养比 （2）	家庭规模 （3）	家庭代际数 （4）	婚姻关系 （5）
家庭人口结构因素	-0.3469*** （0.000）	0.3403*** （0.000）	0.3776*** （0.000）	0.2591*** （0.000）	0.5938*** （0.000）
储蓄规模	0.0197*** （0.000）	0.0198*** （0.000）	0.0204*** （0.000）	0.0204*** （0.000）	0.0191*** （0.000）
家庭人口结构因素×商业保险支出规模	0.0392*** （0.000）	-0.0254*** （0.000）	-0.0290*** （0.000）	-0.0227*** （0.000）	-0.0216*** （0.000）
股票规模	0.0093*** （0.000）	0.0042** （0.010）	0.0073** （0.020）	0.0067** （0.029）	0.0081*** （0.008）
商品房规模	0.0102*** （0.000）	0.0112*** （0.000）	0.0100*** （0.000）	0.0109*** （0.000）	0.0098*** （0.000）
商业保险规模	0.0156*** （0.000）	0.0350*** （0.000）	0.0405*** （0.000）	0.0324*** （0.000）	0.0440*** （0.000）
消费升级	0.2488*** （0.000）	0.2310*** （0.000）	0.2342*** （0.000）	0.2537*** （0.000）	0.2630*** （0.000）

续表

	农民家庭消费支出				
	老年抚养比 (1)	少儿抚养比 (2)	家庭规模 (3)	家庭代际数 (4)	婚姻关系 (5)
受教育程度	0.1088*** (0.000)	0.1471*** (0.000)	0.1439*** (0.000)	0.1521*** (0.000)	0.1459*** (0.000)
居住地为城镇	0.1374*** (0.000)	0.1477*** (0.000)	0.1862*** (0.000)	0.1725*** (0.000)	0.1733*** (0.000)
地区变量	Yes	Yes	Yes	Yes	Yes
样本数（个）	13634	13634	13634	13634	13634
F值	375.13	385.27	372.96	343.18	343.25
Adj. R^2	0.2253	0.2311	0.2436	0.2057	0.2120

注：***、**、*分别表示通过1%、5%、10%的显著性检验，系数下括号内的数据为控制受访家庭所在省份的聚类调整的稳健标准误（Cluster & Robust Standard Error）。

此外，第3列到第4列回归结果显示，家庭规模和代际数均可能与商业保险规模形成交互作用，对家庭商业保险财富效应的影响存在替代效应。第5列回归结果显示，婚姻关系能够正向促进家庭消费行为，而婚姻关系与商业保险规模的交互项回归结果为负，表明美满的婚姻和商业保险规模对家庭资产促进家庭消费财富效应的影响存在替代效应。

五　小结

综合本节的实证结果，得出农民家庭资产对于农民家庭消费存在重要的财富效应，储蓄、股票、商品房和商业保险等不同类型家庭资产对于农民家庭消费的财富效应存在一定的差异，且本章还发现财富效应也存在区域差异。本章主要结论概括如下：农民家庭资产配置中主要包括储蓄、股票、商品房和商业保险等四类资产。

第一，对全国样本进行分析发现，农民家庭配置了储蓄、股票、商品房和商业保险等四类资产，但四类资产的比例存在差异，储蓄是四类资产中占比最大的资产。此外，农民家庭持四类资产的规模能够促进家庭消费支出增加，且这些家庭资产对农民家庭消费的促进作用也存在差异。对于农民家庭而言，虽然商业保险的占比较其他三项家庭资产占比小，但是实证研究发现商业保险对消费的影响大于其他三类资产。

第二，从居民所在地区分组回归结果发现，无论东部地区还是中西部地区，农民在家庭资产中配置储蓄、股票、商品房和商业保险的相应规模均能正向促进家庭消费支出，且各种资产对消费的影响也呈现出地区差异。研究结果还发现，家庭资产对东部地区和中西部地区农民家庭消费的财富效应表现出地区差异。

第三，农民家庭户主的受教育程度对家庭消费支出有显著的促进作用，且表现出地区差异。东部地区家庭户主受教育程度高于中西部地区，故对东部地区农民家庭的促进作用更大。此外，从多个模型估计结果来看，消费升级也是一个影响农民家庭消费的重要因素，而且与东部地区相比，消费升级对中西部农民家庭消费的促进作用更大。

第四，家庭人口结构因素能够与农民家庭资产中四类资产的规模形成交互作用，并对家庭消费支出产生影响。其中，家庭老年人口占比越高，则家庭消费支出越低；而少儿抚养比、家庭规模、家庭代际数和婚姻关系与家庭消费支出呈正相关。

第三节　被征地农民家庭资产选择的财富效应

一　问题提出

近年来，我国城镇化进程加快，各地区征地拆迁的力度越来越大，数量庞大的被征地家庭已成为一个新的值得关注的社会群体。据中国社会科学院发布的《中国城市发展报告》（2010），“目前，中国被征地农民的总量已经达到 4000 万—5000 万人，以每年约 300 万人的速度递增，预估到 2030 年时将增至 1.1 亿人左右。”随着被征地农民数量的增加，征地补偿金额也在不断提高。当前，由于不断提高征地补偿标准以及一次性足额补偿的政策，使被征地家庭成为“没有土地却拥有巨款”的特殊家庭（李成友，2019）。但是由于农民自身文化素养不高、缺乏投资理念和投资知识、尽管拥有大量补偿款却面临投资无门或低效使用等问题，导致大量补偿金无法被合理利用，因此，探究被征地家庭的投资并合理引导其利益最大化的投资行为有助于提高其资金利用效率和生活质量。

家庭资产选择中的“财富效应”是指高收入的家庭往往倾向于持有股票、基金、债券等高风险资产，而收入较低的家庭通常会选择一些比较稳健的低风险资产。比如 Campbell（2006）研究发现，对于美国的穷人家庭而言，他们更愿意投资安全性较高的流动性资产，而富人家庭则更愿意投资权益性资产。史代敏和宋艳（2005）研究表明，家庭财富越多的居民，资产选择越具有多样性，且股票所占比例份额随着财富增加而上升。张聪（2021）经过实证研究发现家庭收入越高，投资风险性金融资产的可能性越大。张哲（2020）基于CHFS的问卷调查数据，经过实证研究之后发现持有风险性金融资产的农村家庭消费水平更高，并且高收入组家庭金融资产配置也会显著影响消费结构的提升。Engelhardt（1996）利用PSID数据库，发现房屋等固定资产对消费有财富效应。Chen（2006）对24年数据进行分析后发现，长期来看，房子等固定资产价值的上升能够促进居民消费，但从短期来说，房子等固定资产不存在对消费的财富效应。

经过文献梳理发现，多数学者对于“财富效应”的研究主要集中于房地产与股票市场，而对于被征地农民这个特殊群体的“财富效应”研究就较为稀缺。本节主要为了让人们对“财富效应”有更加深刻的了解，并且提升对被征地农民这个特殊群体的关注度，更好地保护被征地农民的利益。

本章第一节的研究已经表明了农民家庭资产选择存在明显的“财富效应”，即越富裕的家庭越倾向于投资股票等高风险金融资产。在新型城镇化的背景下，“没有土地，拥有巨款”的被征地农民数量在不断增加，为了提高被征地农民手中高额补偿款的利用效率，我们将进行进一步的分析，研究被征地农民当中是否也存在“财富效应”。

二 数据来源

为保证样本的代表性和广泛性，本书选取山东省的济南、东营和济宁三个地区的郊区，然后用分层抽样法随机抽出18个乡镇，并从每个乡镇中随机抽出1个村庄，根据家庭收入水平随机抽取80户被征地农民进行调查走访，共涉及2896户，发放调查问卷983份，最终得到有效调查问卷681份。

调查内容主要涉及被征地农民的家庭特征和个体变量、被征地前家庭经济状况和被征地后家庭经济状况。不同村庄由于被征地时间的不同其补偿金差别较大，其中2017年gj村的平均每户补偿金最高，达到60.22万元，而2005年被征地的sl村平均每户补偿金最低，仅有7.11万元；从平均每户年收入来看，2004年被征地的gqw村收入最高，达到

15.27 万元，而 2009 年被征地的 jj 村平均每户年收入最低，仅有 4.83 万元。调查人员由经过培训的高校科研人员和村两委的会计人员组成。调查结束后会给受访者一定的调研费，并表示感谢。

表 6-12　　2018 年调研样本基本情况

村庄	总户数（户）	调查户数（户）	平均每户补偿金（万元）	平均每户年收入（万元）	被征地时间（年）
sc 村	243	55	58.56	10.72	2018
gj 村	258	56	60.22	12.55	2017
nw 村	246	65	59.15	12.16	2016
dw 村	222	47	62.11	13.21	2014
fz 村	275	58	60.05	10.78	2014
sm 村	255	71	58.82	13.83	2012
qw 村	276	65	36.46	11.53	2010
wb 村	236	62	48.42	10.11	2011
cj 村	168	37	58.81	7.36	2013
jj 村	207	46	21.65	4.83	2009
zj 村	223	59	59.12	14.55	2013
gqw 村	185	42	7.19	15.27	2004
sl 村	102	18	7.11	9.14	2005
合计	2896	681	45.97	11.23	

资料来源：根据调查数据整理所得。

三　研究结果

为了解被征地农民家庭资产选择中是否存在财富效应，我们根据被征地农民家庭纯收入分为高（前 33.3%）、中（中 33.4%）、低（后 33.3%）收入组，分别了解不同收入状况被征地农民的家庭资产选择现状，包括每种家庭资产选择的参与率（见表 6-13）和投资占比（某资产占所有资产中的比例）（见表 6-14）。其中投资参与率的统计方法为，参与某种家庭资产的记为 1，没参与的记为 0。

（一）被征地农民家庭资产选择参与中的财富效应

由表6-13可见，不同收入组被征地农民的家庭资产选择参与率在各类资产上略有差异。在低风险金融资产上，银行存款和各种债券的参与率基本相同，但在保险参与率上，高收入组略高于低收入组，可能与高收入组有更多资金投入保险有关。在高风险金融资产参与率上，高收入组基金参与率略高于低收入组，而低收入组的彩票参与率略高于高收入组。在高风险实物资产参与率上，房地产或不动产和黄金等重金属资产的参与率在不同收入组间差异很小，但经营资产参与率在高、中收入组的参与率明显高于低收入组。

表6-13　　不同收入状况被征地农民家庭资产选择参与率　　单位：%

投资类型	变量	高收入组（N=133）	中收入组（N=134）	低收入组（N=133）
低风险金融资产	银行存款	99.2	98.1	100
	各种债券	53.8	50.4	55
	保险	72.9	65	67.2
高风险金融资产	股票	22	21.2	21.4
	基金	49.2	54.7	44.3
	彩票	55.3	57.3	61.1
高风险实物资产	房地产或不动产	52.3	54	53.4
	经营资产	95.5	95.6	87
	黄金等重金属	23.5	24.8	28.2

（二）被征地农民家庭资产选择占比中的财富效应

表6-14呈现了不同收入组被征地农民家庭资产选择占比现状，结果表明不同收入组的家庭资产选择在银行存款和经营资产上差别较明显，表现出明显的“财富效应”。高收入组的银行存款占比在三个组中是最低的，而低收入组却是最高的；在经营资产上，高收入组的占比是最高的，而低收入组占比最低，因此我们可以推断高收入组城郊被征地农民更倾向于投资高风险的经营资产，而低收入组更倾向于投资低风险的银行存款。

表 6-14　　不同收入组被征地农民家庭资产选择占比现状　　单位：%

投资类型	变量	高收入组（N=133）	中收入组（N=134）	低收入组（N=133）
低风险金融资产	银行存款	18.72	21.45	26.31
	各种债券	6.91	7.35	6.73
	保险	7.82	8.88	8.49
高风险金融资产	股票	2.03	2.05	2.48
	基金	7.56	8.58	6.65
	彩票	7.48	7.42	9.36
高风险实物资产	房地产或不动产	8.79	6.45	5.34
	经营资产	25.61	17.01	17.51
	黄金等重金属	1.85	2.16	2.22

四　讨论

通过对山东省济南、东营和济宁三个地区的郊区被征地农民的调查发现，“财富效应”存在于被征地农民家庭之中，富裕农民家庭所持有的高风险资产占比显著高于贫穷农民家庭，银行存款显著低于贫穷农民家庭。因此，为提高被征地农民手中大量补偿额的利用效率，减少资源浪费，增加被征地农民的就业比重，针对不同富裕水平的被征地农民，可通过政策以及金融知识普及等措施，增加其生产性固定资产持有比例，降低银行存款比例，同时为其提供生产生活投资理财基本知识，优化投资结构，避免造成大量非理性消费和投资。当地政府应带头支持富裕农民家庭积极创业，为贫困农民家庭提供就业机会，提高其生活质量。同时，也要鼓励被征地农民适当购买低风险性保险等产品，为农民开办技能培训，提高农民耕种技术以及其他技能，构建多元化收入的收入渠道，更好地改善农民生活。

第四节　市民家庭资产选择的财富效应

一　研究方法

（一）研究目的

本书主要探究我国城镇居民（市民）家庭是否存在家庭资产选择财

富效应。

(二) 研究假设

研究假设：我国市民家庭在家庭资产选择中存在财富效应，即高收入家庭组的被试在家庭资产选择中更倾向于选择高风险资产，低收入家庭组的被试更倾向于选择低风险资产。

(三) 被试

被试为市民家庭共计 26008 个。根据被试家庭收入对被试进行分组，前 27%为高收入家庭组，后 27%为低收入家庭组。高收入家庭组被试 7022 个，低收入组被试 7022 个。

(四) 研究设计

采用 2（组别：高收入家庭组、低收入家庭组）×3（资产类型：高风险实物资产、高风险金融资产、低风险金融资产）的二因素混合设计，其中，组别是被试间变量，资产类型是被试内变量，因变量为投资占比。

(五) 数据来源及研究程序

数据来源于 2017 年中国家庭金融调查数据（China Household Finance Survey，CHFS）。该调查内容全面，涉及人口统计学特征、收入与消费、社会保障、主观态度、资产与负债各方面信息，覆盖面较广，样本规模达 40011 户，包含来自中国 29 个省（自治区、直辖市）、172 个市、355 个区县的居民家庭。数据具有很强的代表性。

在对缺失值以及极端值进行处理之后，最终获得 25416 个有效家庭样本。根据被试家庭收入分为两组，取样本前 27%为高收入家庭组，后 27%为低收入家庭组，每组样本量为 6862 个家庭。然后将资产分为三大类：实物资产（固定资产、投资经营及黄金等重金属）、高风险金融资产（股票、基金）、低风险金融资产（银行存款、现金、债券）。最后统计被试在各类资产上的投资比例。

二 研究结果

以组别、资产类型为自变量，以各类资产投资占比为因变量，进行重复测量方差分析（见图 6-2）。结果表明：（1）资产类型主效应显著，F（1，13722）= 24217.97，$p<0.001$，$\eta_p^2=0.64$。高风险金融资产的投资占比显著低于低风险金融资产和实物资产。低风险金融资产的投资占比又显著低于实物资产。以上结果说明，我国市民家庭在家庭资产选择中更倾向于投资实物资产以及低风险的金融资产，表现出明显的风险规

避偏好。（2）组别和资产类型的交互作用显著，F（1，13722）= 194.12，$p<0.001$，$\eta_p^2=0.01$。进一步简单效应分析发现，在实物资产水平上，组别的简单效应显著，F（1，13722）= 101.49，$p<0.001$，高收入家庭组的投资占比显著高于低收入家庭组，表现出明显的财富效应；在高风险金融资产上，组别的简单效应显著，F（1，13722）= 570.31，$p<0.001$，高收入家庭组的投资占比显著高于低收入家庭组，表现出明显的财富效应；在低风险金融资产上，组别的简单效应显著，F（1，13722）= 269.33，$p<0.001$，高收入家庭组的投资占比显著低于低收入家庭组，以上结果均表明，高收入家庭更倾向于选择高风险资产，低收入家庭更倾向于选择低风险资产。

表 6-15　各类资产投资占比（M±SD）

组别	资产类型	M±SD
高收入家庭组	实物资产	0.82±0.27
	高风险金融资产	0.03±0.10
	低风险金融资产	0.15±0.24
低收入家庭组	实物资产	0.77±0.34
	高风险金融资产	0.003±0.03
	低风险金融资产	0.23±0.34

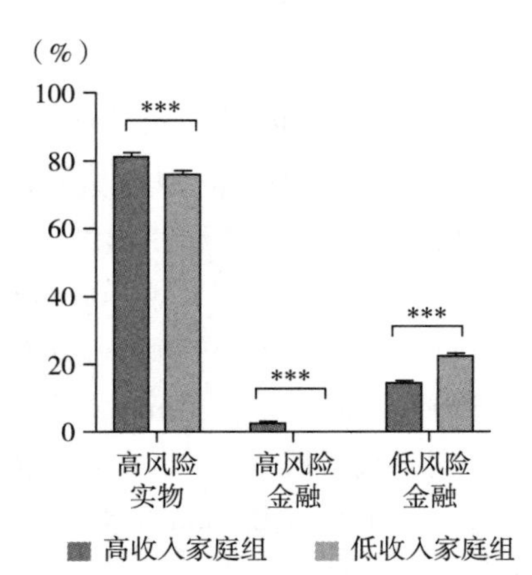

图 6-2　各类资产投资占比

注：*** 表示 $p<0.001$。

三 分析与讨论

基于中国家庭金融调查（CFPS）数据库，对我国市民家庭是否存在家庭资产选择财富效应进行了探讨。研究结果显示，资产类型的主效应显著，高风险金融资产的投资占比显著低于低风险金融资产和实物资产；低风险金融资产的投资占比又显著低于实物资产。说明我国市民家庭在家庭资产选择上更倾向于选择实物资产，特别是房产。本结果说明对市民而言，最主要的投资方式为房产，其次是低风险的金融资产，这与以往的研究一致（金梦媛、杨杰，2019；陈瑾瑜，2020），反映了我国市民在投资中的风险规避偏好。这可能与我国资本市场起步较晚，市民理财知识匮乏，又受“积谷防饥”等传统思维的影响，投资理念相对保守有关。组别和资产类型的交互作用显著，进一步简单效应分析的结果表明，低收入家庭组在高风险金融资产和实物资产上的投资都显著低于高收入家庭组。说明低收入家庭组更倾向于选择稳健的低风险资产，高收入家庭会持有更多的高风险资产，这与以往研究一致（史代敏、宋艳，2005；吴卫星等，2010；尹志超等，2014；吴远远、李婧，2019）。因此，我国市民家庭存在家庭资产选择财富效应，研究假设得到了支持。

第五节 财富与幸福——“幸福悖论”

一 问题提出

“幸福悖论”（paradox of happiness），由 Easterlin（1974）提出，指的是某国人均实际收入有了显著的增加，但是所观测到的幸福感并没有相应提高的现象（Mentzakis，2009）。幸福悖论已在美国、英国、日本等很多发达国家得到验证（Veenhoven，1993；Easterlin，1995；Diener & Suh，1997；Oswald，1997；Myers，2000；Inglehart & Klingemann，2000；Blanchflower & Oswald，2004；Bjornskov，Gupta & Pedersen，2008）。众多学者尝试对“幸福悖论”进行解释，认为非收入因素、相对收入（Easterlin，1995，2001）和适应性水平（Brickman & Campbell，1971；Kahneman，2003）共同影响幸福感。自此，收入与幸福感的关系及幸福感的影响因素成为经济学家和心理学家共同关注的热点问题。

（一）收入与幸福感的关系

钱到底能不能买来幸福？国内外学者对收入与幸福感的关系展开广泛而深入的研究，从宏观数据到微观分析，全面揭示收入与幸福感的关系。Graham（2005）将相关经验研究总结如下：从某国内部来看，就平均水平而言，穷人的幸福感低于富人；同时跨国和跨时间的研究表明，收入的增加与幸福之间几乎不相关；平均来看，富国（作为一个群体）比穷国（作为一个群体）更幸福；幸福水平的提升是有限的，不会高于某点收入点。总结国内外文献，发现收入与幸福感的关系有四种。一是收入与幸福感正相关（Diener & Biswas-Diener，2002；North et al.，2008；Georgellis，Tsitsianis & Yin，2009；Lucas & Schimmack，2009；Caporale et al.，2009；邢占军，2011；王玉龙等，2014；张爱莲、黄希庭，2010）。二是收入对居民幸福感有正向作用，并与之呈倒“U”形关系（Seligman et al.，2006；张学志、才国伟，2011）。三是收入对幸福感没有显著的影响（Cummins，1998；Blanchflower & Oswald，2000；Sing，2009；Yao，Cheng & Cheng，2009；Park，2009；Inoguchi & Fujii，2009）。四是收入与幸福感负相关（黄有光，2005）。收入与幸福感的复杂关系映射出两者既密切关联，又受其他因素的影响。

（二）“幸福”的影响因素之谜

显然，仅从收入与幸福感的关系难以对“幸福悖论”做出解释，必须关注影响幸福感的其他因素，才能逐步揭开“幸福悖论”的面纱，因此，幸福感的影响因素成为当今的热点研究问题。

幸福感的概念来源于心理学，心理学家把幸福感（Happiness）定义为主观幸福感（Subjective Well-being，SWB），指个体依据自己设定的标准对自身在某个阶段的生活质量所作出的整体评价（吕航，2014）。从定义我们可以看出影响幸福感的因素可分为两类，一类是影响生活质量的客观指标，另一类是个体对生活质量的主观感受及评价。

第一类影响因素主要由经济学家进行研究，涉及收入（邢占军，2011；王玉龙等，2014；张学志、才国伟，2011；任海燕，2012）、失业和通货膨胀（米健，2011）、政府支出（彭代彦、赖谦进，2008；韩伟、李一博，2009；鲁元平、张克中，2010；亓寿伟、周少甫，2010）、城市化（赵雪雁、林曼曼，2007；黄林秀、唐宁，2011）、环境（曹大宇，2011）、社会资本（吴丽、杨保杰、吴次芳，2010；侯志阳，2010；温晓亮、米健、朱立志，2011；马丹，2011）及个体特征和家庭变量等因素。

第二类影响因素主要由心理学家进行研究，主要涉及社会比较、适应、欲望及人格特征等。（1）社会比较。众多研究表明，个体与他人之间的相对地位对个体所感知到的幸福感的印象概念股作用高于绝对收入水平（Clark & Oswald，1996；Mcbride，2001；Ferrer i Carbonell，2005；张学志、才国伟，2011）；（2）适应。适应（adaption）是指对重复或连续刺激，个体感受性降低的现象，最初人们会对环境中的变化作出剧烈的反应，但是不久他们会逐渐习惯并适应新的生活情境，这种适应会削弱由于收入的增加而对幸福感的积极效应（Diener，Lucas & Scollon，2006；Hagerty & Veenhoven，2003）。（3）欲望。研究发现，收入欲望与实际收入水平之间的差距与幸福感负相关（Solberg et al.，2002；Stutzer，2004；Bjornskov，Gupta & Pedersen，2008；Brown et al.，2009；McBride，2010），此外收入欲望也会随个体收入的增加而增加，因此实际收入的增加并不一定会提高幸福感（Easterlin，2001；Stutzer，2004）。（4）人格特征。研究表明，收入与主观幸福感的关系受社会支持和人格特征的影响（王玉龙、彭运石、姚文佳，2014）；对我国居民幸福感有显著影响的价值观念是物质观和生活观，重视金钱的人群幸福感水平较低，重视生活情趣的人群幸福感水平较高（张学志、才国伟，2011）。

（三）最新研究趋势——收入公平感对主观幸福感的影响

近年来，越来越多的学者关注收入公平感对主观幸福感的影响。Smyth 等（2008）把收入分配的主观公平感作为不平等指标分析了中国城市群体的主观幸福感与不平等感之间的关系，研究发现，报告出更低幸福感的人群，正是觉察到分配不公平的人群。彭代彦和吴宝新（2008）利用湖北和湖南两省收集到的农民家庭调查数据研究发现，农业收入差距与生活满意度负相关，但非农业收入差距并不会对农民的生活满意度产生消极影响。王鹏（2011）利用中国综合社会调查（CSGG）数据研究发现收入差距与幸福感之间存在倒 U 形的关系。何立新与潘春阳（2011）从分配过程中存在的不均等的机会和收入分配差距两大维度探讨了中国的“幸福-收入之谜”，发现这两种因素都负面影响居民幸福感。

（四）简要述评与问题提出

以往关于“幸福悖论”及其原因的探讨主要以两类人群为样本，一是市民（邢占军，2011；任海燕，2012；张爱莲、黄希庭，2010；张学志、才国伟，2011；温晓亮、米健、朱立志，2011），二是农民（黄林秀、唐宁，2011；王玉龙、彭运石、姚文佳，2014）。但近年来中国社会出现了介于两者之间的人群——被征地农民，且随着我国由农业社会向工业社会的转变，城镇化的推进及农业现代化的发展，这一群体将会更加庞大。由被征地导致的土地暴力纠纷事件时常见诸报端，因此被征地农民的生存状况将严重影响地区稳定，乃至国家和谐社会的建立。但目前以被征地农民为样本进行幸福感研究的论文极为少见，更没有全面揭示被征地农民的幸福感现状、存在的问题及成因的相关研究。而在被征地农民中，城郊被征地农民又是争议最大的群体，江苏省哲学社会科学规划办公室的调研结果表明：江苏省被征地农民生存状况最差的是经济发展水平较高的大城市郊区被征地农民。因此，本书将深入研究城郊被征地农民的幸福感现状，为更好地解决被征地农民问题、提高其幸福感提供理论依据。

深入分析以往相关文献，我们还发现，关于"幸福悖论"的研究在经济学和心理学两个学科中开枝散叶，已取得相当丰富的研究成果，但两个学科的研究视角具有显著差异。经济学偏重宏观分析和模型建构，心理学注重微观考察和深度心理分析，两者各有所长。近年来兴起的行为金融学恰恰是两个学科的融合。本节将以行为金融学为视角，对经济学和心理学关于幸福感的研究进行融合，深入考察城郊被征地农民是否存在"幸福悖论"，及绝对收入和收入公平感对主观幸福感有何影响，并以行为金融学相关理论为依据，深入分析被征地农民产生"幸福悖论"的原因，以期进一步拓展"幸福悖论"的研究方法，并为相关决策部门提供可行性政策建议。

二　数据收集与变量说明

（一）数据来源

笔者根据农村信用社在信用评级评定的信息采集中，采用分层抽样从济南市城郊 HS 镇中的八个村抽取 400 名被征地农民作为样本，在信贷协理员和村会计的帮助下，采用入户访问形式进行调查。山东是农业大省，且济南是其文化和政治中心，与全国其他城市一样，随着城市不断扩展，周边被征地农民较多，因此该样本具有较强的代表性。同时为便于比较分析，考虑到被征地农民兼具农民家庭和市民的特点，我们又调查了济南市 DJ 镇 60 名农民，和 LC 区的一般市民 60 名（在社区、商场、银行大厅等对市民随机调查，请被试独立完成问卷），看城郊被征地农民与农民和市民相比，在主观幸福感、家庭纯收入和收入公平感上是否存在显著差异。

（二）主要变量的解释与测量

主观幸福感：主观幸福感是个体对生活状态的总体评估。主观幸福感通过一个问题“你对你的生活满意吗?”进行测量。对这个问题的回答可从1=“非常不满意”到7=“非常满意”中根据自己的情况据实作答。此问题来自对主观幸福感文献中被最广泛使用的生活满意度量表（Campbell et al.，1976）的借鉴和修正（Dolan et al.，2008；Marsha & Evelina，2012）。为客观反映被征地农民的精神生活，我们亦从纵向和横向两个方面进行深入分析。纵向上，看被征地农民被征地前与现在的主观幸福感是否存在显著差异；横向上，看被征地农民、农民和市民的主观幸福感是否存在显著差异。对被征地农民被征地前的主观幸福感采用回溯性方法进行测量，请被征地农民回忆被征地前对生活的整体满意情况，众多研究表明，回溯性方法是有效的（Watson et al.，2013；Baranek，1999）。

家庭纯收入：被征地农民被征地前和被征地后的家庭纯收入从个人填表、村会计复核、信用社贷款数据中加权平均得到，因而保证了数据的客观性。考虑到正常经济增长对被征地农民家庭财务状况的影响，在对被征地前和被征地后家庭纯收入进行比较时，本书采用被征地前家庭纯收入乘以被征地至今每年的CPI作为转换后的被征地前家庭纯收入，然后与现家庭纯收入进行差异检验。如果现在的家庭纯收入显著高于被征地前家庭纯收入，说明被征地农民被征地后家庭纯收入有显著增加。

收入公平感：参照马磊和刘欣（2010）及王甫勤（2010）等人的研究，我们根据问卷中的项目“考虑到您的能力和工作状况，您认为您目前的收入是否合理?”作为测量收入公平感的主要题目，要求被调查者在备选项“1非常不合理、2有点不合理、3不确定、4有点合理、5非常合理”中进行选择，得分越高意味着收入公平感越高。

其他变量

同时对被征地农民的个体特征（年龄、性别、受教育程度）、家庭人口、被征地年限、补偿金额等情况进行问卷调查。表6-16报告了主要变量的描述统计量。

表 6-16　　主要变量的描述统计量

变量	城郊被征地农民（400）		农民（60）		市民（60）	
	Min-Max	M（SD）	Min-Max	M（SD）	Min-Max	M（SD）
年龄（岁）	28—62	48.88（7.78）	20—60	45.21（6.87）	21—65	47.66（8.15）
受教育程度（年）	4—16	10.23（1.94）	3—12	8.69（1.23）	9—19	14.55（2.31）
家庭人口（人）	2—6	3.65（0.68）	2—6	3.56（0.55）	2—4	2.99（0.36）
被征地年限（年）	5—16	8.26（4.12）				
补偿金额（万元）	4—96	41.59（21.21）				
被征地前家庭纯收入（万元）	0.5—80	7.29（10.68）				
现家庭纯收入（万元）	0.65—350	11.29（24.36）	1.8—120	9.85（8.69）	3.5—180	12.09（18.76）
主观幸福感	1—7	4.87（1.59）	3—6	4.70（1.04）	3—6	5.08（0.99）
收入公平感	1—5	2.34（1.22）				

注：对农民和市民的调查中只涉及人口学变量、家庭纯收入和主观幸福感，其他变量没有涉及。Min 表示最小值，Max 表示最大值，M 表示平均数，SD 表示标准差。

（三）模型建构

主观幸福感是有序离散变量，在经济类相关文献中较多地采用 Ordered logit 模型和 Ordered probit 模型（John et al.，2009），但在心理类相关文献中，通常把主观幸福感作为连续变量，较多地采用普通最小二乘法，即多元回归模型进行研究（Marsh & Bertranou，2012）。由于普通最小二乘法具有直观易理解的特性，因此，本书采用多元分层回归模型对被征地农民主观幸福感的影响因素进行分析。模型如下：

$$H_i = \beta_0 + \sum_{i=1}^{i} \beta_i x_i + \beta_j x_j + \beta_m x_m + \varepsilon \tag{6-3}$$

其中 H_i 是主观幸福感，β_0 为常数项，x_i 为控制变量性别、年龄、受教育程度、家庭人口、被征地年限、征地补偿金等，β_i 为控制变量的回归系数，x_j 为家庭纯收入，β_j 为家庭纯收入的回归系数，x_m 为收入公平感，β_m 为收入公平感的回归系数，ε 为误差项。

三　被征地农民是否存在“幸福悖论”？

（一）被征地农民收入增长了吗？

城郊被征地农民的家庭纯收入的纵向比较：城郊被征地农民被征地前（转换后）与被征地后家庭纯收入的差异检验结果表明（见表 6-17），被征地农民现家庭纯收入较被征地前有极为显著的提高（$t=3.15$，$p<0.01$）。

表 6-17　被征地农民现家庭纯收入与被征地前家庭纯收入的差异检验

	平均数	标准差	T 值
现在家庭纯收入	11.29	24.36	3.15***
被征地前家庭纯收入	8.95	12.98	

注：* 表示 $p<0.05$，** 表示 $p<0.01$，*** 表示 $p<0.001$。

城郊被征地农民与农民和市民在家庭纯收入上的横向比较：由表 6-18 可见，被征地农民的家庭纯收入在农民和市民之间，但标准差却最大，说明被征地农民贫富差距较其他两个群体更大。对三者进行 F 检验（见表 6-18），结果表明，被征地农民、农民和市民在家庭纯收入上差异极为显著（$F=8.11$，$p<0.01$），进一步进行事后检验发现（见表 6-19），被征地农民的家庭纯收入显著高于农民，市民的家庭纯收入显著高于农民，但被征地农民和市民在家庭纯收入上没有显著差异。说明济南城郊的被征地农民其家庭纯收入已与市民相当，收入上已经完成了市民化。

表 6-18　被征地农民、农民和市民家庭纯收入的差异检验

变异来源	平方和	自由度	均方	F 值	p 值
组间变异	32.12	2	16.06	8.11	0.005
组内变异	1025.11	517	1.98		
总变异	1067.23	519			

资料来源：根据调查数据整理所得。

表 6-19　被征地农民、农民和市民家庭纯收入的多重比较

	被征地农民	农民	市民
农民	0.65**		

续表

	被征地农民	农民	市民
市民	-0.12	-0.78**	

注：表中数据是横排变量减竖排变量。* 表示 p<0.05，** 表示 p<0.01，*** 表示 p<0.001。

综上，我们发现济南市城郊被征地农民被征地后家庭纯收入显著高于被征地前；被征地农民的家庭纯收入显著高于农民，但与市民间没有显著差异。因此笔者认为，被征地农民的家庭纯收入有明显增长，且与市民的家庭纯收入相当。

（二）被征地农民幸福感现状

被征地农民被征地后的家庭纯收入有极为显著的提高，他们为此感到幸福吗？带着这个问题我们进行了如下比较：

城郊被征地农民主观幸福感的纵向比较：为进一步揭示被征地农民现在的主观幸福感与被征地前是否有显著差异，我们对两者进行了 T 检验（见表 6-20），结果表明，被征地农民现在的主观幸福感显著低于被征地前的主观幸福感（t=-3.06，p<0.001），即被征地前的被征地农民比现在更幸福。

表 6-20　　城郊被征地农民现主观幸福感与被征地前主观幸福感的差异检验

	平均数	标准差	T 值
现在家庭纯收入	3.96	1.7	-3.06***
被征地前家庭纯收入	4.87	1.59	

注：* 表示 p<0.05，** 表示 p<0.01，*** 表示 p<0.001。

城郊被征地农民与农民和市民在主观幸福感上的横向比较：为进一步探讨被征地农民主观幸福感状态，我们对被征地农民、农民和市民的主观幸福感进行方差分析，结果表明（见表 6-21），差异极为显著 F=17.02，p<0.001，事后多重比较的结果表明（见表 6-22），市民的幸福感显著高于被征地农民，农民的幸福感也显著高于被征地农民，但农民和市民在主观幸福感上没有显著差异，即被征地农民的幸福感是最差的，既低于市民也低于农民！

表 6-21　　被征地农民、农民和市民主观幸福感的差异检验

变异来源	平方和	自由度	均方	F 值	p 值
组间变异	84.12	2	42.05	17.02	0.000
组内变异	1277.62	517	2.47		
总变异	1361.74	519			

资料来源：根据调查数据整理所得。

表 6-22　　被征地农民、农民和市民主观幸福感的多重比较

	被征地农民	农民	市民
农民	-0.73^{**}		
市民	-1.12^{***}	0.38	

注：表中数据是横排变量减竖排变量。* 表示 $p<0.05$，** 表示 $p<0.01$，*** 表示 $p<0.001$。

综上所述，我们发现被征地农民的主观幸福感无论纵向比还是横向比都显示出被征地后幸福感的下降。即家庭纯收入明显提升的被征地农民其主观幸福感非但没有上升，还有显著下降，且显著低于农民和市民，可见城郊被征地农民存在更为明显的“幸福悖论”。

（三）谁才是影响幸福感的关键变量?

在城郊被征地农民身上发现的强“幸福悖论”让我们不得不重新审视收入与幸福的关系，是绝对收入还是收入公平感影响被征地农民的主观幸福感？为此我们采用分层回归的方式，以年龄、性别、家庭人口、受教育程度、被征地年限、补偿金额为控制变量，以家庭纯收入、收入公平感为自变量，对主观幸福感进行多元回归分析（见表 6-23）。结果表明，家庭纯收入正向预测主观幸福感（模型 1），即家庭收入越高，主观幸福感越强；收入公平感正向预测主观幸福感（模型 2），即收入公平感越高，主观幸福感越高；但当把家庭纯收入和收入公平感同时引入方程时，结果发生了变化，家庭纯收入对主观幸福感没有显著预测作用，但收入公平感对主观幸福感有极为显著的正向预测作用，说明对主观幸福感而言，收入公平感比家庭纯收入有更为显著的预测作用，是影响被征地农民主观幸福感的关键变量。

值得注意的是，被征地年限负向预测主观幸福感和补偿金额正向预测主观幸福感，说明被征地年限越长的被征地农民主观幸福感越低，加之众所周知的事实——被征地越早补偿越低的现象提示我们，被征地越早的被征地农民，因补偿标准太低导致较低的收入公平感，进而产生低幸福感。

表 6-23　家庭纯收入和收入公平感对主观幸福感的分层回归分析

模型	预测变量	主观幸福感		
		模型 1	模型 2	模型 3
	控制变量			
	年龄	0.1	0.05	0.06
	性别	0.03	-0.01	-0.02
	家庭人口	0.15	0.02	0.14
	受教育程度	-0.01	0.05	-0.4
	被征地年限	-0.42*	-0.37*	-0.41*
	补偿金额	0.41*	0.38*	0.47*
	自变量			
第一步	家庭纯收入[a]	0.36***		
第二步	收入公平感[a]		0.49***	
第三步	家庭纯收入[a]			0.18
	收入公平感[a]			0.51***
R^2		0.15	0.30	0.44
ΔR^2		0.13	0.28	0.31
F		9.76***	32.62***	37.48***
ΔF		18.27***	51.43***	58.82***

注：a 标准回归系数，* 表示 $p<0.05$，** 表示 $p<0.01$，*** 表示 $p<0.001$。

四　产生"幸福悖论"的深层原因——案例分析

为什么影响城郊被征地农民主观幸福感的关键变量是收入公平感？哪些因素影响被征地农民的收入公平感？显然仅靠定量分析难以揭示被征地农民深层次的心理需求，更难为我们揭开谜团，因此我们采用案例分析法对 20 名被征地农民（其被征地 10 年以上和 10 年以内各 10 名）进行个案分析，进一步探究被征地农民收入公平感的影响因素及其幸福感下降的原因，主要发现如下：

（一）比较的“多参照点”产生“嫉妒效应”（Jealousy effect）或“地位效应”（Status effect）

Kahneman 和 Tversky（1979）在著名的“前景理论”（prospect theory）中首次提出了“参照依赖”的概念，指出人们在对事物或事件的收益或损失进行判断和评价时往往都有一定的评价参照点。决定某个事物或事件价值的不是最终财富量，而是相对于一定参照点的损失（loss）和获益（gain）。因此，参照点的变化会引起人们主观估价的变化，人们更关注的是围绕参照点引起的改变而不是绝对水平。不同的参照点，将产生不同的比较后果。比较的参照点既可以是单个的，也可以是多个的（如 Ordónez，1998；Ordónez，Connolly & Coughlin，2000）。当某个事物或事件与所选参照点做比较时，感觉损失多于获益将产生后悔（如 Tykocinski & Pittman，1998，2001）、损失（Tykocinski et al.，1995）、贬值（Zeelenberg，Nijstad，van Putten & van Dijk，2006）等感觉。被征地农民曾是农民，又将成为市民的双重身份，使他们产生双重参照点，既和农民比也和市民比。与农民比损失，他们失去了土地，失去了低成本生活方式及保障性收入来源，因此感觉自己失去了太多；同时又与市民比获得，没有得到市民所拥有的社会保障、医疗、教育资源和城市生存技能，因此感觉自己得到的太少。综合失去和得到两个方面从而产生强烈的不公平感。尤其是 10 年前被征地的农民，参照点在不断变化，不但与农民和市民比，还与最近刚被征地的农民比，廉价的补偿款让他们产生更加强烈的不公平感，导致低幸福感。正如孔子的《论语 · 季氏》中所言“闻有国有家者，不患寡而患不均，不患贫而患不安。盖均无贫，和无寡，安无倾”。

（二）对“土地”的强“禀赋效应”产生高损失感

Thaler（1980）首次提出禀赋效应这一概念，禀赋效应（endowment effect）是指个体在拥有某物品时对该物品的估价高于没有拥有该物品时的估价的现象。多数研究者使用条件估价法（contingent valuation method，CVM）调查个体对商品的估价。这些调查研究发现，被试愿意接受的某一公共商品的最低价格（willingness to accept，WTA）往往会高于其真正愿意支付的最高价格（willingness to pay，WTP），也就是说与购买某物品所愿意支付的价格相比，个体出让该物品时通常会要求得到更多的金钱。

有研究表明禀赋效应是一种相对稳定的个体偏好（Kahneman，Knetsch & Thaler，1991），不受个体的年龄和经验的影响（Harbaugh，Krause & Vesterlund，2001）。

为探究被征地农民对土地是否存在禀赋效应及禀赋效应的强弱，我们采用典型的禀赋效应研究范式，给 20 名被征地农民呈现如下两个情境：其一，假设你想在济南城郊农村地区永久租赁 5 亩田地，那么你愿意支付多少钱来取得永久使用权；其二，假设你家住在济南城郊，并拥有 5 亩田地，现有人想购买这 5 亩田地的永久使用权，你要求购买者最少给你多少钱。这 20 名被征地农民被随机分为两组，一组对情境一做出回答，另一组对情境二做出回答。如表 6-24 所示，在两种情境中被试对同一种商品所给出的价格并不一致，第一个情境中被试给出的平均价格是 63.6 万元，而第二个情境则是 675.2 万元，WTA 是 WTP 的 10 倍以上。而以往研究表明 WTA 是 WTP 的 2—3 倍（刘腾飞等，2010）。这种高禀赋效应使被征地农民产生高损失感，因为目前的土地补偿远远低于被征地农民出让土地要求支付的金钱数额，从而导致“高损失感”和低幸福感。

表 6-24　　买方、卖方的期望价格　　单位：万元

组别	平均数	标准差	最大值	最小值
买方	63.6	27.23	100	30
卖方	675.2	251.12	1200	260

（三）“不患贫而患不安”

为什么被征地农民对土地有如此高的“禀赋效应?”以往研究表明，被试不愿意用已有的物品交换一个可替代性较低的物品，以为被试原有的物品有着更高的出售价格，此时 WTA/WTP 比率更大（Hanemann，1991）。土地恰恰属于可替代性极低的公共物品。土地对被征地农民来说既是资产也是生活保障，因此土地长期以来给农民带来了不只是收入还有安全感。失去土地即意味着生活保障的丧失，且是永久性丧失，尤其是对年龄较大，非农业生产技能较低的农民，其安全感被彻底打破。

马斯洛的需要层次理论指出，安全感是人的低层次需要，一旦得不到满足将会产生强烈的不满。被征地农民虽然整体生活水平明显提升，

但因为失去土地动摇了其安全感建立的基石，“富裕了，却不幸福”的“幸福悖论”就不难理解了。

五　结论

本书表明：(1) 城郊被征地农民存在更为明显的“幸福悖论”，即城郊被征地农民的家庭纯收入较被征地前有极为显著的增长，且与市民的家庭纯收入相当，但他们的主观幸福感并没有相应提高，反而表现出明显下降，城郊被征地农民现在的主观幸福感显著低于被征地前、且显著低于农民和市民；(2) 对城郊被征地农民主观幸福感的影响因素进行分层回归分析，结果表明收入公平感是影响被征地农民幸福感的关键变量；(3) 进一步对 20 名被征地农民进行案例分析，发现产生收入不公平感的原因有三，一是比较的多参照点产生“嫉妒效应”（jealousy effect）或“地位效应”；二是对土地的强“禀赋效应”产生高损失感；三是土地的不可替代性和保障缺失产生低安全感。

第七章　家庭资源与财富效应

第一节　社会资源和金融资源对农民收入的影响

一　中国农民家庭收入现状及金融现状

（一）中国农民收入现状

自农信社改革试点后，中国农民人均纯收入从2009年的6270元增至2018年的14617元，农民人均纯收入增速处于改革开放以来次高时期，但增速呈现放缓徘徊态势（见表7-1）。随着我国农村经济的全面发展，农村劳动力的渠道不断拓宽，农民的收入来源呈现出多元化的趋势。2009—2014年，农民人均纯收入中最大的是经营净收益，而工资性收入占到了第二位，而且与经营净收入的差距也在逐年缩小。2015年，农民人均纯收入的结构出现了阶段性的变化，工资收入超过了经营净收入，成为农民人均纯收入的最大来源。2009年以后，农民人均纯收入比重逐年递减，而工资、转移净收入所占比重逐年大幅度上升，财产净收入占比较为稳定，上升幅度较小。自2018年至今，农民人均纯收入位居第二位，仅次于工资性收入；虽然转移净收入在农民人均纯收入中所占比重仍然较小，但其对农民人均纯收入的贡献却远远大于其经营净收入。

表7-1　　2009—2018年农民人均纯收入来源结构变化

收入来源结构	年份									
	2009	2010	2011	2012	2013	2014	2015	2016	2017	2018
人均纯收入（元）	6270	7089	8639	9787	9430	10489	11422	12363	13432	14617

续表

收入来源结构	年份									
	2009	2010	2011	2012	2013	2014	2015	2016	2017	2018
工资性收入（元）	2058	2428	2960	3444	3653	4152	4600	5022	5498	5996
经营净收入（元）	3591	3955	4810	5313	3935	4237	4504	4741	5028	5358
财产净收入（元）	148	168	186	219	195	222	252	272	303	342
转移净收入（元）	473	537	683	811	1648	1877	2066	2328	2603	2920
人均纯收入较上年增长率（%）		13.1	21.9	13.3	-3.6	11.2	8.9	8.2	8.6	8.8
工资性收入占比（%）	32.8	34.3	34.3	35.2	38.7	39.6	40.3	40.6	40.9	41.0
经营净收入占比（%）	57.3	55.8	55.7	54.3	41.7	40.4	39.4	38.4	37.4	36.7
财产净收入占比（%）	2.4	2.4	2.2	2.2	2.1	2.1	2.2	2.2	2.3	2.3
转移净收入占比（%）	7.5	7.6	7.9	8.3	17.5	17.9	18.1	18.8	19.4	20.0

资料来源：《中国农村统计年鉴》2009—2018年度的内部统计资料。

（二）中国农村金融现状

中国农村金融供给与需求之间存在巨大的不平衡。从中国的经济发展模式来看，我国人口众多的农村地区在发展过程中存在较大滞后。而中国发展不平衡的主要原因是农村工业和近代化的发展，以及城乡二元结构的深刻影响和城乡居民收入差距的扩大。与城镇相比，我国农村金融发展的程度还很低，金融体系落后、基础设施缺失、金融服务不足等问题始终制约着农村金融的可利用性（张婷婷等，2019）。这就导致了农村地区的经济发展需要更多的资金支持，从而导致了农村金融供给和需求的不平衡。

中国的农村金融组织存在不合理的分配问题。由于经济落后、交通不便，农村金融机构的规模相对于城镇而言相对较小，农民获得财政资源的空间距离过长，导致成本提高，具体包括交通成本、克服空间距离所带来的信息无法获得所需的人力、物力成本。

中国农村金融组织的盈利能力和商业属性都很强。农业生产具有周期长、高风险、低投资回报率等特征，这对商业银行在追求利润最大化的情况下，缺乏一定的吸引力（周海燕，2016）。此外，由于农民家庭的单一信用额度偏低，农民家庭对农业金融服务的接受度不高，因此，为了避免农民家庭蒙受损失，银行增加了对农村客户的准入门槛，并将其拒之门外（张正平等，2017），这对我国缺乏金融资源的农村经济发展造成了很大的冲击，使得我国农村企业和农民能够获得的资金十分有限。

中国农村金融资源出现了严重损失。由于“金融排斥”的影响，农村地区和农民群体无法享受到正规金融机构带来的金融服务，并且，当前民间金融面临进入市场困难、准入门槛高、金融资源流失的局面（董晓林等，2012）。农业生产模式的转变离不开信贷规模的扩大、存贷比的降低和农村资金流出（洪正，2011）。金融机构不愿把重点放在农村顾客身上，这导致了农村金融资源向高收益的城市流动。

农村金融信用制度不完善。农村消费者的文化水平较低、文化素质较差、信誉状况不佳，农村金融信用制度不健全，导致了农民家庭赖账、逃避债务等不良行为的频繁发生。当前，我国农村金融市场面临农民家庭“贷款难”和金融机构“难贷款”的两大难题，制约着农村正规金融结构的供给（韩喜平等，2014）。农民家庭目前缺乏有效的抵押物和信用等级较高的交易平台，并且担保模式老旧，以及缺乏有效的政策支持（张红宇，2015）。农村农民家庭融资困难，严重影响了农业专业化、集约化、规模化发展，并对农村经济发展和农民增收造成较大的负面效果。

（三）社会资源对农民家庭收入影响的相关研究

社会资本是人基于社会这一身份所拥有的社会网络、社会关系等给社会人所能带来的物质或者精神财富资源的总称。社会资本本身的概念非常广泛，而不同学者也将社会资本分成不同维度，因此社会资本的表现形式丰富多样。当社会资本被应用于研究经济行为时，其最核心的表现形式就是社会网络，社会网络是以社会人联结为基础，通过互动、情感与交换而形成的人情网络关系（Alvin，1990）。王恒彦（2012）和王格玲（2012）以实际农民家庭调查数据为依据，把社会资本分为若干维度，并编制量表进行测度，结果表明，社会资本直接影响农民家庭的资源获取和收入。社会资本具有较强的中介作用，对资源网络和关系延续的作用非常明显，笔者将这一维度命名为社会资源，即社会关系网络，它具有地域性、结构性与功能性特征。

1. 国外研究现状

国外学者对农民收入增长的影响主要有两种看法：一是认为社会资本有利于贫困人口的增收。Grootaer 是较早研究社会资本与贫困群体及农民收入之间关系的学者。Grootaer（1997，2001，2002）通过对布基纳法索、印度尼西亚和玻利维亚农民的调查发现，在贫困人口中，家庭社会资本能够提高工作岗位、抵抗风险冲击、提高其收入以及缩小贫富之间的差距。此外，通过贫富对比，Grootaer 认为跟富人拥有社会资本的收入增长效应相比，穷人拥有社会资本的收入增长效应更大。Narayan 等（1997）将家庭消费支出作为衡量家庭福祉的一项指标，研究结果显示，社交网络对家庭福利具有明显的积极作用。Hector Luis Diaz 等（2002）根据秘鲁农村地区的调查，发现仅依靠社会资本不能预测经济成就，但是，在一个社区里，拥有较高社会资本的人，其损失收入或财产的可能性要低于那些较低的群体，这就表明，较高的社会资本至少能使人在面对社会、经济、政治上的危险时，能够作出更好的反应。Chantarat 和 Barrett（2012）发现，“社交网络—收入—社交能力—社会资本”是一个良性的循环，它可以使赤贫家庭的劳动生产力得到提高，同时也可以增强家庭的社交技能，并进一步扩大社会网络。这个良性的循环有助于使贫穷的家庭脱离赤贫。

2. 国内研究现状

从社会资本对农民收入的影响上，部分学者认为社会资本对改善农民家庭收入起到一定的促进作用，边燕杰等（2001）的研究结果显示，社会网络对提高农民收入具有重要影响，并且社会网络对改善家庭收入具有重要作用。蒋乃华等（2006）研究证明了社会资本与收入水平之间的正相关关系，有时社会资本的作用要大于人力资本，同时社会资本还将其他资本形式（刘婧等，2012）和农民的能力（李小建等，2009）作为一种渠道变量，从而间接地影响劳动者的收入。张爽等（2007）研究表明，在社区层面上，信任关系可以降低农民家庭的贫困水平。徐伟等（2011）发现，农民家庭的社交网络对减轻贫困具有直接的作用。李志阳（2011）以江苏 6 个省份的农村调查资料为基础，对社会资本和村务管理的作用机理进行了探讨，结果表明，社会资本可以有效地提高农民收入，其作用在于两个方面：一是社会网络影响就业信息，帮助农民增加经济收入和工资收入；二是通过对农村的基础设施和产业布局的影响，为村民创造更多的工作机会，提高农民的生活品质。路慧玲等（2014）在对甘肃省一市两区的调查结果中，同样也证实了社会资本可以促进农民家庭增收。李恒（2015）以山东、河南、陕西三省 461 个农村家庭为样本，发现社会资本不仅在农村发展和社会变革中具有举足轻重的地位，同时也对农民家庭的收入水平有显著影响。谢沁怡（2017）利用 2010—2012 年 CFPS 数据进行实证分析，结果表明：不管是在城市，还是在乡村，社会资本都能促进贫困人口（特别是西部贫困人口）的收入，降低贫困人口的比例。刘一伟（2017）从理论上证明了社会资本能够减少居民的贫穷概率，并在一定程度上缓解了收入差距对居民的不利影响。

（四）金融资源对农民家庭收入影响的相关研究

在农业增收遇到瓶颈和农民打工就业形势比较严峻的局面下，农民家庭要想实现收入的可持续甚至递增发展，就必须摄取必要的增收资源。多个实证结果显示，农民投入与获取信用资源是影响农民增收的主要因素，金融资源对农民增收具有决定性作用。金融资源是指金融服务主体与客体的结构、数量、规模、分布及其效应，与相互作用关系的一系列对象的集合体。白钦先（2000）将金融资源分为整体功能性高层金融资源、实体性中间金融资源和基础性核心金融资源三个层次，基础性核心金融资源是广义的货币资本或资金，是其最基本层次；实体性中间金融资源是其中间层次，分为金融组织体系和金融工具体系；整体功能性高层金融资源是其最高层次，是货币资金运动与金融体系、金融体系各组成部分之间相互作用、相互影响的结果。何广文（2002）通过对农村经济发展的考察，发现农民家庭贷款对农民家庭的收入有很大的促进作用。许崇正和高希武（2005）也从理论上将农民家庭贷款作为提高农民收入的一个重要因素；温涛等（2005）对中国农村金融发展进行了实证研究，发现其发展对农民收入的影响是负面的；谭燕芝（2009）则以农村金融关联度为指标，实证结果显示，农民收入的增加有利于农村金融的发展，而农村金融的发展则对农民增收具有负面影响；戎爱萍（2003）从农民家庭户均贷款和人均纯收入之间的相关性入手，认为农民贷款对农民增收的影响是有限的，二者之间没有因果联系。

（五）文献评述

总之，在诸多资本维度中，社会资本已成为许多学者关注的一个重要方面。在这一进程中，社会资本的概念和内涵不断成熟，其应用领域不断扩大，其研究方法与理论体系不断完善。在乡村振兴大背景下，社会资本与农业产业发展、农村社会治理和农民生活质量之间存在密切关系。尤其是在全面建成小康社会的今天，农民收入问题越来越受到社会的重视。但是，就当前的情况来看，有关社会资本与农民收入关系的研究，其结论尚有一定的争议，研究方法也较为宽泛，分区域、分层次、分类型的微观分析的理论和实践还很欠缺。

二 方法与模型

（一）数据来源

本书的数据来自2014年在山东省农村信用社工作期间对曹县、济阳和高密三地农民家庭贷款的追踪调查，上述这三个地区分别代表山东西部、中部和东部地区不同的经济发展程度，并依次对应欠发达地区、较发达地区和发达地区，样本具有较强的代表性。初步调查了700户农民家庭，因外出务工、生活等因素，共获得有效样本598个。其中曹县203个，占33.9%；济阳201个，占33.6%；高密194个，占32.5%。

（二）变量定义与测度

本节中，自变量为金融资源和社会资源，农民家庭人均纯收入为因变量，控制变量为年龄、性别、受教育程度、家庭人口、劳动力人口、田地亩数、农民家庭性质（农民家庭或个体工商户）和区域。

农民家庭人均纯收入的测量：通过问卷调查的方式，请农民家庭填写2013年的家庭纯收入和家庭人口，再用家庭的纯收入除以家庭的人口数，最终得到农民家庭人均纯收入。

金融资源的测量：由于本书中所涉及的金融资源特指基础性核心金融资源，也就是农民家庭可以从正规金融机构得到的资金额度。过往的研究大多采用问卷调查的方法，由农民家庭填写自己所获得的金融资源数额，然而通过该种方法所收集到的数据只能反映农民家庭拥有的部分金融资源，无法反映农民家庭摄取金融资源的能力，而农民家庭摄取金融资源的能力大小则是衡量金融资源多少的一个更加重要的变量。所以，我们对金融资源的测量进行了改良，请农民家庭客观地填写他们在2013年贷款证上的授信额度，由于授信额度是金融机构对农民家庭综合评价后给出的信用额度，对农民家庭所拥有的金融资源可以进行更好的反映。

社会资源的测量：以2013年家庭成员的人情开支作为衡量农民家庭社会资源的指标。我们认为，具有较多社会资源的农民家庭，其人情开支必定较高，反之，则人情开支较小。

因变量、自变量及其他控制变量的定义、极值、均值和标准差详见表7-2。

表 7-2　　变量定义

变量	定义	最大值/最小值	均值	标准差
Income	2013 年家庭人均纯收入（万元）	26.67/-2.5	2.05	2.81
Credit	2013 年农民家庭授信额度（万元）	60/0	7.18	8.85
Resource	2013 年的人情总开支（万元）	35/0.1	1.84	3.62
Age	年龄（岁）	60/23	43	8.14
Gender	1=男，2=女	2/1	1.02	0.14
Edu	受教育程度（年）	16/6	9.44	2.40
Renkou	农民家庭人口（人）	10/2	3.49	0.90
Labor	农民家庭的家庭劳动力（人）	6/1	2.43	0.75
Tiandi	农民家庭拥有的田地亩数（亩）	13.2/2	6.35	2.24
classify	1=农民家庭，2=个体工商户	2/1	1.23	0.16
Diqu	1=曹县，2=济阳，3=高密	3/1	1.98	0.81

（三）共同方法偏差的控制

本节采用 Podsakoff 等人（2003）所提出之方法，以避免共同方法效应的影响：（1）问卷中说明不针对个人分析，只用于群体研究，并采取匿名填写问卷；（2）每个测试内容和计分规则通过指导语进行详细说明；（3）本书问卷每个部分的反应语句有所不同，有二选一的选项，也有六选一的选项，也有在括号内填入相应数字。

（四）模型建构

在对影响农民收入的因素进行研究时，因变量是以农民家庭人均纯收入的连续变量，故采用多元线性回归方法。模型公式如下：

$$Y_i=\beta_0+\beta_1X_1+\beta_2X_2+\beta_3X_3+\beta_4X_4+\beta_5X_5+\beta_6X_6+\beta_7X_7+\beta_8X_8+\beta_9X_9+\beta_{10}X_{10}+\mu_i \tag{7-1}$$

在式（7-1）中，被解释变量 Y_i 为农民家庭人均纯收入，β_0 是截距项，μ_i 为随机向量，X_1 代表被调查者的年龄，X_2 代表性别，X_3 代表受教育程度，X_4 代表家庭人口，X_5 代表家庭劳动力，X_6 代表田地亩数，X_7 代表农民家庭性质，X_8 代表区域，X_9 代表金融资源（授信额度），X_{10} 代表社会资源（人情开支）（见表 7-3）。本书中所有数据运用 SPSS19.0 进行统计分析。

表 7-3　　变量含义

Y_i	农民家庭人均纯收入
β_0	截距项
μ_i	随机向量
X_1	被调查者的年龄
X_2	性别
X_3	受教育程度
X_4	家庭人口
X_5	家庭劳动力
X_6	田地亩数
X_7	农民家庭性质
X_8	区域
X_9	金融资源（授信额度）
X_{10}	社会资源（人情开支）

三　结果与讨论

（一）共同方法偏差的检测

为检测共同方法偏差，本书对 3 个研究变量（金融资源、社会资源和农民家庭人均纯收入）进行 Harman 单因素检验，结果显示没有单一因素被析出，表明不存在共同方法变异。

（二）变量间的相关关系

通过对各主要变量的相关性进行分析（其他变量的描述统计结果见表 7-2），本章书中的农民家庭纯收入、金融资源和社会资源 3 个变量之间的相关性都达到了极为显著的程度（详见表 7-4），所以，在下述的结果分析当中，必须对所有变量都加以考察。

表 7-4　　描述统计及相关矩阵

变量	N（人）	M（万元）	SD	1	2	3
家庭纯收入	598	2.05	2.81	—		
金融资源	598	7.18	8.85	0.56***	—	
社会资源	598	1.84	3.62	0.62***	0.48***	—

注：*** 表示 $p<0.001$。

（三）金融资源和社会资源对农民家庭收入的影响

本章运用多元线性回归的方法进行分析，探讨了金融资源和社会资源对农民家庭收入的独立预测作用，结果如表 7-5 所示。在控制了年龄、性别、受教育程度、家庭人口、家庭劳动力、田地亩数、农民家庭性质和区域后，金融资源（$\beta=0.56$，$p<0.001$）和社会资源（$\beta=0.69$，$p<0.001$）仍均对农民家庭收入的预测达到极其显著的水平。也就是说，在对上述因素进行控制后，农民的金融资源越多，其家庭人均收入就会越高；而社会资源越多的农民家庭，家庭人均收入也越高。因此，研究假设 1 和假设 2 得到了验证。

表 7-5　　金融资源和社会资源对农民家庭收入的回归分析

模型	预测变量	农户收入		农户收入	
		β	ΔR^2	β	ΔR^2
第一步	年龄	0.02		0.02	
	性别	0.05		0.02	
	教育程度	0.09**		0.06***	
	家庭人口	0.09		-0.14***	
	家庭劳动力	0.08*		0.01	
	田地亩数	-0.13**		-0.02	
	农户性质	0.10*		-0.03	
	区域	0.03		0.02	
第二步	金融资源	0.46***	0.21		
	社会资源			0.39***	0.30
总计（R^2）			0.38***		0.41***

注：* 表示 $p<0.05$，** 表示 $p<0.01$，*** 表示 $p<0.001$。

（四）金融资源与社会资源的交互作用——社会资源的调节作用

在主效应显著的影响下，本节采用层级回归的方法，分别对社会资源对金融资源和农民家庭收入的调控效果进行了分析作用。一是对研究中各个变量去中心化，从而避免共线性问题的产生。二是在分析的过程当中引入人口统计学变量。三是采用 SPSS 的方法，通过三个步骤，将各个变量按照一定的顺序依次纳入回归方程中：（1）将自变量金融资源纳入方程，对因变量农民家庭收入进行回归，主要目的是考察两者之间的主效应。(2) 将调节变量的社会资源引入回归方程，以检验调节变量对因变量的主效应。(3) 将自变量与调节变量相乘，即将金融资源乘以社会资源，从而纳入回归方程当中，考察两者之间的交互作用，效应显著则表明调节效应显著。

表 7-6　社会资源的调节效应

模型	预测变量	第一步	第二步	第三步	第四步
1	年龄	0.02	0.02	0.02	0.03
	性别	0.05	0.05	0.02	0.10
	教育程度	0.21	0.09**	0.06***	0.05**
	家庭人口	0.10	0.09	-0.15***	-0.16***
	家庭劳动力	0.14	0.08*	0.01	-0.00
	田地亩数	-0.41	-0.13**	-0.01	0.01
	农户性质	-0.07	0.10*	-0.03	-0.03*
	区域	0.04	0.03	0.02	0.01
2	金融资源		0.46***	0.04*	0.07***
3	社会资源			0.38***	0.36***
4	金融资源×社会资源				-0.17**
R^2		0.27	0.48	0.68	0.69
ΔR^2		0.27	0.21	0.20	0.01
F 值		26.13***	58.59***	126.14***	126.78***
ΔF		26.13***	232.40***	318.15***	38.48***

注：* 表示 $p<0.05$，** 表示 $p<0.01$，*** 表示 $p<0.001$。

由表 7-6 得出，金融资源与社会资源之间的交互作用是极为显著的，即社会资源的调节效应显著（$F=126.78$，$p<0.001$；$\beta=-0.17$，$p<0.01$）。为了对调节变量的具体影响进行更加深入的研究，本书采用高/低出平均数一个标准差为基准，选择出社会资源高和社会资源低的个体，并对其进行简单斜率检验；交互作用如图 7-1 所示。

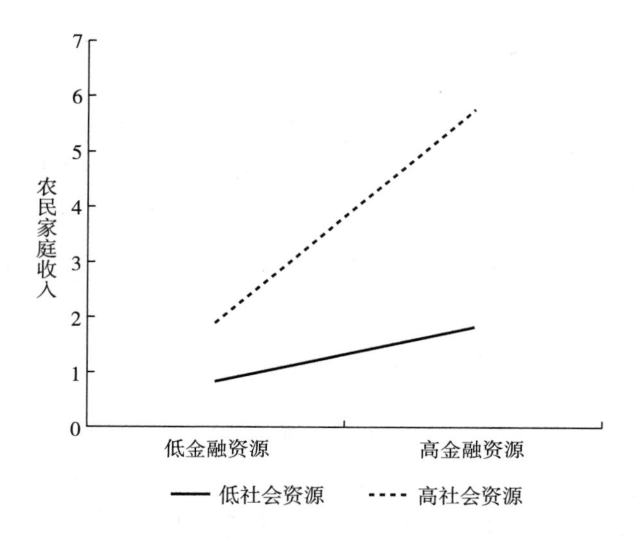

图 7-1　金融资源与社会资源的交互作用

对社会资源的简单斜率检验结果显示：在农村地区，社会资源较低的农民家庭，金融资源对农民家庭的收入没有显著预测的作用，simple slope = 0.08，t = 1.71，p>0.05；而对于社会资源较高的农民家庭，金融资源对农民家庭的收益具有非常明显的预测作用，simple slope = 0.24，t = 6.01，p<0.01。当农民家庭社会资源较为丰富时，其家庭人均收入随着金融资源的增长而出现大幅提高；当农民家庭社会资源较为稀缺时，其家庭人均收入和金融资源之间的关系较小。

第二节　社会资源和金融资源对被征地农民收入的影响

一　问题提出

（一）社会资源对被征地农民收入的影响

在农民土地被征用后，其生计方式的转变已经成为我国城镇化进程中一个常见的现象。在新的环境背景下，如果被征地农民可以建立新的社会关系网络，那么在某种程度上可以弥补“流动”造成的社会资源“损失”。然而，在信息高度不对称条件下，由于城镇化的进程中存在有限的共容利益，因此，具有强大的社会资源网络或社会资源较强的被征地农民，更有可能在城镇化推进的过程中结成非正式的利益同盟。但是，在丧失了土地之后，通过自己的社会网络，可以更有动力和能力去寻求更多的非农就业机会，进而更易实现城镇化身份的转变和提升收入，因而，社会资源更有可能成为影响被征地农民收入的非制度因素，特别是对传统地缘社会资源损失后被征地农民个体收入差异产生明显影响。为此，本节提出了以下假设。

假设 1：社会资源正向预测被征地农民收入，表现为社会资源丰富的被征地农民，家庭收入更高。

（二）金融资源对被征地农民收入的影响

随着我国工业化、城市化的日益发展，农民赖以生存的可耕地面积在逐年下降，尽管在这个过程中，被征地农民可以获得一定的补偿费，但是对于这些补偿金，很多人并没有进行有效的整合，“坐吃山空”造成了一系列社会问题。闫春华（2018）指出，目前我国农村消费市场还不够繁荣，缺少强大的金融支持，因此必须发展适合于农村经济发展的金融业务。李斌、汤秋芬（2018）认为，深化农村金融可以促进被征地农民收入增长、缓解信贷约束，从而促进被征地农民的消费，支持农业信贷能够对被征地农民创业产生长期的正向影响。李凌方、王冰（2018）认为，农村金融发展既促进了农村的消费需求，也促进了农村经济的发展，这说明农村金融发展水平对被征地农民的收入增长具有正向作用，他认为农村金融发展通过提供就业性信贷可以提升被征地农民收入水平。本书以被征地农民金钱稀缺感为测量指标，来衡量被征地农民的金融资源摄取能力。被征地农民收入以家庭年收入为测量指标。在此基础上，对金融资源与被征地农民家庭收入之间的关系进行深入的分析，并提出研究假设 2。

假设 2：被征地农民的金融资源正向预测被征地农民收入，即金融资源较丰富的被征地农民，家庭收入也较高。

（三）社会资源和金融资源对被征地农民收入的共同作用

本书认为，社会资源不仅对被征地农民家庭收入有直接影响，而且还会通过影响被征地农民金融信息获取渠道、正规理财产品的锚定即投资知识的了解等，间接影响被征地农民收入。被征地农民失去土地后，获得了一笔数额不菲的补偿款，常常需要面对金融决策，对理财产品进行选择。在此背景下，社会资源多的被征地农民更容易获得帮助与支持，了解更多金融知识，获取投资渠道，所以，对这类被征地农民来说，金融资源可以起到更大的促进作用，被征地农民收入受金融资源的影响更大。反之，对于缺乏社会资源的被征地农民，在家庭资产选择中更倾向保守，家庭收入的增长更多依靠于积极就业或个体经营，而非理性投资，所以他们的投资机会很少，对金融资源的需求也比较低。对这类被征地农民而言，金融资源的多寡对他们的收入没有太大的影响。由此可推论出假设3。

假设3：社会资源在金融资源和被征地农民收入之间起调节作用。对社会资源多的被征地农民而言，金融资源能显著正向预测被征地农民收入，对社会资源少的被征地农民而言，金融资源对被征地农民收入的预测作用不显著。

本节在已有研究成果基础上，通过进一步的改进和完善，采用层级回归分析的方法，通过对被征地农民个体变量和家庭人口学变量的控制，考察社会资源和金融资源对被征地农民收入影响的独立作用。在此基础上，同时进一步分析社会资源和金融资源对被征地农民收入的影响是否存在交互作用，从而深入揭示社会资源、金融资源与被征地农民收入之间更深层次的关系，为更好地促进被征地农民增收，完善现行农业政策和优化金融产品，提供实证依据。

二　方法与模型

（一）数据来源

笔者根据农村信用社在信用评级评定的信息采集中，采用分层抽样从济南市城郊HS镇中的八个村抽取400名被征地农民作为样本，在信贷协理员和村会计的帮助下，采用入户访问形式进行调查。山东是农业大省，且济南是其文化和政治中心，与全国其他城市一样，随着城市不断扩展，周边被征地农民较多，因此该样本具有较强的代表性。

（二）变量定义与测量

本书以被征地农民家庭纯收入为因变量，社会资源和金融资源为自变量，控制变量为年龄、性别、受教育程度、家庭人口、土地补偿金额、家庭资产、投资风险偏好、金融知识。

人口学变量如年龄、性别、家庭人口、受教育程度、土地补偿金额、家庭资产作为影响被征地农民家庭资产选择的变量予以考察。

研究表明投资风险偏好与人的投资决策密切相关（Dohmen，2010），那么城郊被征地农民的风险态度如何影响其家庭资产选择？为回答此问题，我们对城郊被征地农民的投资风险偏好进行测量。为克服以往研究中测量的非标准化问题，选用了Weber（2002）的风险态度量表，该量表在中国的实测结果显示出良好的信效度，其中投资风险分量表的Cronbach's alpha系数为0.87（Chow & Chen，2012），由4道题组成，采用李克特5点计分（1为绝对不可能，5为非常可能），得分越高，风险倾向越高。

社会资源作为本节核心解释变量之一。综合以往研究，可以将社会资源区分为三种类型：①纽带型社会资源。纽带型社会资源是一种通过血缘、种族或家庭纽带而形成的一种紧密型社会关系。②桥梁型社会资源。桥梁型社会资源是指通过同事、朋友或朋友的朋友等联系起来的社会关系。我国是一个以人情为基础的社会，人情往来中的送礼是农村居民维护其社会网络和人际关系的重要手段，而送礼通常会伴随着较多的"人情支出"，对被征地农民而言也是如此。一般而言，被征地农民参与社会活动的费用越高，其拥有的社会资源就越多。③连接型社会资源。连接型社会资源是一种比较弱的社会关系，它把不同社会层次的个体和团体联系在一起，并具有一定的组织身份。组织身份在一定程度上是一种社会资源状态。

金融知识可从多方面影响受访者的家庭资产选择。Guiso和Jappelli（2008）研究发现，通过简单地询问受访者对金融的了解程度来衡量金融知识（即主观金融知识）是错误的。尹志超等（2014）为克服主观金融知识的缺陷，设计了关于利率计算、通货膨胀理解及投资风险认知3个问题来考察受访者的金融知识。考虑到本节受访者的特殊性，被征地农民的文化水平普遍较低、投资经验较少，对利率计算、通货膨胀及投资风险等概念了解甚少的客观事实，我们设计了介于主观金融知识和客观金融知识之间的调查问卷，请被试对银行存款、房地产（或不动产）、生产经营、黄金等重金属、股票、各种债券、基金、保险、彩票等9种投资方式进行选择，对每种投资方式了解的记为1，不了解的记为0，然后以所有投资方式的总分作为被征地农民金融知识多寡的指标（主要解释变量定义与描述统计见表7-7）。

表 7-7　　解释变量定义与描述统计

变量	变量定义	最小值	最大值	平均数	标准差
年龄	数值变量（仅取整数值），周岁	28.0	62.0	44.89	7.78
性别	男性为 1，女性为 2	1.0	2.0	1.02	0.14
家庭人口	数值变量，受访人员的家庭人口数	2.0	6.0	3.65	0.68
受教育程度	数值变量，受教育年限	4.0	16.0	10.23	1.94
土地补偿金额	数值变量，单位（万元）	4.0	96.0	41.60	21.21
家庭资产	数值变量，单位（万元）	2.0	2100.0	67.80	135.76
家庭纯收入	数值变量，单位（万元）	0.65	350.0	11.29	24.36
投资风险偏好	数值变量，1—20	9.0	19.0	14.26	1.65
金融知识	数值变量，1—9	1.0	9.0	3.51	2.47
社会资源	1 为有社会资源，0 为没有社会资源	0.0	1.0	0.19	0.39
金融资源	数值变量，1—9	1.0	9.0	5.17	2.36

（三）共同方法偏差的控制

我们采用 Podsakoff 等介绍的方法来设计问卷，从而避免共同方法效应对结果的影响：（1）问卷中说明不针对个人分析，只用于群体研究，并采取匿名填写问卷；（2）每个测试内容和计分规则通过指导语进行详细说明；（3）本书问卷每个部分的反映语句有所不同，有的是二选一的选项，有的是六选一的选项，还有一些是在括号内填入相应数字。

（四）模型建构

在对被征地农民家庭收入的影响因素进行研究时，被征地农民家庭收入为因变量，该变量属于连续变量，因此采用多元线性回归的方法进行分析。模型公式如下：

$$Y_i=\beta_0+\beta_1X_1+\beta_2X_2+\beta_3X_3+\beta_4X_4+\beta_5X_5+\beta_6X_6+\beta_7X_7+\beta_8X_8+\beta_9X_9+\beta_{10}X_{10}+\mu_i \tag{7-2}$$

式(7-2)中，被解释变量 Y_i 为被征地农民家庭纯收入，β_0 是截距项，μ_i 为随机向量，X_1 代表被调查者的年龄，X_2 代表性别，X_3 代表受教育程度，X_4 代表家庭人口，X_5 代表土地补偿金额，X_6 代表家庭资产，X_7 代表投资风险偏好，X_8 代表金融知识，X_9 代表金融资源，X_{10} 代表社会资源。

本书采用 SPSS19.0 对所有资料进行统计学分析。

三 结果与讨论

（一）共同方法偏差的检测

为了对共同方法偏差进行检测，本书对 3 个研究变量（金融资源、社会资源和被征地农民家庭收入）进行了 Harman 单因素检验，结果显示没有单一因素被析出，表明不存在共同方法变异。

（二）变量间的相关关系

通过对主要变量进行相关性分析（其他变量的描述统计结果见表 7-7），本书中的被征地农民家庭收入、金融资源和社会资源 3 个变量之间，被征地农民家庭收入和社会资源之间的相关关系达到了显著水平（详见表 7-8）。

表 7-8 描述统计及相关矩阵

变量	M（万元）	SD 标准差	1	2	3
家庭纯收入	11.29	24.36	—		
金融资源	5.17	2.36	0.058	—	
社会资源	0.19	0.39	0.443**	0.079	—

注：** 表示 $p<0.01$。

（三）金融资源和社会资源对被征地农民家庭纯收入的影响

通过回归分析，本书考察金融资源和社会资源对被征地农民家庭纯收入的独立预测作用，结果如表 7-9 所示。控制年龄、性别、受教育程度、家庭人口、土地补偿金额、家庭资产、投资风险偏好、金融知识、社会资源（$\beta=0.06$，$p<0.001$）后，对被征地农民家庭纯收入的预测仍达到极其显著的水平。金融资源无法预测被征地农民家庭纯收入，即在控制了以上因素后，社会资源越多的被征地农民，家庭纯收入也越高。

因此，研究假设 1 得到了验证，假设 2 不成立。

表 7-9 金融资源和社会资源对被征地农民家庭纯收入的回归分析

预测变量		被征地农民家庭收入		被征地农民家庭收入	
		β	ΔR^2	β	ΔR^2
第一步	年龄	-0.030^{+}		-0.036^{+}	
	性别	0.028^{+}		0.025^{+}	
	家庭人口	-0.006		-0.008	
	教育程度	-0.018		-0.021	
	土地补偿金额	-0.009		-0.007	
	家庭资产	0.919***		0.941***	
	金融知识	-0.011		-0.011	
	投资风险偏好	0.029^{+}		0.038*	
第二步	社会资源	0.060***	0.003		
	金融资源			0.010	0.00
总计（R^2）			0.918		0.915

注：+表示 p<0.1，*表示 p<0.05，**表示 p<0.01，***表示 p<0.001。

（四）金融资源与社会资源的交互作用——社会资源的调节作用

在主效应显著的影响下，本书采用层级回归的方法，分别对社会资源和金融资源对被征地农民家庭纯收入的影响进行分析。一是对研究中各个变量去中心化，从而避免共线性问题的产生。二是在分析的过程当中引入人口统计学变量。三是采用 SPSS 的方法，通过三个步骤，将各个变量按照一定的顺序依次纳入回归方程中：（1）将自变量金融资源纳入方程，对因变量被征地农民家庭纯收入进行回归，主要目的是考察两者之间的主效应；（2）将调节变量的社会资源引入回归方程，以检验调节变量对因变量的主效应；（3）将自变量与调节变量相乘，即将金融资源乘以社会资源，并纳入回归方程当中，分析两者之间的交互作用。结果表明：交互作用不显著，即社会资源在金融资源与被征地农民收入间不起调节作用。

表 7-10 社会资源的调节效应

模型	预测变量	第一步	第二步	第三步	第四步
1	年龄	-0.032^{+}	-0.036^{+}	-0.033^{+}	-0.033^{+}
	性别	0.024	0.025^{+}	0.028^{+}	0.028^{+}

续表

模型	预测变量	第一步	第二步	第三步	第四步
1	家庭人口	-0.007	-0.008	-0.006	-0.006
	教育程度	-0.019	-0.021	-0.021	-0.021
	土地补偿金额	-0.007	-0.007	-0.009	-0.009
	家庭资产	0.941***	0.941***	0.919***	0.918***
	金融知识	-0.013	-0.011	-0.009	-0.009
	投资风险偏好	0.040*	0.038*	0.027+	0.028+
2	金融资源		0.010	0.010	0.010
3	社会资源			0.059***	0.059***
4	金融资源×社会资源				0.003
R^2		0.915	0.915	0.918	0.918
ΔR^2		0.915	0.00	0.003	0.000
F 值		525.573***	466.529***	434.123***	393.695***
ΔF		525.573***	0.420	13.023***	0.047

注：+表示 p<0.1，*表示 p<0.05，**表示 p<0.01，***表示 p<0.001。

第三节　社会资源和金融资源对市民收入的影响

一　问题提出

（一）社会资源对市民收入的影响

社会资源是指人们在社会生活中不断获取和累积的各种关系资源，这些关系资源包括即时的、可交换的社会资源，以及预期的某种愿景式的内嵌式策略。关系资源的累积并不是单纯地以功利性交换为预期，而是建立在对标准认识的基础上的一种偏爱（王恒彦等，2013）。它属于一种嵌入性资源，反映了市民的社会生活和社会交往能力，嵌入在每一个个体社会网络中的资源以及获取资源的能力，主要包括社会网络层次和社会网络结构等。

中国一直以来都属于关系型社会，长久以来都是建立在人际关系上。家庭社会网络是指家庭成员与社会个体在相互信任的基础上形成的相对稳定的关系网络，这种社会网络的发展对一个家庭的建设而言是重中之重（付畅俭、阙晓宇，2017）。党的十八大和十九大关于建立健全社会保险制度的建议引起了越来越多学者的重视。周钦等（2015）以及易行健等（2019）研究了医疗保险对家庭资产选择的影响，结果显示，医疗保险可以促使家庭更加倾向于较高风险水平的资产。随着我国社会保障制度的发展，我国养老保险制度在我国经济发展中发挥着越来越重要的作用。宗庆庆等（2015）发现拥有社会养老保险的家庭，其持有风险金融资产的概率和风险金融资产所占的比例明显增加。从社会网络对医疗经济风险的影响来看，一方面，社会网络可以通过提供陪护、提供医疗服务等手段来改善患者的身体和精神状态，另一方面可以通过增加经济资源获取的渠道来减轻医疗负担。Alesina 和 Ferrara（2002）建议，在互惠互助基础上建立社会网络，通过促进合作、提供慰问、完善护理服务来缓解健康冲击带来的影响。Fafchamps 和 Gubert（2007）将社会网络视为遭遇灾难时的一种非正式保险机制，认为其可以进行风险分担。

中国目前社会保障体系还不健全，家庭往往采用社会网络抵抗非正式风险分担机制来抵抗不确定性，这也对家庭资产的配置产生了不相当的影响。现有研究发现，拥有社会网络资源更丰富的家庭，其参与正规金融市场的概率会提高，其配置于风险资产尤其是股票资产的比例也会增加（魏昭等，2018；刘雯，2019；贺茂斌和杨晓维，2020）。

（二）金融资源对市民收入的影响

随着经济的发展，市民收入如果想要实现可持续甚至递增发展的话，必须摄取必要的增收资源。多项研究结果显示，金融市场融资能力和金融服务是影响市民收入的重要因素（陈然，2017），所以，金融资源是影响居民收入增长的重要因素。近些年来，金融资源这一词汇在学术研究和实际部门中被广泛使用，尽管金融资源概念得到了诸多专家、学者及各界人士的普遍认同，人们的金融资源意识也普遍提高，但是如何对金融资源的含义加以科学的规范却少有研究，因此本节所使用的金融资源定义主要采用的是我国著名金融学家白钦先教授所提出的概念，即“金融是一种资源，是一种稀缺性资源，是一国最基本的战略资源”（白钦先，2000）。

金融资源的概念最早是由美国著名经济学家、金融发展理论之父戈德史密斯教授于 1955 年提出的（Allen & Gale，2001）。但由于当时人们对金融本质认识的局限，戈德史密斯教授没有系统地对金融资源的概念加以论证和阐述，更没有从理论上系统地对金融资源加以深入研究，而只是在一些著作中简单地描述了金融资源，同时他所认为的金融资源概念是指金融资产的数量。尽管如此，戈德史密斯教授还是为金融资源理论的研究奠定了基础，他率先从金融结构视角系统地对金融发展的规律及金融发展与经济增长之间的相互关系进行了探讨。此后，许多西方学者在戈德史密斯教授的研究基础上进行了大量、深入的理论探索。随着金融结构研究的逐渐深入，美国著名经济学家罗伯特·默顿教授提出了金融功能的概念及其理论，为我们研究金融资源理论提供了许多可以借鉴之处。但他们没有明确提出金融资源的概念及其理论。

白钦先（1998）将金融资源的构成成分划分为三个层次，即基础性核心金融资源、实体性中间金融资源和整体功能性高层金融资源。基础性核心金融资源是金融资源的最基本层次，主要指广义的货币资本或资金。实体性中间金融资源构成了金融资源的中间层次，包括金融组织体系和金融工具体系两大类别，其中金融组织体系包括各类银行机构、非银行金融机构、各种金融市场以及各种规范金融活动的法律、法规等（姜树博，2009）；金融工具体系则包括所有传统金融工具和创新工具。整体功能性高层金融资源是金融资源的最高层次，是货币资金运动与金融体系、金融体系各个组成部分之间相互作用、相互影响的结果。由于实体性中间金融资源与市民联系较为密切，因此本节中的金融资源特指实体性中间金融资源。张屹山等（2014）研究发现对于市民家庭而言，金融发展对财产性收入具有显著的正向作用。另外，也有一些研究认为，金融产品的创新会对居民财产性收入产生一定的影响，市民可以依据个人的投资偏好对自己的资产进行合理配置，这样就可以获得稳定的投资回报，并通过购买理财产品获得更多收入。同时，金融服务的发展促进居民财产性收入的增长，也反映出专业的金融理财师能够为市民提供更为多样化的理财咨询服务，从而进一步提高居民的理财收益（陈然，2017）。

二 方法与模型

（一）数据来源

1. 数据来源与样本选择

本阶段数据来源于2015年、2017年西南财经大学中国家庭金融调查及研究中心对家庭金融状况的调查，由于市民数据中缺失数据较多，因此本部分关于社会资源与金融资源对市民的影响，将农民与市民进行统一考虑。

在此次调查中，样本数据涵盖了全国29个省、自治区和直辖市，一共有351个县、区以及县级市，所包含的村（居）委会数量为1396个，抽样规模为37289户家庭，共涉及133183位个体。调查的主要内容包括以下四个方面：（1）家庭的资产与负债，其中资产主要包括生产经营项目、房产土地与车辆、存款、基金、股票、债券等，负债则包含了工商经营负债、房产负债、教育负债等；（2）人口统计学特征，如家庭成员个人信息、工作及收入、主观态度和金融知识等；（3）家庭的收入与支出，如消费性收入与支出、转移性收入与支出等；（4）家庭的保险与保障，包括社会保障与商业保险。

在数据的处理与样本选取上，研究中心将收集到的资料进行了初步处理，包括：剔除受访者明显臆答和作弊得出的无效样本和无效变量，删除敏感资料，校正采访者人为造成的失误等。在此基础上，由于本书是以家庭为主，而不是对个体进行研究，而户主又是家庭经济的主宰，在家庭活动中起着主导和支配的作用，因此，本书选择了各户主作为代表，因而先排除了非户主，另外，我们通常将户主视为成人，将年龄在18岁以下的户主也一并删除。接着，将数据不正常的样本剔除，比如被调查者说他们有自己的房子，但房子没有价值，或者没有自己的房子，但给出了房子的价格，还有其他一些自相矛盾的情况。进一步，结合已有的文献资料和相关研究，在只考虑家庭可支配收入超过0的情况下的样本，最后共得到36682份有效样本，与37289个家庭进行比较，其有效率为98.37%。因为调查问卷的某些问题是关于受访者收入、家庭资产规模等比较隐私的方面，对于此类问题，受访者一般不会对这些敏感问题进行回答，所以调查人员会给他们一个区间范围，让他们自由地进行选择，之后，由研究中心对此类数据进行插值处理，本书直接使用了插值处理后的数据来进行研究。

2. 变量的选择与定义

因变量主要包含三个方面：家庭是否取得财产性收入；当下获得财产性收入的绝对值；财产性收入与家庭可支配收入的比率。自变量为社会网络，该变量选用“家庭在春节、中秋节等节假日和红白喜事、生日时的现金及非现金的支出总和”来衡量。另外，在现有研究成果的基础上，本书将从以下三个层面来选取控制变量：微观层面为户主特征，包括户主性别、年龄、受教育程度、婚姻状况、健康状况、风险偏好；中观层面为家庭人口学特征和家庭经济学特征，其中家庭人口学特征包括家庭总人口、家庭老人比和家庭少儿比，家庭经济学特征包括家庭房产价值占总资产比重、金融资产价值占总资产比重、是否有养老保险以及家庭消费总支出；宏观层面主要控制了家庭地区的特征，包括东西部地区、农村城市等。

（二）模型建构

使用 Tobit 模型来估计家庭社会网络对居民财产性收入的影响。模型具体设定如下：

$$FI_i^* = \alpha \ln\_\ \mathrm{Giftout}_i = +\beta X_i + u_i \tag{7-3}$$

$$FI_i = \max\ (0,\ FI_i^*) \tag{7-4}$$

其中，FI_i^* 表示潜变量，FI_i 是第 i 户家庭获得的财产性收入绝对数，且当 $FI_i^*>0$ 时，$FI_i=FI_i^*$；当 $FI_i^*\leqslant 0$ 时，$FI_i=0$。$\mathrm{Giftout}_i$，X_i，$u_i \sim N(0,\ \sigma^2)$，表示随机误差项。

本书采用 CHFS 家庭金融调查数据，通过对普惠金融在家庭层面所产生的影响，构建了如下模型。

$$\ln\ (familyincomeper) = \beta_0 + \beta_1 inclusion + \beta_2 householdidentify + \beta_3 regionidentify + \varepsilon \tag{7-5}$$

家庭人均收入的对数形式为因变量，*inclusion* 为家庭金融普惠程度为核心解释变量，表示家庭是否可以获得一定的普惠金融服务，家庭获得普惠金融服务赋值为 1，如果家庭并未获得普惠金融服务则赋值为 0（卢亚娟等，2018）。*householdidentify* 为家庭特征变量。*regionidentify* 为地区变量，它包括家庭所在区域（0=城市，1=农村,）与家庭所在省市的实际人均 GDP。

三　结果与讨论

（一）社会网络对市民财产性收入的影响

1. 描述统计结果

从表 7-11 中可知，仅有 25%的家庭获得了财产性收入，这说明社会中只有少部分市民才可以获得财产性收入，很明显，如果这个比例过低，将不利于解决中国目前现存的社会贫富差距问题，并且难以改善市民收入不平等的现状。在相对比重上，财产性收入占家庭可支配收入的比重平均为 3.5%，平均比重则表明在我国市民可支配收入的组成部分中，实际来自财产性收入的贡献比例很小，因此未来财产性收入应成为市民收入的一个主要增长点。

表 7-11　　变量的描述性统计

变量	样本量	均值	标准差	最大值	最小值
是否拥有财产性收入	36682	0.250	0.433	1	0
财产性收入（万元）	36682	0.487	5.705	312	-20
财产性收入比重（%）	36682	0.035	0.131	4.639	-8.75
礼金支出（万元）	36682	0.348	0.654	31.00	0
礼金收支（万元）	36682	0.514	1.163	76.00	0
使用智能手机（是/否）	36682	0.501	0.500	1	0
户主男性（是/否）	36682	0.754	0.431	1	0
年龄（岁）	36682	53.32	14.34	101	18
受教育程度（年）	36682	9.295	4.255	22	0
户主已婚（是/否）	36682	0.860	0.347	1	0
健康状况（是/否）	36682	0.835	0.371	1	0
风险偏好（是/否）	36682	0.091	0.288	1	0
家庭总人数（人）	36682	3.559	1.696	20	1
家庭老人比（%）	36682	0.189	0.321	1	0
家庭少儿比（%）	36682	0.106	0.153	0.800	0
房产价值（万元）	36682	64.19	123.6	3223	0
房产价值比重（%）	36682	0.664	0.315	1	0
金融资产价值（万元）	36682	0.185	40.12	2402	0
金融资产价值比重（%）	36682	0.114	0.184	1	0
是否拥有养老保险	36682	0.770	0.421	1	0
家庭消费性支出（万元）	36682	5.749	7.121	100	0.005
西部地区	36682	0.237	0.426	1	0
中部地区	36682	0.262	0.440	1	0
东部地区	36682	0.501	0.500	1	0

2. 回归分析结果

如表 7-12 所示，在逐步增加控制变量以后，财产性收入的绝对规模对社会网络的正向预测作用始终显著。从财产性收入的绝对规模来看，家庭社会网络越发达，居民能够获得的财产性收入就会越多。刘倩（2017）发现，社会资本对家庭的经济增长有明显的促进作用，较高收入家庭的财富积累较多，因而较容易实现财产性收入的增加。

表 7-12　　社会网络对居民财产性收入的影响

变量	绝对规模：财产性收入		
	Tobit（1）	Tobit（2）	Tobit（3）
社会网络（万元）	6.242*** （0.910）	4.202*** （0.803）	4.292*** （0.811）
户主男性（是/否）	-0.766*** （0.232）	-0.048 （0.209）	0.027 （0.214）
年龄（岁）	10.576*** （4.093）	19.264*** （4.820）	20.547*** （4.833）
受教育程度（年）	0.611*** （0.064）	0.323*** （0.042）	0.305*** （0.041）
户主已婚（是/否）	0.465* （0.273）	0.409 （0.290）	0.380 （0.290）
健康状况（是/否）	1.488*** （0.266）	0.915*** （0.242）	0.774*** （0.242）
风险偏好（是/否）	4.017*** （0.517）	3.260*** （0.457）	3.273*** （0.458）
家庭总人数（人）		-0.200*** （0.061）	-0.135** （0.062）
家庭老人比（%）		0.706* （0.362）	0.771** （0.361）
家庭少儿比（%）		-1.719*** （0.661）	-1.727*** （0.662）
房产价值比重（%）		4.725*** （0.639）	4.225*** （0.617）
金融资产价值比重（%）		17.846*** （1.956）	17.293*** （1.915）

续表

变量	绝对规模：财产性收入		
	Tobit（1）	Tobit（2）	Tobit（3）
养老保险（是/否）		1.862*** （0.267）	1.857*** （0.267）
家庭年总支出（万元）		3.267*** （0.370）	3.024*** （0.362）
西部地区			-0.218 （0.226）
东部地区			1.156*** （0.243）
常数项	-24.945*** （2.692）	-34.516*** （3.605）	-34.373*** （3.626）
样本量（份）	36682	36682	36682

（二）金融资源对市民收入的影响

1. 描述统计结果

表7-13给出了变量的描述性统计分析结果，家庭人均收入的均值为31382元，标准差为63395元，这远远大于均值，说明在样本数据中家庭人均收入呈现出较大的差距，人均收入的中位数为18905元，该数据小于均值，这说明半数以上的家庭人均收入位于平均水平以下，这也反映了样本内收入差距较大的事实。家庭金融普惠水平平均为0.795，表明在2017年享受普惠金融服务的家庭占79.5%。目前尚有约20%的家庭未能享受到普惠金融的服务，这表明普惠金融尚未实现全面覆盖，普惠金融在我国还拥有很大的发展空间。在其他变量中，户主的平均年龄为55岁，平均家庭规模为3.175人，家庭中平均受教育程度为9.35年，有16.5%的家庭厌恶风险，有3.5%的家庭偏好风险，调查结果表明，大部分家庭为风险中性，其中有31.5%的家庭为农村家庭。

表7-13　　　　变量描述性统计

变量	均值	标准差	中位数
家庭人均收入（元）	31382	63395	18905
家庭人均收入对数值	9.586	1.462	9.847

续表

变量	均值	标准差	中位数
家庭普惠金融（是/否）	0.795	0.404	1.000
户主年龄（岁）	55.268	14.258	55.000
户主的受教育程度（年）	9.352	4.196	9.000
家庭规模（人）	3.175	1.550	3.000
家庭是否厌恶风险	0.165	0.371	0.000
家庭是否偏好风险	0.035	0.184	0.000
GDP 值的对数值	10.650	0.410	10.571
农村	0.315	0.465	0.000

2. 分组 T 检验结果

表 7-14 显示了是否获得普惠金融服务分组的各变量分组独立样本 T 检验结果，由以上结果可知，获得普惠金融服务家庭的户主年龄均值为 60.447 岁，而未获得普惠金融服务家庭的户主年龄均值为 53.934 岁，比较可知，获得普惠金融服务家庭的户主年龄均值显著更高。此外，获得普惠金融服务的家庭规模均值为 2.897，未获得普惠金融服务的家庭规模均值为 3.247，比较可知，获得普惠金融服务的家庭规模均值显著更低。同时可知，获得普惠金融服务的家庭人均收入对数值的均值为 9.730，在 1%的水平上显著大于未获得普惠金融服务家庭的均值 9.030。

表 7-14　　分组 T 检验结果

变量	获得普惠金融服务		未获得普惠金融服务		Difference
	N	mean	N	mean	
家庭人均收入对数值	8011	9.730	31096	9.030	0.700***
户主年龄（岁）	8011	60.447	31096	53.934	6.512***
户主的受教育程度（年）	8011	7.865	31096	9.361	2.504***
家庭规模（人）	8011	2.897	31096	3.247	-0.350***

注：* 表示 $p<0.1$，** 表示 $p<0.05$，*** 表示 $p<0.01$。

3. 相关分析结果

相关分析结果如表 7-15 所示，相关性为 1 的对角线左下三角矩阵为

pearson 相关系数矩阵，右上三角矩阵为 spearman 相关系数矩阵。家庭普惠金融与家庭人均收入的 pearson 相关系数为 0.109，spearman 相关系数为 0.224，均在 1%的水平上通过显著性检验，说明获得普惠金融服务的市民家庭的人均收入相对较高。在其他变量中，户主的年龄与家庭人均收入之间存在显著负相关；户主受教育程度与家庭人均收入之间存在显著正相关，这说明户主受教育水平越高，家庭人均收入也相对较高；家庭规模和家庭人均收入之间为显著负向相关；偏好风险与规避风险均与家庭人均收入呈正相关，但相关性不大；地区人均实际 GDP 对数值和家庭人均收入为正相关，说明地区经济发展水平正向影响家庭人均收入，即经济水平的提高会带来家庭人均收入的增加；农民家庭与市民家庭人均收入的相关系数为-0.182，在 1%的水平上显著负相关说明农村家庭人均收入和城市家庭人均收入相比，其结果显著较低。

表 7-15　　相关性分析结果

	1	2	3	4	5
家庭人均收入（元）	1	1.000***	0.224***	-0.097***	0.487***
家庭人均收入对数值	0.494***	1	0.224***	-0.097***	0.487***
家庭金融普惠（是/否）	0.109***	0.193***	1	-0.188***	0.238***
户主年龄（岁）	-0.102***	-0.097***	-0.184***	1	-0.345***
户主的受教育程度（年）	0.256***	0.410***	0.241***	-0.363***	1
家庭规模（人）	-0.103***	-0.114***	0.091***	-0.238***	-0.040***
家庭是否厌恶风险	0.015***	0.064***	0.009*	0.019***	0.069***
家庭是否偏好风险	0.082***	0.081***	0.048***	-0.147***	0.123***
lngdp（GDP 对数值）	0.170***	0.269***	0.039***	0.057***	0.151***
rural（农村）	-0.182***	-0.357***	-0.118***	0.084***	-0.377***

	6	7	8	9	10
家庭人均收入（元）	-0.149***	0.085***	0.099***	0.315***	-0.426***
家庭人均收入对数值	-0.149***	0.085***	0.099***	0.315***	-0.426***
家庭金融普惠（是/否）	0.119***	0.009*	0.048***	0.035***	-9.118***
户主年龄（岁）	-0.337***	0.021***	-0.135***	0.057***	0.082***
户主的受教育年限（年）	-0.013**	0.070***	0.124***	0.149***	-0.392***

续表

	6	7	8	9	10
家庭规模（人）	1	-0.081***	-0.014***	-0.133***	0.136***
家庭是否厌恶风险	-0.079***	1	-0.085***	0.061***	-0.118***
家庭是否偏好风险	-0.022***	-0.085***	1	0.030***	-0.079***
lngdp（GDP 对数值）	-0.143***	0.064***	0.031***	1	-0.205***
rural（农村）	0.162***	-0.118***	-0.079***	-0.209***	1

注：* 表示 $p<0.1$，** 表示 $p<0.05$，*** 表示 $p<0.01$。

第八章　家庭资产选择财富效应的心理机制

第一节　有钱才投资还是投资才有钱?

一　研究目的与假设

（一）研究目的

本节主要探究家庭资产选择财富效应的直接原因。

（二）研究假设

研究假设我国居民家庭在家庭资产选择中财富效应的直接原因并不是有钱才投资，而是投资才有钱。即农民在被征地前后将资产用于投资的比例并没有显著提升，高收入家庭的财产性收入显著高于低收入家庭。

家庭资产选择财富效应在被征地农民群体中依然存在，即低收入被征地农民家庭更倾向于将资产用于消费或者投资低风险资产。

二　研究方法

（一）被试

被试均为被征地农民，共有 400 名，男 392 名，女 8 名，年龄在 28—62 岁，平均年龄为 48.89±7.78 岁。根据家庭收入对被试进行分组，前 27%为高收入家庭组，共有 108 名被试；后 27%为低收入家庭组，共 108 名被试。

（二）研究设计

采用 2（组别：高收入家庭组、低收入家庭组）×2（资产选择时间：被征地前、被征地后）的二因素混合设计，其中，组别是被试间变量，选择时间是被试内变量。因变量为低风险资产占比、投资占比、消费占比及财产性收入额。

（三）研究程序

根据被试家庭现收入将被试分为两组，请被试根据家庭实际情况填写被征地前后将财富用于投资或消费的金额以及在各类资产中的投资金额，然后填写投资所获得的财产性收入总额。根据被试填写数据计算投资占比、消费占比以及各类资产占比。

三　研究结果

结果分析包括低风险资产占比、投资占比、消费占比、财产性收入额。

表 8-1　　低风险资产占比（M±SD）

组别	资产选择时间	低风险资产占比
高收入家庭组	被征地前	0.66±0.55
	被征地后	0.41±0.39
低收入家庭组	被征地前	5.80±4.63
	被征地后	4.05±4.06

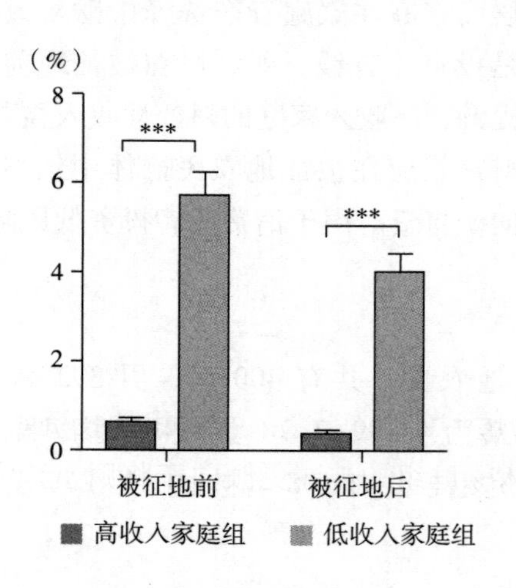

图 8-1　低风险资产占比

以组别、资产选择时间为自变量，以低风险资产占比为因变量，进行重复测量方差分析，结果表明：（1）组别的主效应显著，F（1, 214）= 148.89，p<0.001，η_p^2=0.41。高收入家庭组的低风险资产占比显

著小于低收入家庭组。说明低收入家庭组的被试在家庭资产选择中更倾向于选择投资低风险资产，表现出明显的风险规避偏好。（2）资产选择时间主效应显著，F（1，214）= 21.22，p<0.001，η_p^2=0.09。被征地后被试的低风险资产占比显著小于被征地前。说明被征地后，被试对低风险资产的投资倾向有所下降。（3）组别和资产选择时间的交互作用显著，F（1，214）= 11.89，p=0.001，η_p^2=0.05。进一步简单效应分析发现，在被征地前水平上，组别的简单效应显著，F（1，214）= 86.65，p<0.001，高收入家庭组的低风险资产占比显著小于低收入家庭组；在被征地后水平上，组别的简单效应显著，F（1，214）= 131.32，p<0.001，高收入家庭组被试的低风险资产占比依然显著小于低收入家庭组。说明无论被征地前还是被征地后，总体来说，低收入家庭相较于高收入家庭在家庭资产选择中更倾向于稳健的低风险资产，表现出明显的风险规避偏好。在被征地农民这一群体中，家庭资产选择财富效应依然存在。

表 8-2　　家庭投资、消费占比（M±SD）

组别	资产选择时间	投资占比	消费占比
高收入家庭组	被征地前	64.58±11.56	35.42±11.56
	被征地后	63.33±11.67	36.67±11.67
低收入家庭组	被征地前	42.69±11.38	57.30±11.38
	被征地后	45.35±10.67	54.65±10.67

以组别、资产选择时间为自变量，以投资占比为因变量，进行重复测量方差分析，结果表明：（1）组别主效应显著，F（1，214）= 287.78，p<0.001，η_p^2=0.57。高收入家庭组的投资占比显著大于低收入家庭组。说明高收入家庭组的被试更倾向于将财富用于投资。（2）资产选择时间主效应不显著，F（1，214）= 0.50，p=0.481，η_p^2<0.001。被征地农民在被征地前后的投资比例并没有显著变化，说明被试并不是有钱了才投资。（3）组别和资产选择时间的交互效应不显著，F（1，214）= 3.84，p=0.051，η_p^2=0.018。

以组别、资产选择时间为自变量，以消费占比为因变量，进行重复测量方差分析，结果表明：（1）组别主效应显著，F（1，214）= 287.78，p<0.001，η_p^2=0.57。高收入家庭组的消费占比显著小于低收入

家庭组。说明低收入家庭组的被试更倾向于将资产用于消费。（2）资产选择时间主效应不显著，F（1，214）= 0.50，p = 0.481，$\eta_p^2 < 0.001$。（3）组别和资产选择时间的交互效应不显著，F（1，214）= 3.84，p = 0.051，$\eta_p^2 = 0.018$。

表 8-3　　　　财产性收入

	高收入家庭	低收入家庭	t	p 值
财产性收入	（26.94±11.46）	（6.11±7.37）	15.89	<0.001

采用独立样本 t 检验比较高收入家庭和低收入家庭的财产性收入差异。结果显示，高、低收入家庭财产性收入存在显著差异，t（214）= 15.89，p<0.001。高收入家庭财产性收入（26.94±11.46）显著高于低收入家庭财产性收入（6.11±7.37），说明被征地农民是投资了才有钱。

四　分析与讨论

本节对家庭资产选择财富效应的直接原因进行了探讨。以上结果表明，高收入家庭更倾向于将财富用于投资，低收入家庭更倾向于将财富用于消费和选择一些稳健的低风险资产。这说明家庭资产选择财富效应在被征地农民这一群体中依然是存在的，与前人研究结论一致（赵翠霞，2015；李岩，2020）。然而，在这个研究中更值得关注的是，结果还发现在被征地前后农民的家庭投资占比并没有显著变化。也就是说，尽管农民在被征地后，手中拥有了大量补偿金，财富水平明显提高，但其并没有增加投资份额，所以农民并不是有钱了才投资的。进一步对高收入和低收入家庭的财产性收入进行比较，发现高收入家庭财产性收入明显高于低收入家庭，也就是说，高收入家庭在投资上所获得的收益远远大于低收入家庭，所以，被征地农民是投资了才有钱的。综上，可以得出家庭资产选择财富效应的直接原因并不是有钱了才投资而是投资了才有钱。这与以往研究并不一致，以往研究认为家庭资产选择财富效应的直接原因是有钱了才投资，财富量水平越高，越不容易受到投资门槛的限制，才能够承担进入投资市场所需要的各种交易成本（Vissing-Jorgensen，2002；马丹等，2021）。这可能是以往研究只是将不同财富阶层居民家庭的家庭资产选择情况进行横向比较，而没有对具有财富变化的居民家庭进行纵向比较有关。那么家庭资产选择财富效应的心理机制是什么呢？

第二节　家庭资产选择财富效应的心理机制

一　问题提出

（一）文献综述

财富效应概念的提出与争论要追溯到半个世纪以前了。经济学中的财富效应，最初是指阿瑟·庇古（Arthur Pigou）提出的“实际货币余额效应”，即“庇古效应”。庇古（Pigou，1943）认为，如果人们手中所持有的货币及其他金融资产的实际价值增加（当一国物价水平下降时），将导致财富增加，人们会更加富裕并增加消费支出，因而进一步增加生产和就业。

近年来，随着我国城镇化进程加快，各地区征地拆迁的力度也越来越大，因此产生了数量庞大的被征地家庭，被征地家庭已成为一个新的值得关注的社会群体。据中国社会科学院发布的《中国城市发展报告》（2010），“目前，中国被征地农民的总量已经达到4000万~5000万人，以每年约300万人的速度递增，预估到2030年时将增至1.1亿人左右。”随着被征地农民数量的增加，征地补偿金额也在不断提高。当前，由于不断提高征地补偿标准以及一次性足额补偿的政策，使被征地家庭成为“没有土地却拥有巨款”的特殊家庭（李成友，2019）。但是由于农民自身文化素养不高、缺乏投资理念和投资知识，尽管拥有大量补偿款却面临投资无门或低效使用等问题，导致大量补偿金无法被合理利用，因此，探究被征地家庭投资领域并合理引导其利益最大化的投资行为有助于其提高资金利用效率及提高生活质量。

家庭资产选择中的“财富效应”是指高收入的家庭往往倾向于持有股票、基金、债券等高风险资产，而收入较低的家庭通常会选择一些比较稳健的低风险资产。比如Campbell（2006）研究发现，对于美国的穷人家庭而言，他们更愿意投资安全性较高的流动性资产，而富人家庭则更愿意投资权益性资产。史代敏和宋艳（2005）研究表明，家庭财富越多的居民，资产选择越具有多样性，且股票所占比例份额随着财富增加而上升。张聪（2021）经过实证研究发现家庭收入越高，投资风险性金融资产的可能性越大。张哲（2020）基于CHFS 2013年的问卷调查数据，经过实证研究之后发现持有风险性金融资产的农村家庭消费水平更高，并且高收入组家庭金融资产配置也会显著影响到消费结构的提档升级。Engelhardt（1996）利用PSID数据库，发现房屋等固定资产对消费有着财富效应。Chen（2006）对24年数据进行分析后发现，长期来看，房子等固定资产价值的上升能够促进居民消费，但从短期上说，房子等固定资产不存在对消费的财富效应。

那么财富数量为什么会影响股票投资参与占比呢？Cohn（1975）认为投资者的相对风险厌恶程度会随着财富的增加而减少，因此他们的资产组合表现出一定程度的财富效应。而Peress（2004）认为投资者的绝对风险厌恶度会随财富增加而减少，而相对风险厌恶度不变。他引入了有成本的私人信息理论，认为获取一定精度的信息所付出的成本是固定的，因而投资的效率会随着信息的增加而增加。此时，富有的家庭会出于两个原因而更多地持有风险资产：一方面，他们比较容易消化获取信息的成本；另一方面，他们的绝对风险厌恶程度较低，在给定的信息精度下投资于风险资产上的财富量会较大，这又会增加他们对信息的需求，增加的信息又会提高他们投资的效率，使他们愿意持有更多的风险资产（吴卫星、齐天翔，2007）。这种循环的效应会使得富有家庭持有的风险资产份额高于穷人家庭。

但哈佛大学终身教授穆来纳森（Sendhil Mullainathan）对穷人之所以穷、之所以不会理财给出了另一解释。他的研究成果最早在美国阿斯彭论坛上演示，其论文发表在顶级刊物《科学》上，2014年9月3日发布了他的新书《稀缺：我们是如何缺贫穷与忙碌的》，该书尚未出版就进了《金融时报》年度必读十本商业书籍榜单。研究指出，虽然穷人们都缺少金钱，但即使让穷人拥有一笔钱，他们囿于自身的局限也会降低这笔钱的利用效率。在长期资源（钱、时间、有效信息）匮乏的状态下，人们一厢情愿去追逐稀缺资源，这些资源已经成为这些人的主要目标，以至于使他们忽视了更有价值的因素，这会对他们造成心理焦虑还会使他们陷入资源管理困难的境地。也就是说，贫穷的境况会降低你的智力和判断力，这会进一步产生失败的结果。研究进一步解释，长期处于资源稀缺状态下会使个体产生出“稀缺头脑模式”，这将使得个体失去决策所需的心力——穆来纳森称之为“带宽”（bandwidth）。换句话说，为了满足生活所需，一个穷人不得不精打细算，没有任何“带宽”来考虑投资和发展等其他事宜；而没有“带宽”去安排更长远的发展。即便他们摆脱了这种稀缺状态，依旧无法在短时间内摆脱“稀缺头脑模式”。受此研究的启发我们推断，财富最少的城郊被征地农民在经营资产投资上占比较少的主要原因可能是其金钱稀缺感，即便后来因被征地获得大量土地补偿金，但由于其“稀缺头脑模式”的建立，也难以对这笔资金进行合理投资。

（二）研究假设

在本书中，我们发现富有家庭和贫穷家庭的家庭资产选择占比明显不同，富有家庭持有高风险实物资产——经营资产的份额高于贫穷家庭，但贫穷家庭持有低风险金融资产——现金和银行存款的份额高于富有家庭，表现出明显的“财富效应”。依据前人研究，我们提出研究假设4：

假设4：城郊被征地农民财富效应可能的心理机制是投资风险偏好的增加或风险厌恶的减少，即富有农民家庭的投资风险偏好显著高于贫穷农民家庭。

鉴于对高、低收入组城郊被征地农民家庭资产选择的研究结果表明，高收入组城郊被征地农民更倾向于投资高风险的经营资产，而低收入组更倾向于投资低风险的银行存款。因此我们提出研究假设5：

假设5：投资风险偏好是家庭资产和经营资产投资占比间的中介变量。

同时受穆来纳森研究的启发，我们推测财富效应的存在可能与金钱稀缺感有关，由于贫穷家庭长期处于贫穷状态而使自己的注意力资源被贫穷所占据，产生高金钱稀缺感，这种金钱稀缺感使他们蒙蔽了双眼，智力判断能力下降，即便被征地后得到大量土地补偿金，因其不会进行合理投资，而导致短暂富裕后的生活条件恶化和贫穷。因此提出研究假设6和假设7：

假设6：富有农民家庭的金钱稀缺感显著低于贫穷农民家庭。

假设7：金钱稀缺感是家庭财富与经营资产投资占比间的中介变量。

二　研究方法

（一）研究目的

通过问卷调查揭示富有农民家庭和贫穷农民家庭在投资风险偏好和金钱稀缺感上是否有显著差异；通过建立两个中介效应模型，揭示风险偏好和金钱稀缺感在家庭资产和经营资产投资中的中介效应。

（二）方法

被试：为济南城郊被征地农民，400人，其中男性398人，平均年龄为 44.88±7.77 岁。

变量与测量：研究表明投资风险偏好与人的投资决策密切相关（Dohmen，2009），我们选用 Weber（2002）的风险态度量表，该量表在中国的实测结果显示出良好的信效度，其中投资风险分量表的 Cronbach's alpha 系数为 0.87（Chow & Chen，2012），由 4 道题组成，采用李克特 5 点计分，（1 为绝对不可能，5 为非常可能）得分越高，风险倾向越高。金钱稀缺感的测量采用一个问题“金钱对您而言的稀缺程度有多大?”请被试填入 1—9 的数字，1 为一点都不稀缺，9 为非常稀缺，得分越高说明被试的金钱稀缺感越强。其他人口学变量和家庭资产选择占比变量通过问卷一并收集。

三 结果与讨论

（一）不同财富状况城郊被征地农民投资风险偏好和金钱稀缺感的差异检验

高、低收入城郊被征地农民的投资风险偏好、金钱稀缺感的描述统计见表 8-4，对贫穷城郊被征地农民和富裕城郊被征地农民的投资风险偏好进行差异检验，结果表明差异极为显著 $t=4.42$，$p<0.000$，即贫穷城郊被征地农民的投资风险偏好（$M=12.93$）显著低于富裕城郊被征地农民的投资风险偏好（$M=17.14$）（见图 8-2）；对贫穷城郊被征地农民和富裕城郊被征地农民的金钱稀缺感进行差异检验，结果表明差异极为显著，$t=10.65$，$p<0.000$，即贫穷城郊被征地农民的金钱稀缺感（$M=7.61$）显著高于富裕城郊被征地农民（$M=3.73$）（见图 8-3）。因此研究假设 1 和假设 3 得到了支持。

表 8-4 高、低收入城郊被征地农民投资风险偏好、金钱稀缺感及相关变量的描述统计

变量	样本数	低收入				高收入			
		最小值	最大值	均值	标准差	最小值	最大值	均值	标准差
年龄（岁）	133	29	62	45.89	8.37	28	60	43.69	7.46
性别（男/女）	133	1	2	1.01	0.12	1	2	1.04	0.19
家庭人口（人）	133	2	6	3.63	0.68	2	6	3.63	0.78
受教育程度（年）	133	5	16	10.15	2.03	4	15	10.27	1.96
是否有社会资源	133	0	1	0.05	0.22	0	1	0.42	0.50

续表

变量	样本数	低收入				高收入			
		最小值	最大值	均值	标准差	最小值	最大值	均值	标准差
被征地时间	133	5	16	8.13	3.81	5	16	8.87	4.52
补偿金额（万元）	133	4	96	42.82	20.58	4	80	38.12	22.59
被征地前资产（万元）	133	0.5	2.9	1.54	0.49	14	800	74.52	84.07
被征地前收入（万元）	133	2	33	9.12	4.63	2.8	80	15.92	14.84
现家庭总资产（万元）	133	2	40	13.65	6.76	20	2100	146.28	210.80
现家庭年收入（万元）	133	0.65	2.7	1.63	0.53	9.1	350	26.75	37.33
投资风险偏好	133	10	17	12.93	1.62	13	19	17.14	1.76
金钱稀缺感	133	5	9	7.61	1.48	1	7	3.73	1.27

资料来源：根据调查数据整理所得。

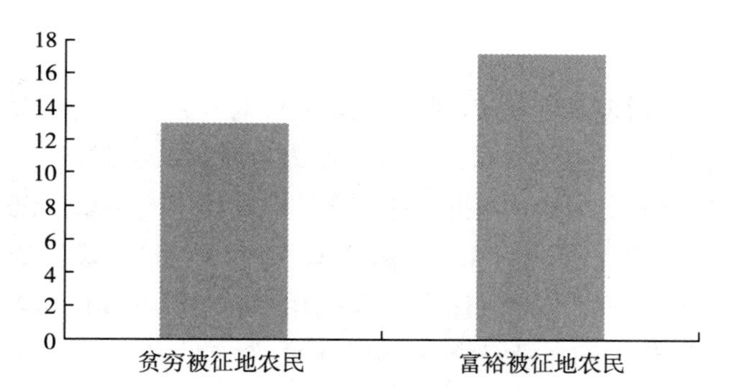

图 8-2　不同财富状况城郊被征地农民的投资风险偏好

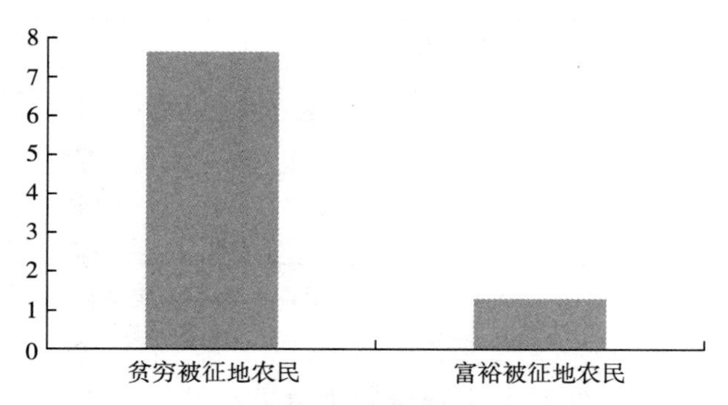

图 8-3　不同财富状况城郊被征地农民的金钱稀缺感

（二）投资风险偏好的中介效应

对经营资产占比、投资风险偏好、金钱稀缺感和现家庭资产进行相关分析（见表 8-5），结果表明四个变量间相关系数均极为显著（$p<0.001$）。

表 8-5　　主要观测变量间的相关矩阵

变量	经营资产占比	投资风险偏好	金钱稀缺感	现家庭资产
经营资产占比	1			
投资风险偏好	0.35***	1		
金钱稀缺感	-0.26***	-0.61***	1	
现家庭资产	0.36***	0.33***	-0.46***	1

注：*** 表示 p<0.001。

为进一步探讨现家庭资产、投资风险偏好与经营资产投资占比的关系，将投资风险作为中介变量，现家庭资产作为自变量，经营资产占比作为因变量，建构中介效应模型。根据检验中介效应的程序（Judd，1981；Baron，1986），第一步，用自变量（X）对因变量（Y）做回归；第二步用自变量（X）对中介变量（M）做回归；第三步，用中介变量（M）和自变量（X）对因变量（Y）做回归。投资风险偏好的中介效应见表 8-6。

表 8-6　　投资风险偏好的中介效应依次检验

	标准化回归方程	回归系数检验
第一步	$Y=0.62x$	SE=0.07，t=12.43***
第二步	$M=0.33x$	SE=0.01，t=6.97***
第三步	$Y=0.34M$ $+0.23x$	SE=0.06，t=7.3** SE=0.07，t=3.2*

注：** 表示 p<0.01 水平上差异显著，*** 表示 p<0.001 水平上差异显著。

上述包含了中介变量 M 的模型分析结果表明：一方面，现家庭资产对经营资产占比有直接正效应，即家庭资产较多的农民家庭，经营资产投资占比较高；另一方面，现家庭资产通过投资风险偏好对经营资产占比有间接正效应，即现家庭资产较高的农民家庭，其投资风险偏好较高，这种投资风险偏好使他们更愿意把资金投入高风险的经营资产。

（三）金钱稀缺感的中介效应

为进一步探讨现家庭资产、金钱稀缺感与经营资产投资占比的关系，将金钱稀缺感作为中介变量，现家庭资产作为自变量，经营资产占比作为因变量，建构中介效应模型。根据检验中介效应的程序（Judd，1981；Baron，1986），第一步，用自变量（X）对因变量（Y）做回归；第二步用自变量（X）对中介变量（M）做回归；第三步，用中介变量（M）和自变量（X）对因变量（Y）做回归。金钱稀缺感的中介效应见表 8-7。

表 8-7　　金钱稀缺感的中介效应依次检验

	标准化回归方程	回归系数检验
第一步	Y=0.62x	SE=0.07，t=12.43***
第二步	M=−0.46x	SE=0.01，t=−10.21***
第三步	Y=−0.21M +0.33x	SE=0.06，t=2.49** SE=0.07，t=5.22**

注：** 表示在 0.01 水平上差异显著，*** 表示在 0.001 水平上差异显著。

上述包含了中介变量 M 的模型分析结果表明：一方面，现家庭资产对经营资产占比有直接正效应，即家庭资产较多的被征地农民家庭，经营资产投资占比较高；另一方面，现家庭资产通过金钱稀缺感对经营资产占比有间接正效应，即现家庭资产较高的被征地农民家庭，其金钱稀缺感较低，这种较低的金钱稀缺感使他们有更多精力关注理财，更愿意把资金投入高风险的经营资产。

对被征地农民家庭资产选择中“财富效应”的心理机制进行实验研究，结果表明，贫穷被征地农民的投资风险偏好显著低于富裕被征地农民的投资风险偏好，即贫穷被征地农民偏好保守，富裕被征地农民偏好冒险，对风险偏好进行中介效应检验，结果表明风险偏好在财富与风险投资中起部分中介作用；贫穷被征地农民的金钱稀缺感显著高于富裕被征地农民，贫穷被征地农民比富裕被征地农民感觉更缺钱；对金钱稀缺感进行中介效应检验，结果表明金钱稀缺感在财富与风险投资偏好间起部分中介作用，这说明财富是通过投资风险偏好和金钱稀缺感影响被征地农民的家庭资产选择的。

第九章　打破家庭资产选择财富效应的可能路径

第一节　财富多寡的深层原因
——以被征地农民为例

城镇化是伴随工业化发展，农村人口向城镇集中的自然历史过程，是国家现代化的重要标志。目前，我国经济发展进入新常态，随着城镇化水平不断提高，农地城市流转是城镇化的必然要求，与此同时诞生了一个规模急剧扩大的新群体——被征地农民，在被征土地这一最后保障之后，其很可能沦落为“种地无田，上班无岗，低保无份，养老无钱”的四无之人，因此深入探讨被征地农民收入来源，实现其可持续生计是亟待破解的一个重大课题。

被征地农民是指在农村城市化进程中，由于城乡建设征占农用地（包括耕地、园地、林地、牧草及其他农用地等）所产生的失去土地集体所有权或经营权的农业人口。国内对被征地农民的研究主要集中在以下四个方面：一是对征地补偿和安置方式的研究，其方式主要有货币补偿型安置、就业安置、集中开发型安置、留地安置、土地入股型安置、土地换保障型安置等模式，由于方式不同，各有利弊；二是对社会保障方面的研究，主要内容是社会保障制度建设、社会保障内容、社会保障资金来源，并一致认为建立被征地农民的社会保障体系是解决被征地农民问题的基础性工程；三是对被征地农民就业、创业的研究，主要集中在就业率问题、就业难问题、增加就业方法的问题，多数学者认为增加政策扶持，加大被征地农民培训力度是较为现实的选择；四是对被征地农民可持续生计问题的研究，多数学者认为货币补偿安置效果的短期性、征地补偿费用偏低、针对性就业培训差和社会保障缺位是影响被征地农民实现可持续发展的重要因素。

综上所述，以往关于被征地农民的研究文献虽然较为丰富，但是研究年限相对较早，尤其是2009年以来我国城镇化急速发展，被征地农民新问题较多，归根结底是被征地农民对未来收入较为悲观，对经济收入和生活条件感到不满，收入问题已成为制约被征地农民生活满意度的最关键因素。因而被征地农民收入成为学者关注的焦点，而该方面文献却较为鲜见。为此，本书以济南市郊区被征地农民为例，通过对400户农民家庭的调查，考察被征地农民收入现状、特征及其原因，并据此提出提高我国城郊被征地农民收入的一些政策建议。

一　样本的选择及其基本情况

为了使样本有更好的代表性，本书选取山东省较有代表性的济南郊区，然后用分层抽样法随机抽出8个乡镇，并从每个乡镇中随机抽出1个村庄，根据家庭收入水平随机抽取80户被征地农民进行调查走访，发放调查问卷640份。调查人员由经过培训的高校科研人员和村两委的会计人员组成，两者互补，走村串户，最终得到有效调查问卷400份。调查主要涉及被征地农民的家庭特征和个体变量、被征地前家庭经济状况和被征地后家庭经济状况。

此次调查共涉及8个村，1652户，最终得到有效户数400户。不同村庄由于被征地时间的不同其补偿金差别较大，其中2013年zj村的平均每户补偿金最高，达到59.12万元，而2005年被征地的sl村平均每户补偿金最低，仅有7.11万元；从平均每户年收入来看，2004年被征地的gqw村收入最高，达到15.27万元，而2009年被征地的jj村平均每户年收入最低，仅有4.83万元（详见表9-1）。

表9-1　2014年调研样本基本情况

村庄	总户数（户）	调查户数（户）	平均每户补偿金（万元）	平均每户年收入（万元）	失地时间（年）
sm村	255	71	58.82	13.83	2012
qw村	276	65	36.46	11.53	2010
wb村	236	62	48.42	10.11	2011
cj村	168	37	58.81	7.36	2013
jj村	207	46	21.65	4.83	2009

续表

村庄	总户数（户）	调查户数（户）	平均每户补偿金（万元）	平均每户年收入（万元）	失地时间（年）
zj 村	223	59	59.12	14.55	2013
gqw 村	185	42	7.19	15.27	2004
sl 村	102	18	7.11	9.14	2005
合计	1652	400	41.60	11.29	

资料来源：根据调查数据整理所得。

二　被征地农民收入现状——存在明显的“极化”现象

为分析被征地农民收入现状，笔者首先对被征地农民的基本情况进行访谈，选取并重点关注被征地农民 11 个指标，分别是年龄、性别、人口、受教育程度、是否有社会资源、被征地时间、土地补偿金额、被征地前家庭资产、被征地前家庭年收入、现在家庭资产和现在家庭年收入。由表 9-2 可以看出，城郊被征地农民户主或家庭决策人一般年龄在 45 岁左右；男性依然在家庭中处于主导地位；家庭平均人口为 3.65 人；户主平均受教育年限为 10.23 年，且标准差较小，说明多数为高中或中专学历；拥有社会资源的农民家庭相对较少，且标准差相对较大；被征地平均时间为 4.27 年；被征地补偿金均值为 41.60 万元，且标准差为 21.21 万元，说明不同农民家庭之间补偿金差别较大；城郊被征地农民被征地前、后家庭资产均值差别较大，后者是前者的 1.84 倍，但标准差差别更大，后者是前者的 2.39 倍；城郊被征地农民被征地前、后家庭年收入均值差别也较大，后者是前者的 1.55 倍，但标准差差别更大，后者是前者的 2.28 倍。由此可见，被征地后农民的家庭资产和家庭年收入均有显著增长，但被征地后的收入差距比被征地前更大，这将严重影响被征地农民的可持续发展和生活满意感。

表 9-2　　城郊被征地农民收入现状及相关变量的描述统计

变量	定义	样本数	最小值	最大值	均值	标准差
年龄（岁）	户主或家庭决策人的年龄	400	28	62	44.89	7.78
性别	1 是男，2 是女	400	1	2	1.02	0.14
家庭人口（人）	家庭总人口数	400	2	6	3.65	0.68

续表

变量	定义	样本数	最小值	最大值	均值	标准差
受教育程度（年）	6年以下为小学，7—9年为初中，10—12年为中专或高中，13年以上为大学	400	4	16	10.23	1.94
是否有社会资源	户主或直系亲属是否有在村里、镇上等机关单位上班，0是没有，1是有	400	0	1	0.19	0.39
被征地时间	哪一年被征土地	400	1	10	4.27	2.12
补偿金额（万元）	被征地补偿金额	400	4	96	41.60	21.21
被征地前资产（万元）	被征地前的家庭总资产	400	2	800	36.78	56.80
被征地前收入（万元）	被征地前的家庭年收入	400	0.5	80	7.29	10.68
现在家庭总资产（万元）	2014年家庭总资产	400	2	2100	67.80	135.76
现在家庭年收入（万元）	2014年家庭年收入	400	0.65	350	11.30	24.36

资料来源：根据调查数据整理所得。

面对城郊被征地农民收入差距逐步扩大的趋势，我们不禁要问不同被征地农民的收入到底差在哪里？笔者依据城郊被征地农民的现家庭年收入分为高收入组（前33.3%）和低收入组（后33.3%），对他们的收入现状进行对比分析。由不同收入组城郊被征地农民的基本情况（见表9-3）可见，两组城郊被征地农民在人口学变量上基本没有差异，但在家庭经济状况上差异较明显，高收入组城郊被征地农民的被征地前资产和收入均明显高于低收入组，且值得注意的是，被征地前高收入组的家庭年收入是低收入组的1.7倍，但被征地后高收入组的家庭年收入是低收入组的16倍。可见被征地后导致城郊被征地农民家庭年收入出现“极化”现象——贫者更贫，富者更富。

表9-3　　高、低收入组的收入现状及相关变量的描述统计

变量	样本数（人）	低收入				高收入			
		最小值	最大值	均值	标准差	最小值	最大值	均值	标准差
年龄（岁）	134	29	62	45.89	8.37	28	60	43.69	7.46
性别	134	1	2	1.01	0.12	1	2	1.04	0.19
家庭人口（人）	134	2	6	3.63	0.68	2	6	3.63	0.78

续表

变量	样本数（人）	低收入				高收入			
		最小值	最大值	均值	标准差	最小值	最大值	均值	标准差
受教育程度（年）	134	5	16	10.15	2.03	4	15	10.27	1.96
是否有社会资源	134	0	1	0.05	0.22	0	1	0.42	0.50
被征地时间	134	5	16	8.13	3.81	5	16	8.87	4.52
补偿金额（万元）	134	4	96	42.82	20.58	4	80	38.12	22.59
被征地前资产（万元）	134	0.5	2.9	1.54	0.49	14	800	74.52	84.07
被征地前收入（万元）	134	2	33	9.12	4.63	2.8	80	15.92	14.84
现家庭总资产（万元）	134	2	40	13.65	6.76	20	2100	146.28	210.80
现家庭年收入（万元）	134	0.65	2.7	1.63	0.53	9.1	350	26.75	37.33

资料来源：根据调查数据整理所得。

三 “极化”现象的直接原因

（一）城郊被征地农民的收入来源

为探明城郊被征地农民收入“极化”现象的原因，首先需要了解其收入来源。不同学者对农民收入来源的分类不同，但大多认为农民的收入来源主要包含四部分：工资性收入、家庭经营收入、转移性收入和财产性收入。根据农民收入与农业的关系，农民收入又可分为家庭农业经营收入和家庭非农业经营收入两大类。笔者借鉴以往学者分类经验和被征地农民的实际情况，将其收入来源分为7类：农业生产经营、非农生产经营、劳务所得、被征地生活补助、财产性收入、转移性收入和其他收入。由表9-4可以看出，城郊被征地农民收入来源呈多样化，其主要来源是劳务所得和非农生产经营，分别占29.07%和26.78%；其次是财产性收入和被征地生活补助，分别占15.05%和13.62%，财产性收入占比不高说明以补偿金为主的家庭财产使用效率不高，被征地农民缺乏理财意识，资源配置效率较低，被征地生活补助占据相当比例说明被征地农民的其他收入来源相对较少；农业生产经营和转移性收入占比较小，说明城郊被征地农民已经基本脱离农业，且财政等补贴政策作用有限。

表9-4　2014年济南市城郊被征地农民收入来源占比情况　单位：%

收入来源	定义	样本数(人)	最小值	最大值	均值	标准差
农业生产经营	有关农业生产、运输、加工等	400	0	45	2.33	7.28

续表

收入来源	定义	样本数(人)	最小值	最大值	均值	标准差
非农生产经营(万元)	非农业生产、运输、加工等	400	0	65	26.78	13.16
劳务所得（万元）	以出卖劳力为主的打工等收入	400	0	60	29.07	14.17
被征地生活补助（万元）	因被征地享受国家或企业定期给予的补助	400	1	35	13.62	8.23
财产性收入（万元）	由资产带来的收益	400	0	60	15.05	12.5
转移性收入（万元）	国家补贴，亲属继承等	400	0	15	4.35	4.4
其他收入（万元）	不属于以上六类的收入	400	0	20	8.85	5.56

资料来源：根据调查数据整理所得。

（二）高、低收入组收入来源的对比分析

由表9-5可见，高、低收入组城郊被征地农民的收入来源占比差别较大。低收入组被征地农民在农业生产经营、劳务所得、被征地生活补助和转移性收入占比上均高于高收入组，说明低收入者更依赖农业，以打工和体力劳动为主；高收入组被征地农民在非农生产经营和财产性收入占比上均显著高于低收入组，说明高收入者已经脱离农业生产和体力劳动，以脑力劳动为主，且财产性收入占比远远高于低收入组，进一步说明，高收入者的理财意识较强，对土地补偿金进行了合理投资并为家庭赚取了可观收入。考虑到被征地生活补助和转移性收入更多受政策因素的影响，因此予以排除，我们推断，农业生产经营、劳务所得、非农生产经营和财产性收入是导致“贫者更贫，富者更富”的最直接原因。

表9-5　　不同城郊被征地农民收入来源占比情况　　单位:%

收入来源	样本数（人）	低收入				高收入			
		最小值	最大值	均值	标准差	最小值	最大值	均值	标准差
农业生产经营	134	0	45	5.45	10.25	0	40	1.07	5.64
非农生产经营	134	0	50	20.67	12.61	0	65	33.97	13.97
劳务所得	134	0	60	33.92	12.21	0	60	20.42	15.04
被征地生活补助	134	5	35	19.58	7.49	1	25	7.89	5.14
财产性收入	134	0	20	6.23	7.27	0	60	25.78	11.06
转移性收入	134	0	15	5.37	4.45	0	15	2.83	3.79
其他收入	134	0	20	8.77	5.33	0	20	8.04	5.74

资料来源：根据调查数据整理所得。

四 “极化”现象的深层原因分析

不同收入来源导致城郊被征地农民不同的财富状况和“极化”现象，为进一步探讨“极化”现象的深层原因，我们运用 Tobit 模型，对直接导致“极化”现象的收入来源的影响因素进行分析。

（一）模型的选择

由于被解释变量——家庭收入来源占比（占总收入的比率）是位于［0.1］之间的数值，本书将采用 Tobit 模型进行回归分析，公式如下：

$$y_i=\beta_0+\beta_1x_1+\beta_2x_2+\beta_3x_3+\beta_4x_4+\beta_5x_5+\beta_6x_6+\beta_7x_7+\beta_8x_8+\beta_9x_9 \qquad (9-1)$$

其中 y_i 是某种家庭收入来源占比（i 从 1 到 7），i 分别为农业生产经营、非农生产经营、劳务所得、被征地生活补助、财产性收入、转移性收入和其他收入，β_0 为常数项，x_1 至 x_9 为年龄、性别、家庭人口、受教育程度、社会资源、被征地时间、补偿金额、被征地前家庭资产和被征地前家庭收入，β_1 至 β_9 为各变量的回归系数。

（二）收入来源的影响因素

（1）农业生产经营收入占比的影响因素。年龄和性别对农业生产经营占比有显著的正向影响，即年龄越大其农业生产经营收入占比越高，男性农业生产经营收入占比高于女性。由年长者农业经营收入占比较高反映出，一方面他们从事农业生产经验丰富，更愿意从事农业；另一方面他们的非农劳动技能缺乏，只能从事农业。男性农业生产经营占比较高反映出，男主外、女主内的农村家庭构架在山东比较明显，男性原有农业经验较女性更多，因此更愿意从事农业生产经营。被征地时间和被征地前收入对农业生产经营占比有显著负向预测作用，即被征地时间越早其农业生产经营收入占比越小，被征地前农民收入越高，其被征地后农业生产经营收入占比越低，也就是越脱农、离农。

（2）劳务所得收入占比的影响因素。社会资源对劳务所得收入占比有极为显著的负向预测作用，即被征地农民社会资源越多，其劳务所得收入占比越低，因为社会资源丰富的农民，各方面机会相对较多，一般不愿从事劳务工作，更不愿通过打工等一些出卖简单劳动力的工作获得报酬，因为其有更多更好的投资经营机会；被征地前家庭资产对劳务所得收入占比有极为显著的负向预测作用，即被征地前家庭资产越多，其劳务所得收入占比越小，通常在农民家庭资产较为丰厚的情况下，其高收入机会往往较多，因此不愿再靠劳务获得更多收入，更不愿失掉面子而去做劳务工作。

（3）非农生产经营收入占比的影响因素。城郊被征地农民的家庭人口、受教育程度、社会资源、被征地时间、被征地前家庭资产和收入对非农生产经营占比有显著的正向影响，即家庭人口越多，受教育程度越高，社会资源越多，被征地时间越长、被征地前家庭资产和收入越高，其非农生产经营收入占比越高；补偿金额对非农生产经营占比有显著的负向影响，即补偿金额越高，其非农生产经营收入占比越低，笔者推测由于补偿金高的被征地农民手握大量资金，而且是相对轻易得到，产生一种“不劳而获”的感觉，因此不愿再从事生产经营。

（4）财产性收入占比的影响因素（见表9-6）。社会资源、被征地前家庭资产和被征地前家庭收入对财产性收入占比有极为显著的正向影响，即被征地农民社会资源越多，被征地前资产和被征地前收入越高，其财产性收入占比越高。被征地农民的社会资源丰富，其投资机会往往较多，财产得到更好的管理，因此其财产性收入占比往往较高；同时许多被征地农民被征地前已有大量资产，且资产增值速度越来越快，资产越多往往带来的收益也越高。

表9-6　　城郊失地农民收入来源占比的影响因素

变量	农业生产经营	劳务所得	非农生产经营	财产性收入
年龄	0.008**	0.000	-0.001	0.000
	0.004	0.001	0.000	0.001
性别	0.392**	0.003	-0.064	0.005
	0.171	0.042	0.044	0.043
家庭人口	-0.106	0.009	0.030*	-0.002
	0.081	0.016	0.017	0.017
受教育程度	-0.003	-0.004	0.008**	0.001
	0.017	0.004	0.004	0.004
社会资源	0.109	-0.074***	0.067***	0.073***
	0.094	0.018	0.018	0.018
失地时间	-0.045*	-0.004	0.011*	-0.003
	0.027	0.006	0.006	0.006

续表

变量	农业生产经营	劳务所得	非农生产经营	财产性收入
补偿金额	0.007	-0.001	-0.002**	0.000
	0.006	0.001	0.001	0.000
失地前家庭资产	0.002	-0.002***	0.001*	0.001***
	0.002	0.000	0.000	0.002
失地前家庭收入	-0.069***	-0.001	0.003***	0.003***
	0.019	0.001	0.001	0.001
常数项	-1.205**	0.473***	0.344***	0.137
	0.474	0.097	0.101	0.100
N	400	400	400	400
Pseudo R^2	0.253	-0.759	-0.342	-2.976

注：①括号里为t统计量，下同；②*、**、***分别表示t在10%、5%、1%的置信水平下显著。

（三）“资源效应”是导致“极化”现象的深层原因

通过对农业生产经营、劳务所得、非农生产经营和财产性收入占比的影响因素分析，我们发现，社会资源和经济资源是导致被征地农民或贫或富的深层原因。社会资源正向预测非农生产经营收入和财产性收入，但负向预测劳务所得。可见，社会资源丰富的被征地农民，会得到更多的非农生产经营机会，得到更多的投资信息和渠道，从而为家庭带来越来越多的财富。而社会资源缺乏的被征地农民只能通过出卖劳动力维持生计，这种生计方式在原来低生活成本的农村生活中尚可维系，但被征地后生活成本的大幅提高，却让这部分被征地农民的相对收入不升反降，导致相对更加“贫困”。同时被征地前的家庭资产和纯收入对非农生产经营和财产性收入有极为显著的正向影响，但对农业生产经营和劳务所得却有显著负向影响，说明经济资源越多的被征地农民因有更多的财富管理经验而更会管理财富，经济资源越少的被征地农民因缺乏财富管理经验而不善于管理财富。社会资源和经济资源的共同作用导致了城郊被征地农民家庭收入的“极化”现象——贫者更贫，富者更富，我们把这种效应称为“资源效应”。

五　结论与建议

本书基于对济南城郊400名被征地农民的入户调查数据，探究被征地农民的收入“极化”及其深层次原因，通过统计分析和 Tobit 回归分析，主要得到以下结论，并据此提出相应建议：

（一）结论

第一，城郊被征地农民家庭收入表现出明显的“极化”现象，被征地前高收入者年收入均值是低收入者的 1.7 倍，被征地后高收入者年收入均值是低收入者的 16 倍以上，被征地导致“贫者更贫，富者更富”。第二，城郊被征地农民收入来源以非农生产经营和劳务所得为主，其占比约为 55%，其次为财产性收入和被征地生活补助，再次是其他收入、转移性收入和农业生产经营收入；通过分析高、低收入组城郊被征地农民的收入来源，我们发现，收入来源不同是导致“极化”现象的直接原因，高收入者的非农生产经营和财产性收入占比显著高于低收入者，但高收入者的农业生产经营和劳务所得占比显著低于低收入者。第三，通过对农业生产经营、劳务所得、非农生产经营和财产性收入占比的影响因素进行分析，我们发现，社会资源和经济资源是导致被征地农民或贫或富的深层原因，社会资源正向预测非农生产经营收入和财产性收入，但负向预测劳务所得，被征地前的家庭资产和纯收入对非农生产经营和财产性收入有极为显著的正向影响，但对农业生产经营和劳务所得却有显著负向影响，即社会资源和经济资源越丰富的被征地农民，越容易获得非农生产经营机会，越会合理投资取得财产性收入，而社会资源和经济资源缺乏的被征地农民，只能靠出卖劳动力维持生计，导致富裕者财富几何级数上升，贫穷者财富几何级数下降的趋势。

（二）建议

第一，优化土地补偿和扶持政策，缩小城郊被征地农民收入差距。在被征地补偿机制、补偿金管理和使用方面，一是要保证补偿方式、补偿过程和补偿分配的公开透明，建立有效的监督机制，并且严惩被征地补偿中政府官员和村两委的寻租行为；二是探寻补偿金的有效管理方法和合理投资机制，不断优化补偿金管理方法，稳健、合理使用补偿金，确保被征地农民的财富可持续增值。在税收、财政政策方面，加大对城郊被征地农民富裕者的征税比例，减少甚至减免城郊被征地农民贫穷者税赋，同时提高城郊贫困线，通过财政转移性补贴，提高贫穷被征地农民的生活水平和相对收入，让被征地农民更好地融入城市。第二，深入分析被征地农民就业、创业需求，加大培训教育力度。首先，针对不同郊区发展状况和被征地农民个体情况，全面了解其就业和创业需求，制订出合理的培训教育计划；其次与劳务市场等单位联系，帮助低收入被征地农民就业，如建筑、家政、运输等服务市场；再次鼓励熟悉农业的被征地农民创业，在城郊大力开展观光农业、生态农业，如建立采摘园、休闲农场、家庭农场等；最后是大力支持富裕城郊被征地农民帮扶低收入被征地农民家庭，被征地农民间一般存在较强的亲情、友情等关系，资源配置更为有效，帮扶相对容易。第三，努力提高被征地农民综合素质，高效利用其社会资源和经济资源。被征地农民在向社区居民的转变过程中，亟须尽快提高其综合素质，以便其更好地获得城市认同和寻找自己的归属感；同时被征地农民掌控大量社会资源和经济资源，应加以整合，如以原村庄为单位成立公司，村民共同入股，委托村内能力较强的人管理，高效运转，借以避免低收入被征地农民盲目投资或浪费资源，缩小被征地农民收入差距，促进和谐社会发展。

第二节　稀缺感与财富效应的因果关系——实验证据

一　研究目的与假设

（一）研究目的

本书主要探究金钱稀缺感对投资者投资决策的影响，从而揭示家庭资产选择中财富效应的原因之一是个体的稀缺感觉。

（二）研究假设

本书假设高金钱稀缺感相较于低金钱稀缺感的被试更看重当天价格走势，更难预测到趋势变化，更容易追涨杀跌，表现出短视决策偏好。

二　研究方法

（一）被试

本书被试均为自愿参加研究的金融专业在校学生。根据 GPower 软件计算，至少需要被试 36 名（effect size f=0.2，Power=0.8）。考虑到后续研究四的被试需求，本书被试人数共有 148 名，男 76 名，女 72 名，年龄在 18—25 岁，平均年龄为 22.74±1.99 岁。对被试分组，量表得分的前 50%为高金钱稀缺感组，后 50%为低金钱稀缺感组。最终参加研究的被试，高金钱稀缺感组 72 人，低金钱稀缺感组 76 人。

（二）实验设计

采用 2（组别：高金钱稀缺感组、低金钱稀缺感组）×2（价格走势：上涨、下跌）的二因素混合设计，其中，组别是被试间变量，价格走势是被试内变量。因变量为反应时之差、明日价格预测和交易选择，其中，反应时之差是指被试在当天价格走势图和近十天价格走势图上的反应时差值，差值越大，被试在投资决策时越看重当天价格走势图。

（三）实验材料和设备

实验材料为 4 张股票价格走势图（Lu & Xie，2019）。实验材料的颜色为白色，利用专用编程软件 E-prime 2.0 编制实验程序，并对实验数据加以记录。运行平台为三星电脑，刺激呈现在 15.6 英寸的显示器上，屏幕分辨率为 1366×768 pixel，刷新频率为 85Hz。实验过程中保证无其他噪音的干扰，保持一个安静的环境，程序自动记录被试的反应时和选择。

（四）实验程序

首先对被试进行金钱稀缺感的测量。通过 Roux 等（2015）研究中关于资源稀缺程度的四个问题："我的资源稀缺"，"我没有足够资源"，"我需要保护我的资源"，"我需要获取更多资源"（告知被试以上资源特指金钱资源）对金钱稀缺感进行测量，以 1—7 依次表示稀缺状况的符合程度（1=非常不符合，7=非常符合）。测量完毕后，进入实验部分。

向被试详细说明操作方法，指导语为："假设你现在处在真实的股票交易市场，目前持有 A、D 两只股票，现在向你提供每只股票当天价格走势图以及近十天价格走势图供你参考，参考完毕后，请你预测每只股票明日的价格走势并对下一步如何交易做出选择！"确保被试完全理解后开始实验。

实验程序用 E-prime 软件编写，使用计算机呈现实验刺激（如图 9-1）。首先呈现股票 A 的实验要求，然后依次呈现股票 A 的当日价格走势图和近十天价格走势图，请被试查看，记录下被试在各走势图上的反应时。完毕后，呈现数字 1—7，1 代表更可能下跌，7 代表更可能上涨，请被试选择并点击对应的数字键。然后请被试对股票下一步如何交易做出选择：继续买入、保持不动、卖出。股票 A 任务完成后，继续股票 D 任务，股票 D 与股票 A 研究条件不同，但任务内容一致。

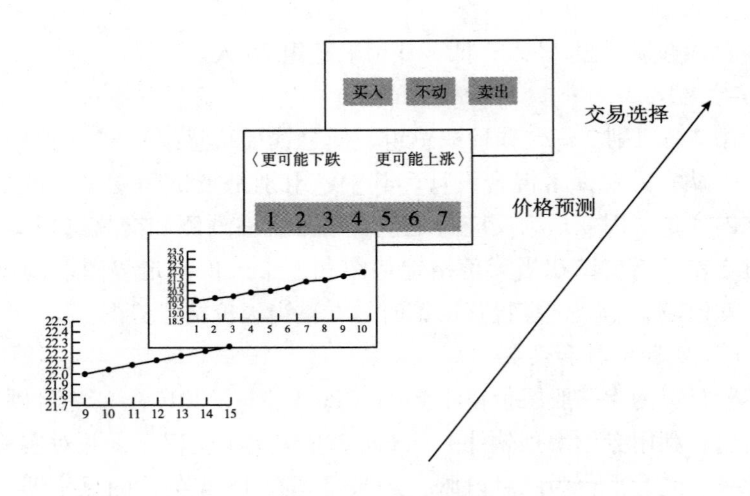

图 9-1 实验流程

三 研究结果

结果分析包括反应时之差、股票明日价格预测、股票交易选择。

表 9-7　　反应时之差（M±SD）

组别	价格走势	反应时之差
高金钱稀缺感组	上涨	1750. 45±497. 10
	下跌	233. 99±346. 64
低金钱稀缺感组	上涨	488. 88±482. 87
	下跌	-470. 6±337. 39

以组别、股票价格趋势为自变量，以反应时之差为因变量，进行重复测量方差分析，结果表明：（1）组别主效应显著，F（1，146）= 4. 83，p=0. 03，η_p^2=0. 03。高金钱稀缺感组的反应时之差显著大于低金钱稀缺感组，说明高金钱稀缺感组的被试相比于低金钱稀缺感组更看重当日股票价格走势，表现出明显的短视决策偏好。（2）价格趋势主效应显著，F（1，146）= 9. 80，p=0. 002，η_p^2=0. 06。股票价格上涨时被试的反应时之差显著大于股票价格下跌时，说明当股票价格上涨时，被试更看重当日股票价格走势，表现出明显的短视决策偏好。（3）组别和价格趋势交互作用不显著，F（1，146）= 0. 50，p=0. 482，η_p^2=0. 01。

表 9-8　　　　　　　　　　股票价格预测（M±SD）

组别	价格走势	股票价格预测
高金钱稀缺感组	上涨	5.10±1.46
	下跌	2.68±1.85
低金钱稀缺感组	上涨	4.08±1.62
	下跌	3.62±2.02

以组别、价格趋势为自变量，以被试对明日价格预测情况（七点量表得分）为因变量，对数据进行重复测量方差分析，结果表明：（1）组别主效应不显著，F（1，146）= 0.075，p = 0.785，η_p^2 = 0.001。（2）价格趋势主效应显著，F（1，146）= 33.54，p<0.001，η_p^2 = 0.19。在股票价格上涨时被试预测明日价格上涨的可能性显著大于股票价格下跌时。（3）组别和价格趋势交互作用显著，F（1，146）= 15.50，p<0.001，η_p^2 = 0.10。进一步简单效应分析发现，在股票价格上涨水平上，组别的简单效应显著，F（1，146）= 16.00，p<0.001，高金钱稀缺感组的被试预测明日价格上涨的可能性显著大于低金钱稀缺感组被试；在股票价格下跌水平上，F（1，146）= 8.64，p = 0.004，高金钱稀缺感组的被试预测明日价格上涨的可能性显著小于低金钱稀缺感组被试（如图 9-2 所示）。以上结果说明，高金钱稀缺感组的被试预测出趋势变化反转的可能性比低金钱稀缺感组的被试更小，更难意识到未来变化，表现出明显的短视决策偏好。

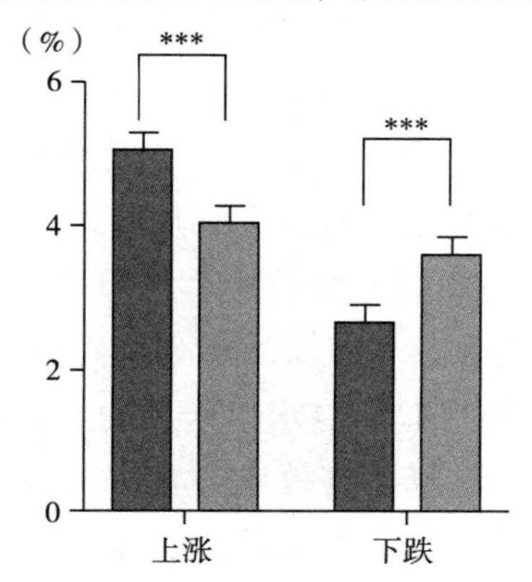

图 9-2　明日价格预测

注：** p<0.01；*** p<0.001。

表 9-9　　股票交易选择（下跌时）

组别	合计	买入（%）	不动（%）	卖出（%）	χ^2 值	p 值
高金钱稀缺感组	72	21（29.2）	23（31.9）	28（38.9）	8.385	0.015
低金钱稀缺感组	76	35（46.1）	27（35.5）	14（18.4）		

以组别为因变量，对数据进行卡方检验，结果发现：（1）股票价格上涨时，两组被试的股票买入率不存在显著统计差异，$\chi^2=1.655$，$p=0.437$。（2）股票价格下跌时，两组被试的股票卖出率存在统计差异，$\chi^2=8.385$，$p=0.015$。高金钱稀缺感组被试的股票卖出率（38.9%）显著大于低金钱稀缺感组被试（18.4%）。以上结果说明，高金钱稀缺感组的被试更容易杀跌，表现出明显的短视决策偏好。

四　分析与讨论

本书对家庭资产选择财富效应的心理机制进行了探讨。以上结果显示高金钱稀缺感组被试更看重短期股票价格走势，更难预测出未来趋势变化，更容易杀跌。这说明高金钱稀缺感组被试在进行投资决策时局限于当下，很少考虑长远发展，关注当前利益，拒绝承担风险，表现出短视决策偏好。这可能是由于高金钱稀缺感的被试，注意力集中在最迫切的需要上，稀缺心态影响其认知带宽，从而形成短视（Haushofer & Fehr，2014）。这也证实了稀缺理论的观点，稀缺心态会导致人们无法做出恰当的经济决策——放弃长远利益追求即时满足，拒绝承担风险寻求确定收益（Shah et al.，2012；Mullainathan & Shafir，2013；Chemin et al.，2013）。值得注意的是，在股票交易选择中，股票价格上涨时，高金钱稀缺感组的买入率与低金钱稀缺感组并没有显著差异。也就是说，高金钱稀缺感被试虽然更容易杀跌但并没有更容易追涨。这与假设不太一致。这可能是因为无论什么条件下继续买入股票都存在一定损失风险，而稀缺感高被试往往拒绝承担风险，寻求确定收益，所以不愿意继续买入。实验结果揭示了家庭资产选择财富效应的心理机制，即家庭资产选择财富效应的本质并不在于钱多钱少的问题，也就是说低收入家庭之所以更倾向于低风险低收益的资产，并不是简单的缺少金钱，而是由于长时间处在金钱缺乏的环境中，形成金钱稀缺心态导致其短视而无法做出合理的投资决策。

第三节　打破家庭资产选择财富效应的可能路径

由第一节的内容可知，拥有资源的多寡是导致家庭收入高低的深层原因。而随着家庭财富的增加，又会获得更多金融资源和社会资源，并带来更多财富。这就出现了一个“鸡生蛋还是蛋生鸡”的问题。资源真的是决定财富的最重要变量吗？第二节的内容提示我们，真正决定家庭资产选择的关键变量不是钱多钱少的问题，而是内心的稀缺感高低。发现稀缺感越高的个体，在投资决策中越表现出短视偏好。如何才能克服个体的短视偏好呢？我们推测教育或全局观可有效克服短视偏好，并打破财富效应，本节内容试图验证这一推测。

一　研究目的与假设

（一）研究目的

本书主要探究教育和训练对投资者投资决策的影响，从而找到家庭资产选择中“财富效应”的打破路径。

（二）研究假设

研究假设受过教育和训练的被试更看重近十天价格走势，更容易预测到未来走势变化，更不会追涨杀跌，表现出长视决策偏好。

二　研究方法

（一）被试

根据 GPower 软件计算，至少需要被试 36 名（effect size f＝0.2，A-manda et al.，2017，Power＝0.8）。本书的被试均为第二节中高金钱稀缺感组的被试，愿意继续参加实验的共 50 名。男 20 名，女 30 名，年龄在 19—28 岁之间，平均年龄为 22.46±1.88。对被试进行随机分组，实验组、对照组各 25 人。

（二）实验设计

采用 2（组别：实验组、对照组）×2（价格走势：上涨、下跌）的二因素混合设计，其中，组别是被试间变量，价格走势是被试内变量。因变量为反应时之差、明日价格预测和交易选择，其中，反应时之差是指被试在当天价格走势图和近十天价格走势图上的反应时差值，差值越大，被试在投资决策时越看重当天价格走势图。

（三）实验材料和设备

实验材料1为两篇阅读材料，一篇为全局观材料，另一篇为无关材料。实验材料2为4张股票价格走势图。实验材料的颜色为白色，利用专用编程软件 E-prime 2.0 编制实验程序，并对实验数据加以记录。运行平台为三星电脑，刺激呈现在15.6英寸的显示器上，屏幕分辨率1366×768 pixel，刷新频率为85Hz。实验过程中保证无其他噪音的干扰，保持一个安静的环境，程序自动记录被试的反应时和选择。

（四）实验程序

首先对实验组被试进行教育和训练，向实验组被试呈现一段关于全局观的阅读材料，请被试认真阅读，阅读完毕后，对被试理解情况进行检测：请被试向主试概括从材料中学到的道理，确保被试完全理解其中道理后进入实验。向对照组被试呈现一段无关材料，请被试阅读。

完毕后进入正式实验。向被试详细说明操作方法，指导语为："假设你现在处在真实的股票交易市场，目前持有A、D两只股票，现在向你提供每只股票当天价格走势图以及近十天价格走势图供你参考，参考完毕后，请你预测每只股票明日的价格走势并对下一步如何交易做出选择！"确保被试完全理解后开始实验。

实验程序用E-prime软件编写，使用计算机呈现实验刺激（如图9-3所示）。首先呈现股票A的实验要求，然后依次呈现股票A的当日价格走

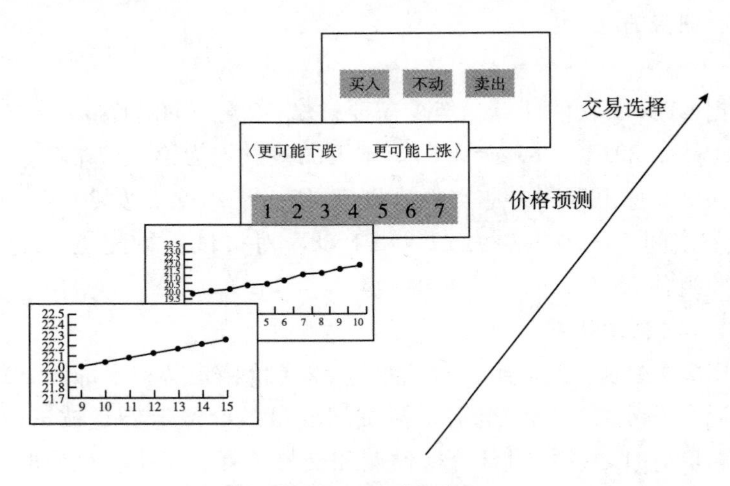

图9-3 实验流程

势图和近十天价格走势图，请被试查看，记录下被试在各走势图上的反应时。完毕后，呈现数字1—7，1代表更可能下跌，7代表更可能上涨，请被试选择并点击对应的数字键。最后请被试对股票下一步如何交易做出选择：继续买入、保持不动、卖出。股票A任务完成后，继续股票D任务，股票D与股票A实验条件不同，任务内容一致。

三 研究结果

结果分析包括反应时之差、股票价格预测得分和股票交易选择。

表9-10 反应时之差（M±SD）

组别	价格走势	反应时之差
实验组	上涨	-11263.72±44140.06
	下跌	-7383.92±13015.14
对照组	上涨	1616.08±3407.66
	下跌	1715.04±1924.16

以组别、股票价格趋势为自变量，以反应时之差为因变量，进行重复测量方差分析，结果表明：（1）组别主效应显著，F（1，48）=4.48，p=0.039，$\eta_p^2=0.09$。实验组的反应时之差显著小于对照组，说明实验组的被试相比于对照组更看重近十天股票价格走势，表现出明显的长视决策偏好。（2）价格趋势主效应不显著，F（1，48）=0.25，p=0.618，$\eta_p^2=0.01$。（3）组别和价格趋势交互作用不显著，F（1，48）=0.23，p=0.636，$\eta_p^2=0.01$。

表9-11 股票价格预测（M±SD）

组别	价格走势	股票价格预测
实验组	上涨	5.00±1.53
	下跌	4.04±1.93
对照组	上涨	6.04±0.89
	下跌	2.40±1.15

以组别、价格趋势为自变量，以被试对明日价格预测情况（七点量表得分）为因变量，进行重复测量方差分析，结果表明：（1）组别主效

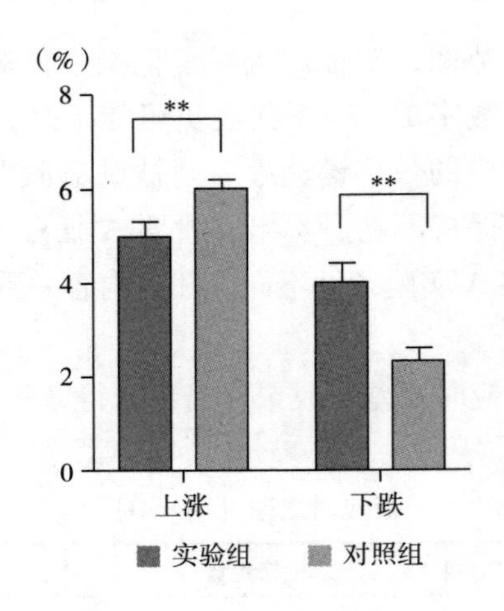

图 9-4　明日价格预测

注：** p<0.01。

应不显著，F（1，48）= 2.66，p=0.109，$\eta_p^2=0.05$。（2）价格趋势主效应显著，F（1，48）= 40.86，p<0.001，$\eta_p^2=0.46$。在股票价格上涨时被试预测明日价格上涨的可能性显著大于股票价格下跌时。（3）组别和趋势交互作用显著，F（1，48）= 13.87，p=0.001，$\eta_p^2=0.22$。进一步简单效应分析发现，在股票价格上涨水平上，组别的简单效应显著，F（1，48）= 8.66，p=0.005，实验组的被试预测明日价格上涨的可能性显著小于对照组被试；在股票价格下跌水平上，F（1，48）= 13.34，p=0.001，实验组的被试预测明日价格上涨的可能性显著大于对照组被试。以上结果说明，实验组的被试预测出股票趋势变化反转的可能性比对照组的被试更大，更能意识到未来变化，表现出明显的长视决策偏好。

表 9-12　　股票交易选择（下跌时）

组别	合计（人）	买入（%）	不动（%）	χ^2 值	p 值
实验组	25	15（60）	5（20）	6.465	0.039
对照组	25	7（28）	5（20）		

以股票交易选择为因变量，对数据进行卡方检验，结果表明：（1）在股票价格上涨时，两组被试的股票买入率不存在明显统计差异，

$\chi^2=2.982$，$p=0.225$。（2）在股票价格下跌时，两组被试的股票卖出率存在统计差异，$\chi^2=6.465$，$p=0.039$。实验组被试的股票卖出率（20%）显著小于对照组被试（52%）。以上结果说明，实验组的被试更不会杀跌，表现出明显的长视决策偏好。教育和训练对股票投资意义重大，能显著降低被试杀跌的概率。

四　分析与讨论

本书对家庭资产选择财富效应的打破路径进行了探讨研究。以上结果表明实验组被试更看重长期走势，更能预测出未来走势变化，更不容易杀跌。研究假设得到了支持。也就是说，实验组被试在接受教育以后，在进行投资决策时不再局限于当下情境，而是考虑长远发展，关注长期利益，表现出长视决策偏好。这说明教育对改变稀缺带来的短视有重要影响，使高金钱稀缺感的低收入群体在投资决策中开始将目光放长远，不过度关注当下，注重长远利益。这给我们一种启示，只有持续不断地接受教育，才能改变稀缺带来的短视，做出合理的投资决策，从而打破家庭资产选择财富效应。

第十章　结论、政策建议与展望

第一节　结论

其一，关于投资决策的研究大致可根据“无限理性”和“有限理性”假设分为两类。传统经济学领域的投资决策理论一直秉承“无限理性”理念，追求投资决策中的最优解。而心理学领域及行为科学领域认为人是“有限理性”的，并基于行为实验，证明人类的真实决策是追求心理满意解。近年来“有限理性”的相关理论因更接近人类决策的实际而逐步成为投资决策领域的主流理论，其中有影响的理论有：预期理论、心理账户理论、稀缺理论和行为资产组合模型等。

其二，农民、被征地农民和市民的家庭资产选择表现出不同特点。农民的家庭资产选择的典型特点是“求稳”，银行存款等低风险的稳健型资产的参与率和占比均较高。被征地农民的家庭资产选择表现出“求稳与冒险”并存的特点，银行存款仍是其主要资产形式，但同时彩票资产的参与率明显高于农民和市民。市民的家庭资产选择的典型特点是“多变”，受环境影响较大，随着近年来经济的波动，市民在风险型金融资产的参与率和参与占比上均有所下降。房产投资是市民的主要投资方式。房产投资对风险型金融资产有明显的“挤出效应”。股票投资是市民金融资产的主要方式，占金融资产的52%。三类居民的家庭资产选择还有很多共同点，表现为都存在明显的生命周期效应、羊群效应和财富效应。

其三，农民、被征地农民和市民的家庭资产选择的影响因素亦有差异。年龄和性别负向影响农民的家庭资产选择参与和占比，即年龄越大，女性群体更倾向于低风险的稳健型资产。受教育程度、家庭财富和收入等正向影响农民的家庭资产选择参与和占比。被征地农民家庭资产选择参与的影响因素中，因资产选择类型的不同而不同，受教育程度对低风险金融资产选择参与有正向预测作用，即受教育程度越高的城郊被征地农民，银行存款投资参与率越高；投资风险偏好和金融知识对不同高风险金融资产均有极为显著的预测作用，投资风险偏好越高的被征地农民，高风险金融资产参与率越高；受教育程度和金融知识均对低风险金融资产有显著的负向预测作用，金融知识正向预测股票投资占比，负向预测彩票投资占比；受教育程度越高的被征地农民，在生产经营资产占比和黄金等重金属资产占比中具有越高的比例。市民家庭资产选择的金融资产占比（金融资产/总资产）受家庭规模因素、风险偏好因素和金融认知水平的显著影响。性别、年龄、学历与健康状况同样是影响其配置风险性金融资产的重要因素，其中健康状况越好的居民，其配置风险性金融资产的可能性越高，当女性决定家庭话语权、户主年龄越大或学历越高的家庭，不仅配置风险性金融资产的可能性更高，配置的比例（风险性金融资产/总金融资产）也更多。另外，参与保险的家庭也表现出对配置风险性金融资产的显著正向影响。同时，收入状况也表现出显著的正向影响，这也说明收入越高的家庭，对风险的接受度也越强。

其四，三类居民家庭资产选择的心理机制类似。因被征地农民的家庭资产选择兼有市民和农民特征，因此以被征地农民为被试，通过行为实验发现，当被征地农民对某部分钱产生积极情绪或认为是意外之财时，更倾向于冒险并进行风险投资；当对某部分钱产生消极情绪，或认为是常规收入时，则倾向于保守并进行稳健性投资。对被征地农民家庭资产选择中“羊群效应”的心理机制进行实验研究，结果表明，被征地农民和市民在暗示条件下的风险投资意愿显著高于无暗示条件，表现出明显的羊群效应。投资能力在家庭资产选择与羊群效应间起调节作用。高投资能力个体的风险投资意愿不受他人暗示的影响；但低投资能力者表现出相反趋势，他们的风险投资意愿在暗示条件下显著高于无暗示条件。

其五，三类居民家庭资产选择的财富效应表现不同。农民家庭资产的财富效应主要表现在消费上，家庭资产中配置储蓄、股票、商品房和商业保险的规模对其家庭消费支出均具有显著的促进作用，且各种资产对消费的影响作用有明显的地区差异。被征地农民家庭资产选择的财富效应体现在生产经营性资产和银行存款上，富裕农民家庭生产经营性资产占比显著高于贫穷农民家庭，低风险银行存款显著低于贫穷农民家庭。

市民家庭资产选择的财富效应体现在风险性金融资产上，富裕市民风险性金融资产占比显著高于贫穷市民。同时财富与幸福并非一一对应的关系，被征地农民存在更为明显的“幸福悖论”，其主观幸福感显著低于被征地前且显著低于农民和市民；其中收入公平感是影响被征地农民幸福感的关键变量。产生收入不公平感的原因有三，一是比较的“多参照点”产生“嫉妒效应”（jealousy effect）或“地位效应”；二是对土地的强“禀赋效应”产生高损失感；三是土地的不可替代性和保障缺失产生低安全感。

其六，金融资源和社会资源对三类居民有不同影响。金融资源与社会资源显著正向影响农民收入，即金融资源和社会资源越丰富的农民，家庭收入也越高；社会资源在金融资源和农民家庭收入之间起调节作用，当农民家庭社会资源较高时，其家庭人均收入随着金融资源的增长而大幅提高，当农民家庭社会资源较低时，其家庭人均收入却不受金融资源的影响。社会资源对被征地农民家庭收入有显著的正向影响，社会资源越多的被征地农民，家庭人均收入也越高。金融资源对被征地农民家庭收入的影响不显著，两者的交互作用不显著。金融资源对市民家庭收入有显著的正向影响，金融资源越多的市民，其家庭人均收入也越高，但社会资源对市民家庭收入的影响不显著。

其七，投资风险偏好和稀缺感是家庭资产选择财富效应的心理机制。基于被征地农民的研究发现，他们被征地前、后的投资比例没有显著变化，说明被试并不是有钱了才投资；而被征地农民高收入家庭财产性收入显著高于低收入家庭财产性收入，说明他们是投资了才有钱。贫穷被征地农民的投资风险偏好显著低于富裕被征地农民的投资风险偏好，即贫穷被征地农民偏好保守，富裕被征地农民偏好冒险，风险偏好在财富与风险投资中起部分中介作用；贫穷被征地农民的金钱稀缺感显著高于富裕被征地农民，贫穷被征地农民比富裕被征地农民感觉更缺钱；金钱稀缺感在财富与风险投资偏好间起部分中介作用。

其八，教育或是家庭资产选择财富效应的打破路径。基于被征地农民的研究发现，收入来源不同是导致财富效应的直接原因，高收入者的非农生产经营和财产性收入占比显著高于低收入者，但高收入者的农业生产经营和劳务所得占比显著低于低收入者。社会资源和经济资源越丰富的被征地农民，越容易获得非农生产经营机会，越会合理投资取得财产性收入。那么什么因素会影响社会资源和经济资源的获得呢？行为实验的研究表明，高金钱稀缺感组被试更看重短期股票价格走势，更难预测出未来趋势变化，更容易杀跌。这说明高金钱稀缺感组被试在进行投资决策时局限于当下，很少考虑长远发展，关注当前利益，拒绝承担风险，表现出短视决策偏好，因此难以获得社会资源和金融资源。当向被试呈现全局观的信息，进行一定时间的教育后，他们进行投资决策时不再局限于当下情境，而是考虑长远发展，关注长期利益，表现出长视决策偏好。这说明教育对改变稀缺带来的短视偏好有积极的纠偏作用，从而为打破家庭资产选择财富效应提供可能。

第二节　政策建议

第一，提高三类居民的受教育水平。对农民、被征地农民和市民家庭资产选择的研究均表明受教育程度正向预测风险性金融资产的参与率和占比，且财产性收入的高低是被征地农民或市民贫富的关键。因此提高所有居民的受教育水平，有利于所有居民理性参与金融市场，获得财产性收入，并缩小收入差距。

第二，提高三类居民的金融素养。研究表明金融知识正向预测风险性金融资产的参与率和占比，意味着金融知识越多的居民越会主动参与风险性金融市场，因此应通过各种途径向市民普及基本金融知识，并介绍不同家庭资产选择的风险与获益，引导居民进行合理投资。

第三，抑制房产投资对金融资产的负面影响。房产投资对风险性金融资产有明显的“挤出效应”，但房子并不能创造价值，过多资金投入房产，必然影响整个金融市场的健康发展。因此强调房产的居住功能，并适度引导或宣传风险性金融资产，提高居民对风险性金融市场的投资比例。

第四，对农民和被征地农民进行心理账户教育。大多数农民缺乏资金管理经验，一旦有钱，就很容易陷入过度消费或攀比性消费而使资产缩水。应引导农民把更多财富投入社会保障而非消费，这样能避免很多农民因不合理消费而出现返贫现象。针对被征地农民而言，建议土地补偿金分类别发放，使其产生不同心理账户，进而引导他们进行适度高风险金融资产和高风险实物资产投资，获得财产性收入。

第五，引导农民和被征地农民进行理性投资，适度控制其彩票和股票投资占比。由于股票投资需要相对较高的金融知识，而大多数农民和被征地农民恰恰缺乏金融知识，因此并不适合做股票投资。彩票投资更是极高高风险且小概率收益的投资方式，从理性投资的视角，也不适合收入不稳定的农民和被征地农民。但由于农民和被征地农民普遍存在侥幸心理和赌博心态，彩票投资参与率仍然较高，更有甚者因彩票类投资而使家庭资产大幅缩水，因此作为当地政府应适当对其进行引导，避免非理性投资的过度泛滥。

第六，根据农民和被征地农民的投资能力，分类别进行资金管理引导。农民和被征地农民间的个体差异非常明显，那些由“暴富”很快变为“赤贫”的农民和被征地农民，往往是非理性的、敢冒险且投资能力差的个体。为避免这类居民的财产损失，建议对他们进行适当引导，引导他们把资金委托给有能力的机构代为管理。

第七，通过互联网为所有居民提供丰富的金融教育。通过教育帮助有金钱稀缺感的个体摆脱稀缺心态，树立长远视角，理性参与风险性金融市场，才能获得稳定的财产性收入。

第三节　研究展望

第一，财富效应的神经机制有待深入研究。本书通过行为实验揭示了“财富效应”的内在心理机制，但对财富效应的其他因素考虑不足，如社会环境、政策因素、个体差异的影响，尤其是财富效应的神经机制更能揭示个体决策时的思考路径，为提供更具针对性的引导建议提供科学依据。这些方向都有待后续研究进行深入探讨。

第二，彩票投资的心理机制有待深入研究。本书结果表明，被征地农民在彩票投资参与率和占比上均高于一般市民，为什么被征地农民对彩票情有独钟？哪些因素影响他们的彩票投资，都是值得深入研究的课题。

第三，家庭资产选择收益及影响因素研究是未来的研究方向。本书仅对农民、被征地农民和市民的家庭资产选择现状、影响因素及心理机制进行了深入研究，但没有涉及家庭资产选择收益问题及收益的影响因素，这一课题的探讨将有助于我们更好地解决三类居民家庭资产选择中存在的资金闲置、非理性投资等现象，更有利于引导不同居民做出适合自己家庭的资产选择。

第四，家庭资产选择财富效应的打破路径需要更深入、更系统的研究。本书通过系列行为实验提示教育或是打破家庭资产选择财富效应的有效路径，但因为涉及的变量少、周期短且被试有局限（非真实金融市场参与者）等方面都会影响结果的可靠性，将来可深入系统地研究家庭资产选择的财富效应，为居民的财富升级提供更科学的实证依据。

参考文献

中文文献

巴曙松、张兢、朱雨彤：《新市民金融服务助力实现共同富裕》，《现代金融导刊》2022年第11期。

白钦先：《金融可持续发展理论研究导论》，中国金融出版社2000年版。

鲍海君、吴次芳：《论失地农民社会保障体系建设》，《管理世界》2002年第10期。

边燕杰、张文宏：《经济体制、社会网络与职业流动》，《中国社会科学》2001年第2期。

曹大宇：《环境质量与居民生活满意度的实证分析》，《统计与决策》2021年第21期。

柴时军：《社会网络、年龄结构对家庭金融资产选择的影响》，博士学位论文，暨南大学，2016年。

柴时军：《社会资本与家庭投资组合有效性》，《中国经济问题》2017年第4期。

常进雄：《城市化进程中失地农民合理利益保障研究》，《中国软科学》2004年第3期。

陈国进、姚佳：《家庭风险性金融资产投资影响因素分析——基于美国SCF数据库的实证研究》，《金融与经济》2009年第7期。

陈华、孙忠琦：《金融发展缓解了收入不平等和贫困吗？——基于省区面板数据的实证研究》，《上海金融》2017年第11期。

陈瑾瑜、罗荷花：《数字金融、金融素养与居民家庭金融资产选择》，《武汉金融》2022年第2期。

陈瑾瑜：《我国家庭金融资产选择现状及优化对策研究》，《市场周刊》2020年第5期。

陈强、叶阿忠：《股市收益、收益波动与中国城镇居民消费行为》，《经济学（季刊）》2009年第3期。

陈然：《金融发展对城镇居民财产性收入影响的区域比较研究》，硕士学位论文，福建师范大学，2017年。

陈伟、陈淮：《基于生命周期理论的房地产财富效应之实证分析》，《管理学报》2013年第12期。

陈晓宏：《失地农民创业的主体性、现实路径及对策研究》，《中共福建省委党校学报》2005年第12期。

陈信勇、蓝邓骏：《失地农民社会保障的制度建构》，《中国软科学》2004年第3期。

陈彦斌、邱哲圣：《高房价如何影响居民储蓄率和财产不平等》，《经济研究》2011年第10期。

陈志武、何石军、林展、彭凯翔：《清代妻妾价格研究——传统社会里女性如何被用作避险资产?》，《经济学（季刊）》2019年第1期。

陈治国、陈俭、李成友：《流动性偏好对农民家庭福利的冲击效应——基于CHIP数据的实证研究》，《财经论丛》2021年第1期。

成党伟：《家庭金融资产结构对农民家庭消费的影响研究——基于CHFS数据的实证分析》，《西安财经学院学报》2019年第5期。

成得礼：《对中国城中村发展问题的再思考——基于失地农民可持续生计的角度》，《城市发展研究》2008年第3期。

程欣炜、林乐芬：《经济资本、社会资本和文化资本代际传承对农业转移人口金融市民化影响研究》，《农业经济问题》2017年第6期。

迟巍、蔡许许：《城镇居民财产性收入与贫富差距的实证分析》，《数量经济技术经济研究》2012年第2期。

邓汉慧、张子刚：《西蒙的有限理性研究综述》，《中国地质大学学报》（社会科学版）2004年第6期。

丁志国、苏治、杜晓宇、李晓周：《决策黑箱：现代投资决策理论新探》，《社会科学》2007年第8期。

董晓林、徐虹：《我国农村金融排斥影响因素的实证分析——基于县域金融机构网点分布的视角》，《金融研究》2012年第9期。

杜明月、杨国歌：《中国股市财富效应对城镇居民消费的影响》，《石家庄铁道大学学报》（社会科学版）2019年第4期。

段军山、崔蒙雪：《信贷约束、风险态度与家庭资产选择》，《统计研究》2006 年第 6 期。

费舒澜：《禀赋差异还是分配不公？——基于财产及财产性收入城乡差距的分布分解》，《农业经济问题》2017 年第 5 期。

冯振东：《城市化进程中失地农民可持续生计研究》，硕士学位论文，西北大学，2007 年。

付畅俭、阙晓宇：《社会网络、经济发展与农村医疗经济风险——基于中国家庭追踪调查（CFPS）数据的经验分析》，《湘潭大学学报》（哲学社会科学版）2017 年第 2 期。

付琼、马澜芯、胡江林：《社会资本对农村家庭金融资产配置的影响研究》，《经济纵横》2022 年第 7 期。

傅允生：《资源禀赋与专业化产业区生成》，《经济学家》2005 年第 1 期。

甘犁、尹志超、贾男、徐舒、马双：《中国家庭资产状况及住房需求分析》，《金融研究》2013 年第 4 期。

高春亮、周晓艳：《34 个城市的住宅财富效应：基于 panel data 的实证研究》，《南开经济研究》2007 年第 1 期。

高梦滔、姚洋：《农民家庭收入差距的微观基础：物质资本还是人力资本?》，《经济研究》2006 年第 12 期。

高尚全：《政府转型与社会再分配——“十一五”期间要着力解决困难群体的社会保障问题》，《今日海南》2006 年第 1 期。

高勇：《城市化进程中失地农民问题探讨》，《经济学家》2004 年第 1 期。

葛蒙豪：《中美两国股票市场羊群效应的差异研究》，硕士学位论文，苏州大学，2013 年。

葛永明：《在农村工业化、城市化进程中必须高度重视和关心“失土农民”》，《调研世界》2002 年第 3 期。

关宏超：《如何构建失地农民创业的金融支持体系》，《浙江金融》2007 年第 7 期。

郭峰、冉茂盛、胡媛媛：《中国股市财富效应的协整分析与误差修正模型》，《金融与经济》2005 年第 2 期。

郭建军：《现阶段我国农民收入增长特征、面临的矛盾和对策》，《中国农村经济》2001 年第 6 期。

韩立岩、杜春越：《城镇家庭消费金融效应的地区差异研究》，《经济研究》2011 年第 S1 期。

韩伟、李一博：《我国居民生活质量与公共支出相关性研究》，《开发研究》2009 年第 4 期。

韩喜平、金运：《中国农村金融信用担保体系构建》，《农业经济问题》2014 年第 3 期。

韩雪莲：《农村家庭金融资产配置影响因素研究》，硕士学位论文，贵州大学，2022 年。

韩志新：《可持续生计视角下的失地农民创业研究》，博士学位论文，天津大学，2009 年。

何广文：《处理好金融发展与经济发展的关系》，《经济研究参考》2002 年第 7 期。

何立新、封进、佐藤宏：《养老保险改革对家庭储蓄率的影响：中国的经验证据》，《经济研究》2008 年第 10 期。

何立新、潘春阳：《破解中国的“Easterlin 悖论”：收入差距、机会不均与居民幸福感》，《管理世界》2011 年第 8 期。

何丽芬、吴卫星、徐芊：《中国家庭负债状况、结构及其影响因素分析》，《华中师范大学学报》（人文社会科学版）2012 年第 1 期。

何维、王小华：《家庭金融资产选择及影响因素研究进展》，《金融评论》2021 年第 1 期。

何兴强、李涛：《社会互动、社会资本和商业保险购买》，《金融研究》2009 年第 2 期。

何秀红、戴光辉：《收入和流动性风险约束下家庭金融资产选择的实证研究》，《南方经济》2007 年第 10 期。

贺茂斌、杨晓维：《收入差距和社会资本对城镇家庭风险金融市场参与的影响》，《统计与决策》2020 年第 18 期。

贺园：《农村信用社职工素质与人才的选拔培养研究》，《品牌研究》2018 年第 6 期。

洪正：《新型农村金融机构改革可行吗？——基于监督效率视角的分析》，《经济研究》2011 年第 2 期。

侯志阳：《社会资本与农民的生活质量研究》，《华侨大学学报》（哲学社会科学版）2010 年第 3 期。

胡枫、陈玉宇：《社会网络与农民家庭借贷行为——来自中国家庭动态跟踪调查（CFPS）的证据》，《金融研究》2012 年第 12 期。

胡宏伟、唐莉：《土地保障与失地农民补偿模式分析》，《统计与决策》2005 年第 18 期。

胡振、王亚平、石宝峰：《金融素养会影响家庭金融资产组合多样性吗?》，《投资研究》2018 年第 3 期。

胡振、臧日宏：《风险态度、金融教育与家庭金融资产选择》，《商业经济与管理》2016 年第 8 期。

胡振、臧日宏：《收入风险、金融教育与家庭金融市场参与》，《统计研究》2016 年第 12 期。

黄河：《我国项目失地农民可持续生计对策研究》，《中共贵州省委党校学报》2005 年第 6 期。

黄建伟、刘典文、喻洁：《失地农民可持续生计的理论模型研究》，《农村经济》2009 年第 10 期。

黄建伟：《失地农民可持续生计问题研究综述》，《中国土地科学》2011 年第 6 期。

黄建伟、喻洁：《我国失地农民的社会资本研究——基于七省一市的实地调查》，《农村经济》2010 年第 12 期。

黄静、屠梅曾：《房地产财富与消费：来自于家庭微观调查数据的证据》，《管理世界》2009 年第 7 期。

黄林秀、唐宁：《城市化对农村居民生活质量影响的实证研究——以城乡综合配套改革试验区重庆为例》，《西南大学学报》（社会科学版）2011 年第 2 期。

黄锫坚：《土地换保障：失地农民的可行出路》，《经济观察报》2004 年 6 月 28 日。

黄有光：《黄有光看世界——经济与社会》，经济科学出版社 2005 年版。

姜树博：《金融资源：理论与经验研究》，博士学位论文，辽宁大学，2009 年。

蒋乃华、黄春燕：《人力资本、社会资本与农民家庭工资性收入——来自扬州的实证》，《农业经济问题》2006 年第 11 期。

焦璇琨：《家庭金融资产配置影响因素研究》，硕士学位论文，河北地质大学，2020 年。

金梦媛、杨杰：《居民家庭风险金融资产选择的影响因素研究——来自中国金融调查（CHFS）数据的经验证据》，《时代金融》2019 年第 5 期。

金小琴：《新时期失地农民权益保障研究——基于 112 个农民家庭的实地调查》，《农村经济与科技》2004 年第 11 期。

孔娜娜：《城市社会资源引入与制度系统兼容：失地农民市民化的基本逻辑——以宁波市江东区失地农民集中安置社区为分析对象》，《社会主义研究》2010 年第 1 期。

孔祥智、王志强：《我国城镇化进程中失地农民的补偿》，《经济理论与经济管理》2004 年第 5 期。

况伟大：《房地产投资、房地产信贷与中国经济增长》，《经济理论与经济管理》2011 年第 1 期。

蓝嘉俊、杜鹏程、吴泓苇：《家庭人口结构与风险资产选择——基于 2013 年 CHFS 的实证研究》，《国际金融研究》2018 年第 11 期。

雷晓燕、周月刚：《中国家庭的资产组合选择：健康状况与风险偏好》，《金融研究》2010 年第 1 期。

李爱梅、李斌、许华、李伏岭、张耀辉、梁竹苑：《心理账户的认知标签与情绪标签对消费决策行为的影响》，《心理学报》2014 年第 7 期。

李爱梅、凌文辁、方俐洛：《财富来源影响资金支配结构——心理账户的分析视角》，《中国管理研究国际学会第二届年会论文》2006 年。

李爱梅、凌文辁：《心理账户：理论与应用启示》，《心理科学进展》2007 年第 5 期。

李爱梅：《心理账户与非理性经济决策行为》，经济科学出版社 2007 年版。

李昂、廖俊平：《社会养老保险与我国城镇家庭风险金融资产配置行为》，《中国社会科学院研究生院学报》2016 年第 6 期。

李斌、汤秋芬：《从“迷茫性脱嵌”到“分化性嵌入”：社会工作助推失地农民就业的研究》，《湖南大学学报》（社会科学版）2018 年第 6 期。

李成友、李蓓蓓、李晓、刘梦珣：《新型城镇化下山东省失地农民家庭资产配置影响因素研究》，《经济动态与评论》2019 年第 2 期。

李成友、孙涛、李庆海：《需求和供给型信贷配给交互作用下农民家庭福利水平研究——基于广义倾向得分匹配法的分析》，《农业技术经济》2019 年第 1 期。

李磊、刘斌：《预期对我国城镇居民主观幸福感的影响》，《南开经济研究》2012 年第 4 期。

李凌方、王冰：《我国征地利益冲突的发生机理与对策探析——以湖北 H 开发区为例》，《中国房地产》2018 年第 33 期。

李敏：《全面建设小康社会进程中云南农村人口脱贫致富研讨》，《中共云南省委党校学报》2003 年第 6 期。

李庆余、周桂银：《美国现代化道路》，人民出版社 1994 年版。

李淑萍：《关于失地农民土地补偿金的使用与失地农民社会保障问题的探讨》，《北方经济》2011 年第 8 期。

李涛、陈斌开：《家庭固定资产、财富效应与居民消费：来自中国城镇家庭的经验证据》，《经济研究》2014 年第 3 期。

李涛、郭杰：《风险态度与股票投资》，《经济研究》2009 年第 2 期。

李涛：《社会互动、信任与股市参与》，《经济研究》2006 年第 1 期。

李祥兴：《失地农民创业的制约因素及其对策》，《山东科技大学学报》（社会科学版）2007 年第 1 期。

李小建等：《不同环境下农民家庭自主发展能力对收入增长的影响》，《地理学报》2009 年第 6 期。

李旭：《个体投资者羊群效应的非理性影响因素研究》，硕士学位论文，南京航空航天大学，2006 年。

李岩：《失地农民家庭资产选择中的“财富效应”及其心理机制研究》，《农村金融研究》2020 年第 1 期。

李岩、赵尚梅、赵翠霞：《城郊失地农民家庭资产选择的特征及其心理机制分析——基于行为经济学视角》，《中国农业大学学报》2019 年第 4 期。

李振明：《中国股市财富效应的实证分析》，《经济科学》2001 年第 3 期。

李志阳：《社会资本、村务管理对农民收入影响的实证分析——基于村级数据的研究》，《兰州学刊》2011 年第 1 期。

梁韵妍：《广东省城镇化进程中失地农民收入问题研究——基于广东省佛山、韶关等6市的调研》，《中国农业资源与区划》2016年第8期。

廖小军：《中国被征地农民研究》，社会科学文献出版社2005年版。

林靖、周铭山、董志勇：《社会保险与家庭金融风险资产投资》，《管理科学学报》2017年第2期。

刘旦：《中国城镇住宅市场财富效应分析——基于生命周期假说的宏观消费函数》，《首都经济贸易大学学报》2007年第4期。

刘海云、李改英：《可资借鉴的四种被征地农民安置模式》，《集团经济研究》2006年第4期。

刘浩、葛吉琦：《国内外土地征用制度的实践及其对我国征地制度改革的启示》，《农业经济》2002年第5期。

刘婧、郭圣乾：《可持续生计资本对农民家庭收入的影响：基于信息熵法的实证》，《统计与决策》2012年第17期。

刘猛、袁斌、贾丽静：《失地农民可持续生计研究——以大连市为例》，《城市发展研究》2009年第1期。

刘琪、李宗洙：《中国农村金融发展对农民收入增长的影响研究——基于2009—2018年数据的实证分析》，《湖北农业科学》2022年第2期。

刘倩：《社会资本对收入的作用机制——从社会资本的资源配置功能分析》，《经济问题》2017年第5期。

刘润彩：《可持续生计视野下失地农民存在的问题与路径选择》，《濮阳职业技术学院学报》2008年第4期。

刘雯：《社会资本对家庭金融资产配置的影响研究》，《调研世界》2019年第8期。

刘晓霞、汪继福：《失地农民的可持续生计问题及其对策探析》，《税务与经济》2008年第5期。

刘轶、马赢：《股价波动、可支配收入与城镇居民消费》，《消费经济》2015年第2期。

刘子操：《城市化进程中的农村社会保障问题研究》，博士学位论文，东北财经大学，2007年。

柳朝彬、陈俊：《社会网络、互联网金融与家庭风险金融资产配置》，《佳木斯职业学院学报》2020年第7期。

龙志和、周浩明：《中国城镇居民预防性储蓄实证研究》，《经济研究》2000 年第 11 期。

卢现祥:《西方新制度经济学》，中国发展出版社 1996 年版。

卢亚娟、刘澍、王家华:《人口老龄化对家庭金融资产配置的影响——基于家庭结构的视角》，《现代经济探讨》2018 年第 5 期。

卢亚娟、殷君瑶:《户主受教育程度对家庭风险性金融资产选择的影响研究》，《南京审计大学学报》2021 年第 3 期。

鲁元平、张克中:《经济增长、亲贫式支出与国民幸福》，《经济学家》2010 年第 11 期。

陆艳云、许金辉:《城市化进程中失地农民的社会保障问题》，《法制与社会》2007 年第 8 期。

路慧玲等:《社会资本对农民家庭收入的影响机理研究》，《干旱区资源与环境》2014 年第 10 期。

罗浩准、王斌:《社会资本视角下大学生就业质量影响及对策》，《西南师范大学学报》(自然科学版) 2020 年第 5 期。

罗文颖、梁建英:《金融素养与家庭风险资产投资决策——基于 CHFS 2017 年数据的实证研究》，《金融理论与实践》2020 年第 11 期。

吕航:《中国居民主观幸福感的经济学分析——收入视角的实证研究》，硕士学位论文，山东财经大学，2014 年。

吕新军、王昌宇:《社交互动、城镇化与家庭股票市场参与——基于 CFPS 数据的实证研究》，《区域金融研究》2019 年第 12 期。

马丹、郭陈莹、申琳:《普惠金融对家庭资产组合有效性的影响》，《河北金融》2021 年第 11 期。

马丹:《中国房地产泡沫与应对政策分析》，《快乐阅读》2011 年第 14 期。

马光荣、杨恩艳:《社会网络、非正规金融与创业》，《经济研究》2011 年第 3 期。

马磊、刘欣:《中国城镇居民的分配公平感研究》，《社会学研究》2010 年第 5 期。

马双、谭继军、尹志超:《中国家庭金融研究的最新进展——“中国家庭金融研究论坛”会议综述》，《经济研究》2014 年第 9 期。

米健:《中国居民主观幸福感影响因素的经济学分析》，博士学位论文，中国农业科学院，2011 年。

缪成臣、董艾轩：《城市化进程中上海失地农民问题研究》，《中国集体经济》2018 年第 35 期。

纳列什·辛格、乔纳森·吉尔曼：《让生计可持续》，《国际社会科学杂志（中文版）》2000 年第 4 期。

倪锦丽：《农村集体土地征收问题浅析》，《吉林工程技术师范学院学报》2018 年第 11 期。

聂瑞华、石洪波、米子川：《家庭资产选择行为研究评述与展望》，《经济问题》2018 年第 11 期。

宁光杰、雒蕾、齐伟：《我国转型期居民财产性收入不平等成因分析》，《经济研究》2016 年第 4 期。

潘科、朱玉碧：《现有失地农民安置方式的比较分析》，《西南农业大学学报》（社会科学版）2005 年第 2 期。

彭代彦、吴宝新：《农村内部的收入差距与农民的生活满意度》，《世界经济》2008 年第 4 期。

亓寿伟、周少甫：《收入、健康与医疗保险对老年人幸福感的影响》，《公共管理学报》2010 年第 1 期。

齐佳：《贵州省交通运输发展对农民家庭资产组合选择影响研究》，硕士学位论文，贵州财经大学，2016 年。

丘海雄、张应祥：《理性选择理论述评》，《中山大学学报》（社会科学版）1998 年第 1 期。

饶育蕾、刘达锋：《行为金融学》，上海财经大学出版社 2003 年版。

任海燕：《经济学视角下的中国幸福研究——以国外幸福经济学发展为参照》，博士学位论文，华东师范大学，2012 年。

戎爱萍：《贷款对农民家庭收入影响分析》，《经济问题》2013 年第 11 期。

邵华璐、尹开会：《金融决策的锚定效应：以农民市民化为例》，《经济视角（上旬刊）》2015 年第 11 期。

沈进：《江苏城镇家庭金融资产选择及其影响因素》，硕士学位论文，南京农业大学，2016 年。

盛潇萌：《基于可持续生计的失地农民利益补偿问题研究》，硕士学位论文，大连理工大学，2007 年。

石莉萍：《关于前景理论的理论综述》，《财务与金融》2014 年第

3 期。

史代敏、宋艳：《居民家庭金融资产选择的实证研究》，《统计研究》2005 年第 10 期。

舒建平、吴扬晖、唐文娟：《家庭人均收入与家庭金融资产配置：影响效应和异质性》，《西部论坛》2021 年第 3 期。

宋勃：《房地产市场财富效应的理论分析和中国经验的实证检验：1998—2006》，《经济科学》2007 年第 5 期。

宋建辉、孙国兴、崔凯：《失地农民收入问题研究综述》，《中国农业资源与区划》2013 年第 6 期。

宋军：《证券市场中的羊群效应研究》，复旦大学出版社 2006 年版。

宋磊：《城镇居民金融资产配置影响因素及其财富效应研究》，博士学位论文，西南财经大学，2022 年。

宋明岷：《失地农民"土地换保障"模式评析》，《福建论坛》（人文社会科学版）2007 年第 7 期。

宋青锋、左尔钊：《试论失地农民的社会保障问题》，《农村经济》2005 年第 5 期。

苏治：《理性与非理性的博弈——现代投资决策理论的演进》，《求是学刊》2011 年第 4 期。

孙若梅：《小额信贷与农民收入》，中国经济出版社 2006 年版。

孙绪民、周森林：《论我国失地农民的可持续生计》，《理论探讨》2007 年第 5 期。

谭浩：《中国中等收入群体资产选择行为与家庭投资组合研究》，博士学位论文，对外经济贸易大学，2018 年。

谭松涛、陈玉宇：《投资经验能够改善股民的收益状况吗——基于股民交易记录数据的研究》，《金融研究》2012 年第 5 期。

谭燕芝：《农村金融发展与农民收入增长之关系的实证分析：1978—2007》，《上海经济研究》2009 年第 4 期。

唐珺、朱启贵：《宏观经济政策中的跨期权衡——2006 年诺贝尔经济学奖得主的学术思想及其启示》，《数量经济技术经济研究》2007 年第 4 期。

陶然、徐志刚：《城市化、农地制度与迁移人口社会保障——一个转轨中发展的大国视角与政策选择》，《经济研究》2005 年第 12 期。

陶亦伟:《江苏省农村家庭资产配置状况调查与问题分析——以南京农村地区为例》,《当代经济》2017 年第 30 期。

田庆刚、冉光和、秦红松、王定祥:《农村家庭资产金融价值转化及影响因素分析——基于重庆市 1046 户农民家庭的调查数据》,《中国农村经济》2016 年第 3 期。

万朝林:《失地农民权益流失与保障》,《经济体制改革》2003 年第 6 期。

汪祚军、李纾:《整合模型还是占优启发式模型?从齐当别模型视角进行的检验》,《心理学报》2010 年第 8 期。

王成利:《社会资源和金融资源对农民家庭收入的影响分析》,《经济问题》2018 年第 8 期。

王春瑾、王金安:《住房资产对家庭金融资产"挤出效应"的实证研究》,《闽江学院学报》2017 年第 4 期。

王聪、田存志:《股市参与、参与程度及其影响因素》,《经济研究》2012 年第 10 期。

王道勇:《国家与农民关系的现代性变迁——以失地农民为例》,中国人民大学出版社 2008 年版。

王甫勤:《中国城乡居民风险意识与影响因素的统计考量》,《统计与决策》2010 年第 8 期。

王格玲:《社会资本对农民家庭收入及收入差距的影响》,硕士学位论文,西北农林科技大学,2012 年。

王恒彦:《社会资本和信息能力对农民家庭收入的影响机制研究——以湖北、山西为例》,博士学位论文,浙江大学,2012 年。

王恒彦、卫龙宝、郭延安:《农民家庭社会资本对农民家庭收入的影响分析》,《农业技术经济》2013 年第 10 期。

王琎、吴卫星:《婚姻对家庭风险资产选择的影响》,《南开经济研究》2014 年第 3 期。

王静:《对农村失地妇女自主创业问题的调研与思考》,《人口与经济》2008 年第 2 期。

王孟雪:《甘肃省农民家庭的金融认知与家庭资产选择研究》,硕士学位论文,西安理工大学,2019 年。

王鹏:《收入差距对中国居民主观幸福感的影响分析——基于中国综

合社会调查数据的实证研究》,《中国人口科学》2011 年第 3 期。

王文川、马红莉:《城市化进程中失地农民的可持续生计问题》,《理论界》2006 年第 9 期。

王文涛、谢家智:《预期社会化、资产选择行为与家庭财产性收入》,《财经研究》2017 年第 3 期。

王阳、漆雁斌:《农民家庭金融市场参与意愿与影响因素的实证分析——基于 3238 家农民家庭的调查》,《四川农业大学学报》2013 年第 4 期。

王玉龙、彭运石、姚文佳:《农民工收入与主观幸福感的关系:社会支持和人格的作用》,《心理科学》2014 年第 5 期。

王章辉、黄柯可:《欧美农村劳动力的转移与城市化》,中国社会科学出版社 2008 年版。

韦博洋、何俊勇:《股票市场和房地产市场的财富效应研究》,《中国物价》2016 年第 10 期。

魏后凯:《中国地区间居民收入差异及其分解》,《经济研究》1996 年第 11 期。

魏梦:《山区农民家庭资产组合选择偏好研究》,硕士学位论文,贵州财经大学,2013 年。

魏先华、张越艳、吴卫星、肖帅:《我国居民家庭金融资产配置影响因素研究》,《管理评论》2014 年第 7 期。

魏昭、蒋佳伶、杨阳、宋晓巍:《社会网络、金融市场参与和家庭资产选择——基于 CHFS 数据的实证研究》,《财经科学》2018 年第 2 期。

温涛、冉光和、熊德平:《中国金融发展与农民收入增长》,《经济研究》2005 年第 9 期。

温晓亮、米健、朱立志:《1990—2007 年中国居民主观幸福感的影响因素研究》,《财贸研究》2011 年第 3 期。

文朝阳、朱建军:《失地农民金融素养与投资行为和家庭收入关系的研究——基于 2015 年 CHFS 调查数据的研究》,《九江学院学报》(自然科学版)2020 年第 2 期。

文强:《农村家庭金融资产配置影响因素的实证研究》,硕士学位论文,西南财经大学,2020 年。

吴刚、孙繁松、张良:《农民转变为市民:将被征地农民纳入城镇社会保障体系的思考与研究》，《国土资源》2002 年第 1 期。

吴刚：《征地制度改革的实践与思考》，《国土资源》2002 年第 5 期。

吴丽、杨保杰、吴次芳：《失地农民健康、幸福感与社会资本关系实证研究》，《农业经济问题》2009 年第 2 期。

吴卫星、齐天翔：《流动性、生命周期与投资组合相异性——中国投资者行为调查实证分析》，《经济研究》2007 年第 2 期。

吴卫星、易尽然、郑建明：《中国居民家庭投资结构：基于生命周期、财富和住房的实证分析》，《经济研究》2010 年第 S1 期。

吴卫星、张旭阳、吴锟：《金融素养对家庭负债行为的影响——基于家庭贷款异质性的分析》，《财经问题研究》2019 年第 5 期。

吴雨等：《数字金融发展与家庭金融资产组合有效性》，《管理世界》2021 年第 7 期。

吴雨、李晓、李洁、周利：《数字金融发展与家庭金融资产组合有效性》，《管理世界》2021 年第 7 期。

吴雨、彭嫦燕、尹志超：《金融知识、财富积累和家庭资产结构》，《当代经济科学》2016 年第 4 期。

吴远远、李婧：《中国家庭财富水平对其资产配置的门限效应研究》，《上海经济研究》2019 年第 3 期。

吴玥玥、宋恒：《金融素养对城镇家庭风险资产投资的影响》，《中国市场》2022 年第 11 期。

肖忠意、陈志英、李思明：《亲子利他性与中国农村家庭资产选择》，《云南财经大学学报》2016 年第 3 期。

肖忠意、李思明：《中国农村居民消费金融效应的地区差异研究》，《中南财经政法大学学报》2015 年第 2 期。

谢洁玉、吴斌珍、李宏彬、郑思齐：《中国城市房价与居民消费》，《金融研究》2012 年第 6 期。

邢大伟、管志豪：《金融素养、家庭资产与农民家庭借贷行为——基于 CHFS2015 年数据的实证》，《农村金融研究》2019 年第 10 期。

邢大伟：《居民家庭资产选择研究》，博士学位论文，苏州大学，2009 年。

邢占军：《我国居民收入与幸福感关系的研究》，《社会学研究》2011 年第 1 期。

熊联勇：《失地农民经济权益受损的制度根源分析》，《价格月刊》2008年第1期。

熊智、周雪：《投资过程中管理者的羊群效应分析》，《广西财经学院学报》2011年第3期。

许爱花：《城市化进程中失地农民的利益保护》，《宁夏大学学报》（人文社会科学版）2007年第1期。

许崇正、高希武：《农村金融对增加农民收入支持状况的实证分析》，《金融研究》2005年第9期。

许勇军：《对我省“土地被征用农民家庭”的调查与思考》，《浙江统计》2002年第10期。

薛宇峰：《中国农村收入分配的不平等及其地区差异》，《中国农村经济》2005年第5期。

闫春华：《论完善农村金融体系的问题》，《农民致富之友》2018年第23期。

颜色、朱国钟：《“房奴效应”还是“财富效应”？——房价上涨对国民消费影响的一个理论分析》，《管理世界》2013年第3期。

杨灿明、郭慧芳、孙群力：《我国农民收入来源构成的实证分析》，《财贸经济》2007年第2期。

杨虹、张柯：《认知能力、社会互动方式与家庭金融资产选择》，《金融论坛》2021年第2期。

杨继军、张二震：《人口年龄结构、养老保险制度转轨对居民储蓄率的影响》，《中国社会科学》2013年第8期。

杨晶、邓大松、吴海涛：《中国城乡居民养老保险制度的家庭收入效应——基于倾向得分匹配（PSM）的反事实估计》，《农业技术经济》2018年第10期。

杨晶、丁士军、邓大松：《人力资本、社会资本对失地农民个体收入不平等的影响研究》，《中国人口·资源与环境》2019年第3期。

杨柳、刘芷欣：《金融素养对家庭商业保险消费决策的影响——基于中国家庭金融调查（CHFS）的分析》，《消费经济》2019年第5期。

杨天池：《两孩政策与城镇家庭资产选择》，博士学位论文，西南财经大学，2020年。

杨文：《共享发展成果构建和谐社会——刍议失地农民生计的可持续

保障》,《安徽农学通报》2006 年第 13 期。

杨怡:《社会资本对农民收入影响及其机制分析》,博士学位论文,西南大学,2022 年。

姚蕾:《城市化进程中失地农民的利益损失及对策》,《兰州学刊》2005 年第 2 期。

叶继红:《生存与适应——南京城郊失地农民生活考察》,中国经济出版社 2008 年版。

易行健、周聪、来特、周利:《商业医疗保险与家庭风险金融资产投资——来自 CHFS 数据的证据》,《经济科学》2019 年第 5 期。

尹志超、甘犁:《中国住房改革对家庭耐用品消费的影响》,《经济学(季刊)》2009 年第 1 期。

尹志超、黄倩:《股市有限参与之谜研究述评》,《经济评论》2013 年第 6 期。

尹志超、宋鹏、黄倩:《信贷约束与家庭资产选择——基于中国家庭金融调查数据的实证研究》,《投资研究》2015 年第 1 期。

尹志超、宋全云、吴雨:《金融知识、投资经验与家庭资产选择》,《经济研究》2014 年第 4 期。

尹志超、吴雨、甘犁:《金融可得性、金融市场参与和家庭资产选择》,《经济研究》2015 年第 3 期。

游钧:《中国就业报告——统筹城乡就业》,中国劳动社会保障出版社 2005 年版。

于全涛:《城市化进程中失地农民可持续生计问题研究》,硕士学位论文,陕西师范大学,2008 年。

余静:《家庭资产选择对居民幸福感的影响》,硕士学位论文,湘潭大学,2018 年。

余明桂、夏新平、汪宜霞:《我国股票市场的财富效应和投资效应的实证研究》,《武汉金融》2003 年第 11 期。

俞静、关海燕:《分析师关注度下股票流动性与创新投入》,《武汉理工大学学报》(信息与管理工程版)2018 年第 4 期。

喻言、徐鑫:《主客观风险偏好与家庭资产选择——基于 CHFS2017 调查数据的实证分析》,《科技与管理》2021 年第 6 期。

袁斌:《失地农民可持续生计研究》,博士学位论文,大连理工大学,

2007年。

袁志刚、宋铮：《城镇居民消费行为变异与我国经济增长》，《经济研究》1999年第11期。

约翰·伊特韦尔：《新帕尔格雷夫经济学大辞典》，经济科学出版社1991年版。

曾志耕等：《金融知识与家庭投资组合多样性》，《经济学家》2015年第6期。

臧日宏、王春燕：《信贷约束与家庭投资组合有效性》，《华南理工大学学报》（社会科学版）2020年第6期。

臧旭恒：《居民资产与消费选择行为分析》，上海三联书店、上海人民出版社2001年版。

张爱莲、黄希庭：《从国内有关研究看经济状况对个体幸福感的影响》，《心理科学进展》2010年第7期。

张兵、吴鹏飞：《收入不确定性对家庭金融资产选择的影响——基于CHFS数据的经验分析》，《金融与经济》2016年第5期。

张聪：《我国城乡居民家庭金融资产配置现状差异化分析——基于中国家庭金融调查（CHFS）数据》，《农村经济与科技》2021年第23期。

张大永、曹红：《家庭财富与消费：基于微观调查数据的分析》，《经济研究》2012年第S1期。

张改清：《农民家庭投资与农民家庭经济收入增长的关系研究》，中国农业出版社2005年版。

张浩、易行健、周聪：《房产价值变动、城镇居民消费与财富效应异质性——来自微观家庭调查数据的分析》，《金融研究》2017年第8期。

张红宇：《新常态下的农民收入问题》，《农业经济问题》2015年第5期。

张冀、于梦迪、曹杨：《金融素养与中国家庭金融脆弱性》，《吉林大学社会科学学报》2020年第4期。

张杰：《西蒙的有限理性说与卡尼曼的行为经济思想比较研究》，硕士学位论文，上海社会科学院，2009年。

张明：《社会养老保险和社会网络与风险金融资产配置》，《西南大学学报》（自然科学版）2022年第9期。

张平：《中国农村居民区域间收入不平等与非农就业》，《经济研究》

1998 年第 8 期。

张迁：《什邡农商银行对失地农民金融支持的对策研究》，硕士学位论文，西南财经大学，2020 年。

张时飞：《为城郊失地农民再造一个可持续生计——宁波市江东区的调查与思考》，《公共管理高层论坛》2006 年第 2 期。

张寿正：《关于城市化过程中农民失地问题的思考》，《中国农村经济》2004 年第 2 期。

张爽、陆铭、章元：《社会资本的作用随市场化进程减弱还是加强？——来自中国农村贫困的实证研究》，《经济学（季刊）》2007 年第 2 期。

张婷婷、李政：《我国农村金融发展对乡村振兴影响的时变效应研究——基于农村经济发展和收入的视角》，《贵州社会科学》2019 年第 10 期。

张晓辉：《中国农村居民收入分配实证描述及变化分析》，《中国农村经济》2001 年第 6 期。

张学志、才国伟：《收入、价值观与居民幸福感——来自广东成人调查数据的经验证据》，《管理世界》2011 年第 9 期。

张燕：《江苏省城镇居民家庭金融资产选择特征分析》，《商》2014 年第 24 期。

张屹山、华淑蕊：《我国城镇居民财产性收入影响因素与增收效应分析》，《求索》2014 年第 12 期。

张哲：《农村居民家庭金融资产配置及财富效应研究》，博士学位论文，西南大学，2020 年。

张正平、杨丹丹：《市场竞争、新型农村金融机构扩张与普惠金融发展——基于省级面板数据的检验与比较》，《中国农村经济》2017 年第 1 期。

赵翠霞：《城郊失地农民的家庭资产选择》，博士学位论文，沈阳农业大学，2015 年。

赵翠霞、李岩：《城郊失地农民的家庭资产选择及其影响因素》，《管理世界》2018 年第 8 期。

赵翠霞、李岩、兰庆高：《城郊失地农民收入“极化”及深层原因分析》，《农村经济》2015 年第 4 期。

赵曼、张广科：《失地农民可持续生计及其制度需求》，《财政研究》2009 年第 8 期。

赵人伟：《收入分配、财产分配和渐进改革——纪念〈经济社会体制比较〉杂志创刊 20 周年》，《经济社会体制比较》2005 年第 5 期。

赵锡斌、温兴琦、龙长会：《城市化进程中被征地农民利益保障问题研究》，《中国软科学》2003 年第 8 期。

赵锡军：《中国特色资本市场的建设目标和路径选择》，《人民论坛》2022 年第 3 期。

赵兴玲、骆华松、黄帮梅：《可持续生计视角下失地农民长远生计问题探究》，《云南地理环境研究》2009 年第 1 期。

赵雪雁、林曼曼：《城市化与西北地区居民生活质量的互动关系分析》，《干旱区资源与环境》2007 年第 2 期。

赵子红、杜育宏：《西蒙管理学研究方法论探微》，《乐山师范高等专科学校学报》2000 年第 2 期。

郑风田、孙谨：《从生存到发展——论我国失地农民创业支持体系的构建》，《经济学家》2006 年第 1 期。

郑圆：《城镇化进程中失地农民金融状况调查》，《现代经济信息》2013 年第 19 期。

中国社会科学院社会政策研究中心课题组：《失地农民“生计可持续”对策》，《科学咨询》2005 年第 4 期。

周海燕、陈渝：《村镇银行发展现状与对策分析》，《人民论坛》2016 年第 2 期。

周焕丽、惠永智、王玉：《城市化进程中失地农民可持续生计问题探析》，《商场现代化》2007 年第 13 期。

周钦、袁燕、臧文斌：《医疗保险对中国城市和农村家庭资产选择的影响研究》，《经济学（季刊）》2015 年第 3 期。

周晓艳、高春亮：《我国长三角地区经济增长因素的实证分析》，《数量经济技术经济研究》2009 年第 6 期。

周雅玲：《农民家庭资产选择及资产的财富效应研究》，博士学位论文，西南大学，2017 年。

周易：《城市化进程中的失地农民可持续生计研究》，硕士学位论文，西北农林科技大学，2012 年。

朱红根、康兰媛：《金融环境、政策支持与农民创业意愿》，《中国农村观察》2013 年第 5 期。

朱泓宇：《风险厌恶、家庭资产配置与农民创业选择》，博士学位论文，四川农业大学，2019 年。

朱明芬：《浙江失地农民利益保障现状调查及对策》，《中国农村经济》2003 年第 3 期。

朱沙沙：《乌鲁木齐县农民家庭理财现状研究》，硕士学位论文，新疆农业大学，2012 年。

朱涛等：《中国中青年家庭资产选择：基于人力资本、房产和财富的实证研究》，《经济问题探索》2012 年第 12 期。

朱圆圆：《农民家庭创业行为对家庭金融资产配置的影响》，硕士学位论文，北京外国语大学，2022 年。

宗庆庆、刘冲、周亚虹：《社会养老保险与我国居民家庭风险金融资产投资——来自中国家庭金融调查（CHFS）的证据》，《金融研究》2015 年第 10 期。

邹红、喻开志：《我国城镇居民家庭的金融资产选择特征分析——基于 6 个城市家庭的调查数据》，《工业技术经济》2009 年第 5 期。

邹红、喻开志：《我国城镇居民家庭资产选择行为研究》，《金融发展研究》2010 年第 9 期。

邹红：《中国城镇居民家庭资产与消费研究》，博士学位论文，西南财经大学，2009 年。

英文文献

Abeler, J., Marklein, F., Fungibility, Labels, and Consumption, *Journal of the European Economic Association*, Vol. 15, 2017.

Achury, C., Hubar, S., Koulovatianos, C., Saving Rates and Portfolio Choice with Subsistence Consumption, *Review of Economic Dynamics*, Vol. 15, 2012.

Addoum, J. M., Korniotis, G., Kumar, A., Stature, Obesity, and Portfolio Choice, *Management Science*, Vol. 63, 2017.

Agarwal, S., The Impact of Homeowners' Housing Wealth Misestimation on Consumption and Saving Decisions, *Real Estate Economics*, Vol. 35, 2007.

Agnew, J. P., Balduzziand, A., Sunden, A., Portfolio Choice and

Trading in Large401 (k) Plan, *American Economic Review*, Vol. 93, 2003.

Alesina, A., La Ferrara, E., Who Trusts Others? *Journal of public economics*, Vol. 85, 2002.

Alessandri, P., Aggregate Consumption and the Stock Market: A New Assessment of the Equity Wealth Effect, *University of London*, 2003.

Allais, M., Le Comportement de I'homme Rationanel Devant Le Risque: Critiquedes Postulats et Axioms de I'ecole Americaine, *Econometrica: Journal of the econometric society*, Vol. 21, 1953.

Allen, F., Gale, D., Comparative Financial Systems: A Survey, Wharton School Center for Financial Institutions, *University of Pennsylvania*, 2001.

Ameriks, J., Zeldes, S. P., How do Household Portfolio Shares Vary with Age, *Working Paper*, *Columbia University*, 2004.

Antoniou, C., Harris, R. D., Zhang, R., Ambiguity Aversion and Stock Market Participation: An Empirical Analysis, *Journal of Banking & Finance*, Vol. 58, 2015.

Arkes, H. R., Hirshleifer, D., Jiang, D. L., Lim, S. S., Reference Point Adaptation: Test in the Domain of Security Trading, *Organizational Behavior and Human Decision Processes*, Vol. 105, 2008.

Arrondel, L., Bartiloro, L., Fessler, P., Lindner, P., Matha, T. Y., Rampazzi, C., Vermeulen, P., How do Households Allocate Their Assets? Stylized Facts from the Eurosystem Household Finance and Consumption Survey, *International Journal of Central Banking*, Vol. 12, 2016.

Ayyagari, P., He, D., The Role of Medical Expenditure Risk in Portfolio Allocation Decisions, *Health Economics*, Vol. 26, 2017.

Ball, R., Chernova, K., Absolute Income, Relative Income, and Happiness, *Social Indicators Research*, Vol. 88, 2008.

Barasinska, N., Schafer, D., Stephan, A., Individual Risk Attitudes and the Composition of Financial Portfolios: Evidence from German Household Portfolios, *Quarterly Review of Economics and Finance*, Vol. 52, 2012.

Barberis, N., Huang, M., Mental Accounting, Loss Aversion, and Individual Stock Returns, *Journal of Finance*, Vol. 56, 2001.

Baron, R. M., Kenny, D. A., The Moderator - mediator Variable Distinction in Social Psychological Research: Conceptual, Strategic, and Statistical Considerations, *Journal of Personality and Social Psychology*, Vol. 51, 1986.

Basten, C., Fagereng, A., Telle, K., Saving and Portfolio Allocation before and after Job Loss, *Journal of Money, Credit and Banking*, Vol. 48, 2016.

Becchetti, L., Rossetti, F., When Money does not Buy Happiness: The Case of "Frustrated Achievers", *The Journal of Socio - Economics*, Vol. 38, 2009.

Berkowitz, M. K., Qiu, J., A Further Look at Household Portfolio Choice and Health Status, *Journal of Banking & Finance*, Vol. 30, 2006.

Bernoulli, D., Exposition of a New Theory on the Measurement of Risk, *Econometrica*, Vol. 22, 1954.

Bertaut, C. C., Equity Prices, Household Wealth, and Consumption Growth in Foreign Industrial Countries: Wealth Effects in the 1990s, 2002.

Bertaut, C. C., Starr, M., Household Portfolios in the United States, in: Guiso, Haliassos and Jappelli: Household Portfolios, Cambridge, MIT Press, 2000.

Bertocchi, G., Brunetti, M., Torricelli, C., Marriage and Other Risky Assets: A Portfolio Approach, *Journal of Banking & Finance*, Vol. 35, 2011.

Betermier, S., Calvet, L. E., Sodini, P., Who are the Value and Growth Investors? *The Journal of Finance*, Vol. 72, 2017.

Bilias, Y., Georgarakos, D., Haliassos, M., Has Greater Stock Market Participation Increased Wealth Inequality in the US? *Review of Income and Wealth*, Vol. 63, 2017.

Bindu, S., Chigusiwa, L., Mazambani, D., The Effect of Stock Market Wealth on Private Consumption in Zimbabwe, *International Journal of Economic Sciences & Applied Research*, Vol. 4, 2011.

Bjornskov, C., Gupta, N. D., Pedersen, P. G., Analysing Trends in Subjective Well - being in 15 European Countries, 1973 - 2002, *Journal of*

Happiness Studies, Vol. 9, 2008.

Black, F., Jensen, M. C., Scholes, M., The Capital Asset Pricing Model: Some Empirical Tests, Studies in the Theory of Capital Markets, *New York: Praeger Press*, 1972.

Black, F., Scholes, M., The Pricing of Options and Corporate Liabilities, *Journal of Political Economy*, Vol. 81, 1973.

Blanchflower, D. G., Oswald, A. J., Well-Being over Time in Britain and the USA, *Journal of Public Economics*, Vol. 88, 2000.

Blau, P. M., Exchange and Power in Social Life, *New York: Wiley*, 1964.

Blume, M. E., Friend, I., The Asset Structure of Individual Portfolios and Some Implications for Utility Functions, *Journal of Finance*, Vol. 30, 1975.

Bodie, Z., Crane, D. B., Personal Invesing: Advice, Theory and Evidence, *Finaneial Analysts Journal*, Vol. 53, 1997.

Bogan, V. L., Fertig, A. R., Portfolio Choice and Mental Health, *Review of Finance*, Vol. 17, 2013.

Bonaparte, Y., Korniotis, G. M., Kumar, A., Income Hedging and Portfolio Decisions, *Journal of Financial Economics*, Vol. 113, 2014.

Boone, L., Girouard, N., The Stock Market, the Housing Market and Consumer Behavior, *OECD Economic Studies*, 2002.

Bressan, S., Pace, N., Pelizzon, L., Health Status and Portfolio Choice: Is their Relationship Economically Relevant? *International Review of Financial Analysis*, Vol. 32, 2014.

Brickman, P. D., Campbell, T., Hedonic Relativism and Planning the Good Society, *Adaption Level Theory*, 1971.

Brockmann, H., Delhey, J., Welzel, C., Yuan, H., The China Puzzle: Falling Happiness in a Rising Economy, *Journal of Happiness Studies*, Vol. 10, 2009.

Broer, T., The Home Bias of the Poor: Foreign Asset Portfolios Across the Wealth Distribution, *European Economic Review*, Vol. 92, 2017.

Brown, K. W., Kasser, T., Ryan, R. M., Linley, P. A., Orzech,

K. , When What One has is Enough: Mindfulness, Financial Desire Discrepancy, and Subjective Well - being, *Journal of Research in Personality*, Vol. 43, 2009.

Brunetti, M. , Torricelli, C. , Population Age Structure and Household Portfolio Choices in Italy, *European Journal of Finance*, Vol. 16, 2010.

Bucciol, A. , Household Portfolios Efficiency in the Presence of Restrictions on Investment Opportunities, *Rivistadi Politica Economica*, Vol. 93, 2003.

Bucciol, A. , Miniaci, R. , Household Portfolio Risk, *Review of Finance*, Vol. 19, 2015.

Bucciol, A. , Miniaci, R. , Pastorello, S. , Return Expectations and Risk Aversion Heterogeneity in Household Portfolios, *Journal of Empirical Finance*, Vol. 40, 2017.

Caballero, R. J. , Consumption Puzzles and Precautionary Savings, *Journal of monetary economics*, Vol. 25, 1990.

Calcagno, R. , Monticone, C. , Financial Literacy and the Demand for Financial Advice, *Journal of Banking & Finance*, Vol. 50, 2015.

Calomiris C. W. , Longhofer S. D. , Miles W. , The Housing Wealth Effect: The Crucial Roles of Demographics, Wealth Distribution and Wealth Shares, *Ssrn Electronic Journal*, 2012.

Calomiris, C. W. , Longhofer, S. D. , Miles, W. , The (Mythical?) Housing Wealth Effect, *NBER Working Paper*, 2009.

Calvet, L. E. , Sodini, P. , Twin Picks: Disentangling the Determinants of Risk - taking in Household Portfolios, *The Journal of Finance*, Vol. 69, 2014.

Cambell, J. Y. , Household Finance, *Journal of Finance*, Vol. 61, 2006.

Campbell, J. Y. , Cocco, J. F. , How do House Prices Affect Consumption? Evidence from Micro Data, *Journal of Monetary Economics*, Vol. 54, 2007.

Campbell, J. Y. , Coco, J. , Household Risk Management and Optimal Mort' gage Choice, Working Paper, *NBER Working Paper*, 2003.

Campbell, J. Y., Household Finance, *Journal of Finance*, Vol. 61, 2006.

Campbell, J. Y., Kyle, A., Smart Money, Noise Trading and Stock Price Behavioral, *Review of Economic Studies*, 1993.

Campbell, A., Converse, P. E., Rodgers, W. L., The quality of American life: Perceptions, Evaluations, and Satisfactions, *Russell Sage Foundation*, 1976.

Caporale, M., Arnaud, F., Mura, M., Golder, M., Murgia, C., Palmarini, M., The Signal Peptide of a Simple Retrovirus Envelope Functions as a Posttranscriptional Regulator of Viral Gene Expression, *Journal of virology*, Vol. 83, 2009.

Capponi, A., Zhang, Z., Risk Preferences and Efficiency of Household Portfolios, *arXiv preprint*, 2020.

Carroll, C. D., Otsuka, M., Slacalek J., How Large is the Housing Wealth Effect?, a New Approach, *Social Science Electronic Publishing*, 2006.

Case, K. E., Quigley, J. M., Shiller, R. J., Comparing Wealth Effects: The Stock Market Versus the Housing Market, *Advances in Macroeconomics*, Vol. 5, 2005.

Chantarat, S., Barrett, C. B., Social Network Capital, Economic Mobility and Poverty Traps, *Journal of Economic Inequality*, Vol. 10, 2012.

Charles, W., Calomiris, Reforming Banks Without Destroying Their Productivity and Value, *Journal of Applied Corporate Finance*, Vol. 25, 2013.

Chemin, M., Laat, J. D., Haushofer, J., Negative Rainfall Shocks Increase Levels of the Stress Hormone Cortisol among Poor Farmers in Kenya, *Ssrn Electronic Journal*, 2013.

Chen, H., Macroeconomic Conditions and the Puzzles of Credit Spreads and Capital Structure, *The Journal of Finance*, Vol. 65, 2010.

Chen, J., Re-Evaluating the Association between Housing Wealth and Aggregate Consumption: New Evidence from Sweden, *Journal of Housing Economics*, Vol. 15, 2006.

Cho, S., Evidence of a Stock Market Wealth Effect using Household Level Data, *Economics Letters*, Vol. 90, 2006.

Cho, S., Housing Wealth Effect on Consumption: Evidence from Household Level Data, *Economics Letters*, Vol. 113, 2011.

Cho, W. S., Chen, Y., Corporate Sustainable Development: Testing a New Scale Based on the Mainland Chinese Context, *Journal of business ethics*, Vol. 105, 2012.

Christelis, D., Jappelli, T., Padula, M., Cognitive Abilities and Portfolio Choice, *European Economic Review*, Vol. 54, 2010.

Chu, Z., Wang, Z., Xiao, J. J., Zhang, W., Financial Literacy, Portfolio Choice and Financial Well - being, *Social Indicators Research*, Vol. 132, 2017.

Clark, A. E., Oswald, A. J., Satisfaction and Comparison Income, *Journal of Public Economics*, Vol. 61, 1996.

Cocco, J. F., Hedging House Price Risk with Incomplete Markets, *In AFA* 2001 *New Orleans Meetings*, 2000.

Cohn, R. A., Lewellen, W. G., Lease, R. C., Schlarbaum, G. G., Individual Investor Risk Aversion and Investment Portfolio Composition, *The Journal of Finance*, Vol. 30, 1975.

Cohn, R. A., Wilbur, G. L., Ronald, C. L., Gary, G. S., Indiviual Investor Risk Aversion and Investment Portfolio Composition, *Journal of Finance*, Vol. 30, 1975.

Cummins, R. A., The Second Approximation to an International Standard for Life Satisfaction, *Social Indicators Research*, Vol. 43, 1998.

Davis, M. A., Palumbo, M. G., A Primer on the Economics and Time Series Econometrics of Wealth Effects, 2001.

Davis, M. H., Norman, A. R., Portfolio Selection with Transaction Costs, *Mathematics of Operations Research*, Vol. 4, 1990.

De Veirman, E., Dunstan, A., How do Housing Wealth, Financial Wealth and Consumption Interact? Evidence from New Zealand, *Reserve Bank of New Zealand*, 2008.

Diaz, H. L., Drumm, R. D., Ramirez - Johnson, J., Oidjarv, H., Social Capital, Economic Development and Food Security in Peru's Mountain Region, *Article in International Social Work*, 2002.

Diener, E., Biswas - Diener, R., Will Money Increase Subjective Well-Being?, *Social Indicators Research*, Vol. 57, 2002.

Diener, E., Lucas, R. E., Scollon, C. N., Beyond the Hedonic Treadmill: Revising the Adaptation Theory of Well-being, *American Psychologist*, Vol. 61, 2006.

Diener, E., Suh, E., Measuring Quality of Life: Economic, Social, and Subjective Well - being of Nations, *Social Indicators Research*, Vol. 40, 1997.

Dixon, J. A., Hamilton, K., Expanding the Measure of Wealth: Indicators of Environmentally Sustainable Development, *Finance and Development-English Edition*, Vol. 33, 1996.

Dohmen, T., Falk, A., Huffman, D., Sunde, U., Are Risk Aversion and Impatience Related to Cognitive Ability? *American Economic Review*, Vol. 100, 2010.

Dolan, P., Peasgood, T., White, M., Do We Really Know What Makes Us Happy? A Review of the Economic Literature on the Factors Associated with Subjective Well-Being, *Journal of Economic Psychology*, Vol. 29, 2008.

Dvornak, N., Kohler, M., Housing Wealth, Stock Market Wealth and Consumption: A Panel Analysis for Australia, *Economic Record*, Vol. 83, 2007.

Eastelin, R. A., Does Economic Growth Improve the Human Lot? Some Empirical Evidence, in: P. A. David and M. W. Reder, *Nations and House hold in Economic Growth: Essays in Honor of Moses Abramowitz*, New York: Academic press, 1974.

Easterlin, R. A., Income and Happiness: Towards a Unified Theory, *Economic Journal*, Vol. 111, 2001.

Easterlin, R. A., Will Raising the Incomes of All Increase the Happiness of All? *Journal of Economic Behavior and Organization*, Vol. 27, 1995.

Edelstein, R. H., Lum, S. K., House Prices, Wealth Effects, and the Singapore Macroeconomy, *Journal of Housing Economics*, Vol. 13, 2004.

Edward, N., Wolff, Trends in Aggregate Houshold Wealth in Tthe US.,

Review of Income and Wealth, Vol. 1, 1989.

Edwards, R. D., Health Risk and Portfolio Choice, *Journal of Business & Economic Statistics*, Vol. 26, 2008.

Elliott, J., Wealth and Wealth Proxies in a Permanent Income Model, *Quarterly Journal of Economics*, Vol. 95, 1980.

Ellison, G., Fudenberg, D., Word-of-Mouth Communication and Social Learning, *Quarterly Journal of Economics*, Vol. 1, 1995.

Emirbayer, M., Goodwin, J., Network Analysis, Culture and the Problem of Agency, *American Journal of Sociology*, Vol. 99, 1994.

Engelhardt, G. V., House prices and home owner saving behavior, *Regional science and urban Economics*, Vol. 26, 1996.

Eugene, F., Fama, Efficient Capital Markets: A Review of Theory and Empiricial Work, *The Journal of Finance*, Vol. 2, 1970.

Fafchamps, M., Gubert, F., The Formation of Risk - Sharing Networks, *Journal of Development Economics*, Vol. 83, 2007.

Fafchamps, M., Quisumbing, A. R., Social Roles, Human Capital, and the Intrahousehold Division of Labor: Evidence from Pakistan, *Oxford Economic Papers*, Vol. 55, 2003.

Fama, E. F., Efficient Capital Markets: A Review of Theory and Empirical Work, *The Journal of Finance*, 25, 1970.

Fatima, K., Qayyum, A., Remittances and Asset Accumulation of Household in Pakistan, 2016.

Feenberg, D. R., Poterba, J. M., The Income and Tax Share of Very High - Income Households, 1960 - 1995, *The American Economic Review*, Vol. 90, 2000.

Fereidouni, G. H., Tajaddini, R., Housing Wealth, Financial Wealth and Consumption Expenditure: The Role of Consumer Confidence, *The Journal of Real Estate Finance and Economics*, Vol. 54, 2017.

Ferrer-i-Carbonell, A., Income and Well-being: An Empirical Analysis of the Comparison Income Effect, *Journal of Public Economics*, Vol. 89, 2005.

Fisher, K. L., Statman, M., Investment Advice from Mutual Fund

Companies, *Journal of Portfolio Management*, Vol. 24, 1997.

Flavin, M., Yamashita, T., Owner-occupied Housing and the Composition of the Household Portfolio, *American Economic Review*, Vol. 92, 2002.

Fratantoni, M. C., Home Ownership and Investment in Risky Assets, *Journal of Urban Economics*, Vol. 44, 1998.

Freeman, L. C., Research Methods in Social Network Analysis, *Routledge*, 2017.

Funke, N., Is there a Stock Market Wealth Effect in Emerging Markets? *Economics Letters*, Vol. 83, 2004.

George, M., Constantinides, Capital Market Equilibrium with Transaction Costs, *Journal of Political Economy*, Vol. 4, 1986.

Georgellis, Y., Tsitsianis, N., Yin Y. P., Personal Values as Mitigating Factors in the Link between Income and Life Satisfaction: Evidence from the European Social Survey, *Social Indicators Research*, Vol. 91, 2009.

Glewwe, P., Jacoby, H. G., Economic Growth and the Demand for Education: Is there a Wealth Effect? *Journal of Development Economics*, Vol. 74, 2004.

Graham, C., The Economics of Happiness, *World economics*, Vol. 6, 2005.

Graham, J. R., Herding among Investment Newsletters: Theory and Evidence, *Journal of Finance*, Vol. 54, 1999.

Grant, C., Peltonen, T. A., Housing and Equity Wealth Effects of Italian Households, *Social Science Electronic Publishing*, 2005.

Grinblatt, M., Keloharju, M., Linnaimad, J., IQ and Stock Market Participation, *The Journal of Finance*, Vol. 66, 2011.

Griskevicius, V., Tybur, J. M., Delton, A. W., Robertson, T. E., The Influence of Mortality and Socioeconomic Status on Risk and Delayed Rewards: A Life History Theory Approach, *Journal of Personality and Social Psychology*, Vol. 100, 2011.

Grootaert, C., Does Social Capital Help the Poor: A Synthesis Findings from the Local Level lnstitutions Studies in Blivia, Burkina Faso and Indonesia, *Local Level Institutions Working Paper*, 2001.

Grootaert, C., Van Bastelaer, T. Understanding and Measuring Social Capital: A Multidisciplinary Tool for Practitioners, *Washington, D. C.: World Bank*, 2002.

Guiso, L. Jappelli, T., Household Portfolios in Italy, *Household portfolios*, Vol. 2549, 2002.

Guiso, L., Jappelli, T., Financial Literacy and Portfolio Diversification, *EUI Working Paper ECO*, Vol. 31, 2008.

Guiso, L., Michael, H., Tullio, J., Household Portfolios, *Cambrige MA: MIT Press*, 2002.

Guiso, L. M., Haliassos, T. J., Household Stockholding in Europe: Where do We Stand and Where do We Go? *Economic Policy*, Vol. 18, 2003.

Guo, C., Wang, X., Yuan, G., Digital Finance and the Efficiency of Household Investment Portfolios, Emerging Markets Finance and Trade, *Published online*, 2021.

Gustafsson, B., Li, S., Income Inequality within and across Countries in Rural China 1988 and 1955, *Journal of Development Economics*, Vol. 69, 2002.

Guven, C., Reversing the Question: does Happiness Affect Consumption and Savings Behavior?, *Journal of Economic Psychology*, Vol. 33, 2012.

Haberler, G., Systematic Analysis of the Theories of the Business cycle. *United Nations Library & Archives Geneva*, 1934.

Hagerty, M., Veenhoven, R., Wealth and Happiness Revisited: Growing National Income does Go with Greater Happiness, *Social Indicators Research*, Vol. 64, 2003.

Haliassos, M., Bertaut, C. C., Why do So Few Hold Stocks?, *The Economic Journal*, 1995.

Hanemann, W. M., Willingness to Pay and Willingness to Accept: How much Can They Differ?, *The American Economic Review*, 1991.

Harbaugh, W. T., Krause, K., Vesterlund, L., Are Adults Better behaved than Children? Age, Experience and the Endowment Effect, *Economics Letters*, 2001.

Harvey, S., Rosen, S. W., Portfolio Choice and Health Status, *Jour-*

nal of Financial Economics, Vol. 72, 2004.

Haushofer, J., Fehr, E., On the Psychology of Poverty, *Science*, Vol. 344, 2014.

Heaton, J., Lucas, D., Portfolio Choice in the Presence of Back Ground Risk, *The Economic Journal*, Vol. 110, 2000.

Hong, H., Kubik, J. D., Stein, J. C., Social Interaction and Stock-market Participation, *Journal of Finance*, Vol. 59, 2004.

Horne, J. C. V., Blume, M. E., Friend, I., The Asset Structure of Individual Portfolios and Some Implications for Utility Functions, *The Journal of Finance*, Vol. 30, 1975.

Hoynes, H. W., McFadden, D. L., The Impact of Demographics on Housing and Nonhousing Wealthin the United States. In M. D. Hurd, and Y. Naohiro (eds.), The Economic Effects of Aging in the United Statesand Japan, *Chicago*: *University of Chicago Press for NBER*, 1997.

Hu, X., Portfolio Choices for Homeowners, *Journal of Urban Economics*, Vol. 58, 2005.

Hwang, M., Quigley, J. M., Economic Fundamentals in Local Housing Markets: Evidence from US Metropolitan Regions, *Journal of regional science*, Vol. 46, 2006.

Inglehart, R., Klingemann, H. D., Genes, Culture, Democracy and Happiness, *Culture and Subjective Well-being*, 2000.

Inoguchi, T., Fujii, S., The Quality of Life in Japan, *Social Indicators Research*, Vol. 92, 2009.

Iwaisako, T., Household Portfolios in Japan, *Japan and the World Economy*, Vol. 21, 2009.

Iwaisako, T., Household Portfolios in Japan: Interaction between Equity and Real Estate Holdings over the Life Cycle, *Institute of Economic Research*, 2002.

Judd, C. M., Kenny, D. A., Process Analysis: Estimating Mediation in Treatment Evaluations, *Evaluation Review*, Vol. 5, 1981.

Kahneman, D., Experienced Utility and Objective Happiness: A Moment-based Approach, *The Psychology of Economic Decisions*: *rationality and well-being*, 2003.

Kahneman, D., Knetsch, J. L., Thaler, R. H., The Endowment Effect, Loss Aversion, and Status Quo Bias, *Journal of Economic Perspectives*, Vol. 5, 1991.

Kahneman, D., Maps of Bounded Rationality: A Perspective on Intuitive Judgment and Choice, 2002.

Kahneman, D., Slovic, P., Tversky, A., *Choices, Values, and Frames*, Cambridge, England: University Press, 2000.

Kahneman, D., Tversky, A., Prospect Theory, Analysis of Decision under Risk, *Econometrica*, Vol. 47, 1979.

Kahneman, D., Tversky, A., Rational Choice and the Framing of Decisions, *Journal of Business*, 1986.

Kahneman, D., Tversky, A., Rospect Theory: An Analysis of Decision under Risk, . *Econometrica*, Vol. 47, 1979.

Kahneman, D., Tversky, A., Choice, Values, and Frames, *American Psychologist*, 1986.

Keller, C., Siegrist, M., Investing in Stocks, The Influence of Financial Risk Attitude and Values-related Money and Stock Market Attitudes, *Journal of Economic Psychology*, Vol. 2, 2006.

Keynes, The General Theory of Employment, *Interestand Money*, 1936.

Khorunzhina, N., Structural Estimation of Stock Market Participation Costs, *Journal of Economic Dynamics and Control*, Vol. 37, 2013.

Kim, K. H., Housing and the Korean Economy, *Journal of Housing Economics*, Vol. 13, 2004.

King, M. A., Leape, J. I., Wealth and Portfolio Composition: Theory and Evidence, *Journal of Public Economics*, Vol. 69, 1998.

Kishor, N. K., Does Consumption Respond More to Housing Wealth Than to Financial Market Wealth?, *Econometric Society*, 2004.

Kivetz, R., Advances in Research on Mental Accounting and Reason-Based Choice, *Marketing Letters*, Vol. 10, 1999.

Knight, J., Lina, S. O. N. G., Gunatilaka, R., Subjective Well-being and Its Determinants in Rural China, *China Economic Review*, Vol. 20,

2009.

Kochar, A., Ill-health, Savings and Portfolio Choices in Developing Economies, *Journal of Development Economics*, Vol. 73, 2004.

Koivu, T., Monetary Policy in Transition - Essays on Monetary Policy Transmission Mechanism in China, *Scientific Monographs*, Vol. 46, 2012.

Kullmann, C., Siegel, S., Real Estate and Its Role in Household Portfolio Choice, *Annual Conference Paper*, 2003.

Lakonishok, J., Morgenstern, O., Theory of Games and Economic Behavior, 1992.

Lakonishok, J., Shleifer, A., Vishny, R., The Structure and Performance of the Money Management Industry, *Brookings Papers on Economic Activity Microeconomics*, 1992.

Le Bon, G., The Crowd: A Study of the Popular Mind, *TF Unwin*, 1897.

Li, G., Information Sharing and Stock Market Participation: Evidence from Extended Families, *Review of Economics and Statistics*, Vol. 96, 2014.

Li, R., Qian, Y., How does Entrepreneurship Influence the Efficiency of Household Portfolios?, *The European Journal of Finance*, Vol. 27, 2021.

Lim, S. S., Do Investors Integrate Losses and Segregate Gains? Mental Accounting and Investor Trading Decisions, *Journal of Business*, Vol. 79, 2006.

List, J., Millimet, D., Bounding the Impact of Market Experience on Rationality: Evidence from a Field Experiment with Imperfect Compliance, *IDEAS Working Paper*, 2005.

Love, D. A., The Effects of Marital Status and Children on Savings and Portfolio Choice, *The Review of Financial Studies*, Vol. 23, 2010.

Lu, J., Xie, X., Self-other Differences in Change Predictions, *Journal of Consumer Behaviour*, Vol. 18, 2019.

Ludvigson, L., Understanding Trend and Cycle in Asset Values: Reevaluating the Wealth Effect on Consumption, *American Economic Review*, Vol. 94, 2004.

Luigi, G., Tullio, J., Financial Literacy and Portfolio Diversification,

Economics Working Papers from European University Institute, 2008.

Luo, J., Xu, L., Zurbruegg, R., The Impact of Housing Wealth on Stock Liquidity, *Review of Finance*, Vol. 21, 2017.

Lusardi, A., Mitchell, O., The Economic Importance of Financial Literacy: Theory and Evidence, *Journal of Economic Literature*, Vol. 52, 2014.

Maki, D. M., Palumbo, M., Disentangling the Wealth Effect: A Cohort Analysis of Household Saving in the 1990s, 2001.

Mankiw, N. G., Zeldes, S. P., The Consumption of Stockholders and Nonstockholders, *Journal of Financial Economics*, Vol. 29, 1991.

Markowitz, H. M., Portfolio selection, *The Journal of Finance*, 1952.

Marsh, K., Bertranou, E., Can Subjective Well-being Measures be used to Value Policy Outcomes? The Example of Engagement in Culture. *Cultural Trends*, Vol. 21, 2012.

McBride, M., Money, Happiness, and Aspirations: An Experimental Study, *Journal of Economic Behavior & Organization*, Vol. 74, 2010.

McBride, M., Relative-income Effects on Subjective Well-being in the Cross-section, *Journal of Economic Behavior & Organization*, Vol. 45, 2001.

Mehra, Y. P., The Wealth Effect in Empirical Life-Cycle Aggregate Consumption Equations, *Economic Quarterly-Federal Reserve Bank of Richmond*, Vol. 87, 2001.

Mentzakis, E., Moro, M., The Poor, the Rich and the Happy: Exploring the Link between Income and Subjective Well-being, *The Journal of Socio-Economics*, Vol. 38, 2009.

Mian, A., Household Balance Sheets, Consumption, and the Economic Slump, *Quarterly Journal of Economics*, Vol. 128, 2013.

Hwang, M., Quigley, J. M., Quigley, Economic Fundamentals in Local Housing Markets: Evidence from U. S. Metropolitan Rregions, *Journal of Regional Science*, Vol. 46, 2006.

Modigliani, F., Brumberg, R. E., Utility Analysis and the Consumption Function: An Interpretation of Cross-Section Data, *Journal of Post Keynesian Economics*, Vol. 6, 1954.

Mullainathan, S., Shafir, E., Scarcity: Why having too Little Means so much, *New York*: *Penguin Books*, 2013.

Myers, D. G., The Funds, Friends, and Faith of Happy People, *American Psychologist*, Vol. 55, 2000.

Narayan, D., Pritchett, L., Cents and Sociability Household Income and Social Capital in Rural Tanzania, *Policy Research Working Paper*, 1997.

Norris, A. H., Rao, N., Huber – Krum, S., Garver, S., Chemey, E., Norris, T. A., Scarcity, Mindset in Reproductive Health Decision Making: A Qualitative Study from Rural Malawi, *Culture Health & Sexuality*, 2019.

Ochmann, R., Differential Income Taxation and Household Asset Allocation, *Economics*, Vol. 46, 2014.

Ordonez, L. D., Connolly, T., Coughlan, R, Multiple Reference Points in Satisfaction and Fairness Assessment, *Journal of Behavioral Decision Making*, Vol. 13, 2000.

Ordonez, L. D., The Effect of Correlation Between Price and Quality on Consumer Choice, *Organizational Behavior and Human Decision Processes*, Vol. 75, 1998.

Oswald, A. J., Happiness and Economic Performance, *Economic Journal*, Vol. 107, 1997.

Paiella, M., The Stock Market, Housing and Consumer Spending: A Survey of the Evidence on Wealth Effects, *Journal of Economic Surveys*, Vol. 23, 2009.

Park, C. M., The Quality of Life in South Korea, *Social Indicators Research*, Vol. 92, 2009.

Patinkin, D., *Money*, *Interest and Prices*: *An Integration of Money and Value Theory*, Row, Peterson, 1956.

Pedersen, A. M. B., Weissensteiner, A., Poulsen, R., Financial Planning for Young Households, *Annals of Operations Research*, Vol. 205, 2013.

Pelizzon, L., Weber, G., Are Household Portfolios Efficient? An Analysis Conditional on Housing, *Journal of Financial and Quantitative Analysis*, Vol. 2, 2008.

Peltonen, T. A., Sousa, R. M., Vansteenkiste, L. S., Wealth Effects in Emerging Market Economics, *International Review of Economics and Finance*, 2012.

Peress, J., Wealth, Information Acquisition, and Portfolio Choice., *The Review of Financial Studies*, Vol. 17, 2004.

Pigou, A. C., *Employment and Equilibrium: A Theoretical Discussion*, Macmillan Cambridge University Press, 1942.

Podasakoff, P. M., MacKenzie, S. B., Lee, J., Podsakoff, N. P., Common Method Biases Inbehavioral Research: A Critical Review of the Literature and Recommended Remedies, *Journal of Applied Psychology*, Vol. 88, 2003.

Polkovnichenko, V., Household Portfolio Diversification: A Case for Rank-dependent Preferences, *Review of Financial Studies*, Vol. 18, 2005.

Poterba, J. M., Samwick, A. A., Shleifer, A., Stock Ownership Patterns, Stock Market Fluctuations, and Consumption, *Brookings Papers on Economic Activity*, 1995.

Poterba, J. M., Samwick, A. A., Taxation and Household Portfolio Composition: US Evidence from the 1980s and 1990s, *Journal of Public Economics*, Vol. 87, 2003.

Puri, M., Robinson, D. T., Optimism and Economic Choice, *Journal of Financial Economics*, Vol. 86, 2007.

Rabin, M., Psychology and Economics, *Journal of Economic Literature*, Vol. 36, 1998.

Rapach, D. E., Strauss, J. K., The Long-run Relationship Between Consumption and Housing Wealth in the Eighth District States, *Regional Economic Development*, Vol. 2, 2006.

Robst, J., Deitz, R. McGoldrick, K., Income Variability, Uncertainty and Housing Tenure Choice, *Regional Science and Urban Economics*, Vol. 2, 1999.

Roll, R., Ross, S. A., An Empirical Investigation of the Arbitrage Pricing Theory, *The Journal of finance*, Vol. 35, 1980.

Romer, D., Staggered Price Setting with Endogenous Frequency of Adjustment, *Economics Letters*, Vol. 32, 1990.

Rosen, H. S., Wu, S., Portfolio Choice and Health Status, *Journal of Financial Economics*, Vol. 72, 2004.

Roux, C., Goldsmith, K., Bonezzi, A., On the Psychology of Scarcity: When Reminders of Resource Scarcity Promote Selfish (and Generous) Behavior, *Journal of Consumer Research*, Vol. 42, 2015.

Sandmo, A., The Effect of Uncertainty on Saving Decisions, *The Review of Economic Studies*, Vol. 37, 1970.

Sanroman, G., Cost and Preference Heterogeneity in Risky Financial Markets, *Journal of Applied Econometrics*, Vol. 30, 2015.

Sarmah, P. J., Valuation of Physical Capital in Asset Portfolio of Rural Household with Reference to Mshing Tribe in Assam, 2016.

Savage, L. J., The foundations of statistics (2nd ed.), *New York: Dover*, 1954.

Scharfstein, D., Stein, J., Herd Behavior and Investment, *The Ameican Economic Review*, Vol. 80, 1990.

Scheinkman, J. A., Social Interactions, *The new palgrave dictionary of economics*, Vol. 2, 2008.

Scott, K., Bounded Rationality and Social Norms: Concluding Comment, *Journal of Institutional and Theoretical Economics*, 1994.

Seligman, M. E. P., Parks, A. C., Steen, T., *A Balanced Psychology and a Full Life*, in Huppert, F. A.; Keverne, B. and Baylis, N. (eds.): The Science of Well-being, Oxford University Press, 2006.

Senik, C., Direct Evidence on Income Comparisons and Their Welfare Effects, *Journal of Economic Behavior & Organization*, Vol. 72, 2009.

Shah, A. K., Mullainathan, S., Shafir, E., Some Consequences of Having too little, *Science*, Vol. 338, 2012.

Shane, S., Venkataraman, S., The Promise Entrepreneurship as a Field of Research, *Academy of Management Review*, Vol. 25, 2000.

Sharp, W. F., Capital Asset Prices: A Theory of Market Equilibrium Under Conditions of Risk, *Journal of Finance*, Vol. 3, 1964.

Shefrin, H., Meir, S., Behavior Portfolio Theory, *Journal of Financial and Quantitative Analysis*, Vol. 35, 2000.

Shiller, R. J. , Stock Prices and Social Dynamics, *Advances in Behavioral Finance*, Vol. 1, 1993.

Shleifer, A. , Summers, L. H. , Crowds and Prices: Towards a Theory of Inefficient Markets, *Center for Research in Security Prices*, *Graduate School of Business*, *University of Chicago*, 1990.

Shum, P. , Faig, M. , What Explains Household Stock Holdings?, *Journal of Banking & Finance*, Vol. 30, 2006.

Simo – Kengne, B. D. , Miller, S. M. , Gupta, R. , Time – Varying Effects of Housing and Stock Returns on US Consumption, *The Journal of real estate finance and economics*, Vol. 3, 2015.

Simon, H. A. , A Behavioral Model of Rational Choice, *Quarterly Journal of Economics*, Vol. 69, 1955.

Simon, H. A. , Administrative Behavior, *New York: Macmillan*, 1947.

Simon, H. A. , Rational Choice and the Structure of the Environmental, *Psychological Review*, Vol. 63, 1956.

Simon, H. A. , Rational Decision—Making in Business Organizations, *Nobel Memorial Lecture*, 1978.

Simon, H. A. , Rationality in Psychology and Economics, *Journal of Business*, Vol. 209, 1986.

Sing, M. , The Quality of Life in Hong Kong, *Social Indicators Research*, Vol. 92, 2009.

Singh, B. , How Important is the Stock Market Wealth Effect on Consumption in India?, *Empirical Economics*, Vol. 42, 2012.

Smyth, R. , Nielsen, I. , Zhai, Q. , Personal Well – being in Urban China, *Social Indicators Research*, Vol. 95, 2010.

Smyth, R. , Qian, X. , Inequality and Happiness in Urban China, *Economics Bulletin*, Vol. 4, 2008.

Solberg, E. C. , Diener, E. , Wirtz, D. , Lucas, R. E. , Oishi, S. , Wanting, Having, and Satisfaction: Examining the Role of Desire Discrepancies in Satisfaction with Income, *Journal of Personality and Social Psychology*, Vol. 83, 2002.

Sousa, R. M., Financial Wealth, Housing Wealth, and Consumptio, *International Research Journal of Finance and Economics*, 2008.

Sousa, R. M., Wealth Effetcs on Consumption: Evidence from the Euro Area, *NIPE Working Papers*, Vol. 66, 2009.

Spaenjers, C., Spira, S. M., Subjective Life Horizon and Portfolio Choice, *Journal of Economic Behavior & Organization*, Vol. 116, 2015.

Stango, V., Zinman, J., Exponential Growth Bias and Household Finance, *The Journal of Finance*, Vol. 64, 2009.

Stutzer, A., The Role of Income Aspirations in Individual Happiness, *Journal of Economic Behavior and Organization*, Vol. 54, 2004.

Thaler, R., Mental Accounting and Consumer Choice, *Marketing Science*, Vol. 4, 1985.

Thaler, R., Mental Accounting Matters, *Journal of Behavioral Decision Making*, Vol. 12, 1999.

Thaler, R., Toward a Positive Theory of Consumer Choice, *Journal of Economic Behavior & Organization*, Vol. 1, 1980.

Thomson, M., Tang, K. K., An Empirical Assessment of House Price Adjustments on Aggregate Consumption, *The Australasian Macroeconomics Workshop*, 2004.

Tobin, J., Lipuidity Preference and Behavior towards Risk, *Review of Economic Studies*, Vol. 25, 1958.

Tversky, A., Intransitivity of Preferences, *Psychological Review*, Vol. 76, 1969.

Tversky, A., Kahneman, D., Advances in Prospect Theory: Cumulative Representation of Uncertainty, *Journal of Risk and Uncertainty*, Vol. 5, 1992.

Tversky, A., Kahneman, D., Judgment under Uncertainty: Heuristics and Biases, *Science*, Vol. 185, 1974.

Tversky, A., Kahneman, D., The Framing of Decisions and the Psychology of Choice, *Science*, Vol. 211, 1981.

Tversky, K. A., Prospect Theory: An Analysis of Decision under Risk, *Econometrica*, Vol. 47, 1979.

Tykocinski, O. E. , Pittman, T. S. , Product Aversion following a Missed Opportunity: Price Contrast or Avoidance of Anticipated Regret?, *Basic and Applied Social Psychology*, 2001.

Tykocinski, O. E. , Pittman, T. S. , Tuttle, E. E. , Inaction Inertia: Foregoing Future Benefits as a Result of an Initial Failure to Act, *Journal of Personality and Social Psychology*, 1995.

Tykocinski, O. E. , Pittman, T. S. , The Consequences of doing Nothing: Inaction Inertia as Avoidance of Anticipated Counterfactual Regret, *Journal of Personality and Social Psychology*, 1998.

Van, P. M. , Zeelenberg, M. , Van, D. E. , Decoupling the Past from the Present Attenuates Inaction Inertia, *Journal of Behavioral Decision Making*, Vol. 20, 2007.

Van, R. M. , Lusardi, A. , Alessie, R. , Financial Literacy and Stock Market Participation, *Journal of Financial Economics*, Vol. 101, 2011.

Van, R. M. , Lusardi, A. , Alessie, R. , Financial Literacy, Retirement Planning and Household Wealth, *Economic Journal*, Vol. 122, 2012.

Veenhoven, R. , *Happiness in Nations: Subjective Appreciation of Life in 56 Nations, 1946–1992*, The Netherlands: Erasmus University Press, 1993.

Vissing-Jorgensen, A. , Limited Assest Market Participation and the Elasticity of Intertemporal Substitution, *Journal of Political Economy*, Vol. 110, 2002.

Vissing-Jorgensen, A. , Towards an Explanation of Household Portfolio Choice Heterogeneity: Nonfinancial Income and Participation Cost Structures (No. w8884), *National Bureau of Economic Research*, 2002.

Von, N. J. , Morgenstern, O. , *Theory of Games and Economic Behavior*, Princeton: Princeton University Press, 1947.

Wan, G. , Zhou, Z. , Income Inequality in Rural China: Regression-based Decomposition Using Household Data, UNU World Institute for Development Economics Research, *research paper*, Vol. 8, 2004.

Wan, G. , Accounting for Income Inequality in Rural China: a Regression-based Approach, *Journal of Comparative Economics*, Vol. 32, 2004.

Weber, E. U. , Blais, A. R. , Betz, N. E. , A Domain-specific Riskattitude Scale: Measuring Risk Perceptions and Risk Behaviors, *Journal of behavioral decision making*, Vol. 15, 2002.

Yao, G., Cheng, Y. P., Cheng, C. P., The Quality of Life in Taiwan, *Social Indicators Research*, Vol. 92, 2009.

Yoo, P. S., Age Dependent Portfolio Selection, *Federal Reserve Bank of St. Louis Working Paper Series*, 1994.

Zeelenberg, M., Nijstad, B. A., Van, P. M., Van, D. E., Inaction Inertia, Regret, and Valuation: A Closer Look, *Organizational Behavior and Human Decision Processes*, 2006.